城市地下空间出版工程·运营与维护管理系列

总主编　钱七虎　副总主编　朱合华　黄宏伟

国家出版基金项目
NATIONAL PUBLICATION FOUNDATION

国家"十三五"重点图书出版规划项目

城市地下空间通风与环境控制技术

张　旭　叶　蔚　徐　琳　编著

同济大学出版社
TONGJI UNIVERSITY PRESS

上海市高校服务国家重大战略出版工程入选项目

图书在版编目（CIP）数据

城市地下空间通风与环境控制技术/张旭,叶蔚,
徐琳编著.--上海:同济大学出版社,2018.12
城市地下空间出版工程·运营与维护管理系列/钱
七虎总主编
ISBN 978-7-5608-8339-7

Ⅰ.①城… Ⅱ.①张… ②叶… ③徐… Ⅲ.①城市空
间—地下工程—通风系统 ②城市空间—地下工程—环境设
计 Ⅳ.①TU94②TU-856

中国版本图书馆 CIP 数据核字（2018）第 298283 号

城市地下空间出版工程·运营与维护管理系列

城市地下空间通风与环境控制技术

张 旭 叶 蔚 徐 琳 **编著**

出 品 人： 华春荣
策　　划： 杨宁霞　胡　毅
责任编辑： 陆克丽霞
责任校对： 徐春莲
封面设计： 陈益平

出版发行　同济大学出版社　www.tongjipress.com.cn
　　　　　（地址:上海市四平路1239号　邮编:200092　电话:021-65985622）
经　　销　全国各地新华书店、建筑书店、网络书店
排版制作　南京月叶图文制作有限公司
印　　刷　上海安枫印务有限公司
开　　本　787mm×1092mm　1/16
印　　张　17.25
字　　数　430 000
版　　次　2018 年 12 月第 1 版　　2018 年 12 月第 1 次印刷
书　　号　ISBN 978-7-5608-8339-7
定　　价　138.00 元

内 容 提 要

　　城市地下空间通风与环境控制技术的主旨是保障城市地下空间的安全、健康、舒适和节能环保。全书的主要特色是围绕地下商场、地铁车站、地下车库、地下综合体联络通道、地下科学实验室、地下公路隧道等典型城市地下空间,系统阐述了以下三方面的内容:①主要污染物来源及其扩散特性;②运营通风设计方法与适用的环境控制技术;③火灾等事故条件下的烟气扩散规律及防排烟控制技术。全书结合作者多年来的研究,内容反映了当前在城市地下空间通风与环境控制技术方面的一部分新成果与新趋势,有助于读者加深对地下空间环境控制技术最新进展的了解与认识,并推动相关研究的深化和新成果的应用转化。

　　本书可供从事城市地下空间通风与环境控制的设计、运行与管理以及政府相关部门决策、制定行业规范等技术人员参考与应用,也可供高等院校土木工程及建筑环境与能源应用工程等相关专业作教学使用。

"城市地下空间出版工程·运营与维护管理系列"编委会

学术顾问

叶可明　中国工程院院士

孙　钧　中国科学院院士

郑颖人　中国工程院院士

顾金才　中国工程院院士

蔡美峰　中国工程院院士

总主编

钱七虎

副总主编

朱合华　黄宏伟

编委（以姓氏笔画为序）

朱合华　许玉德　杨新安　束　昱

张　旭　倪丽萍　黄宏伟　谢雄耀

作者简介

张　旭　博士,同济大学机械与能源工程学院教授,同济大学机械与能源工程学院暖通空调研究所所长,博士生导师,全国高校建筑环境与能源应用工程教学指导委员会副主任,上海制冷学会副理事长兼秘书长,《暖通空调》杂志理事会副主任,《同济大学学报》(自然科学版)编委。目前,已发表科研论文 400 余篇,其中被 SCI 和 EI 收录 100 余篇,主编《热泵技术》《能源环境技术》等专著。

自 1982 年以来,一直从事暖通空调和建筑节能领域的教学和科研工作。先后主持和参加 20 余项国家自然科学基金项目、国家 863 项目、国家科技支撑计划重点项目、国际合作科研项目、教育部"高等学校骨干教师资助计划"项目和重大市政工程中相关关键技术的研究。研究方向为复杂通风系统及其相关基础理论,暖通空调基础理论研究(热舒适、室内空气品质),空调热湿交换过程及其应用,新型暖通空调制冷系统(多联机性能,地源热泵,新型末端),能源与环境综合评价方法(生命周期评价)及大气污染控制,低成本村镇能源系统评价与构建模式等。部分研究成果曾获"九五"国家重点科技攻关计划重大科技进步奖,国防科学技术进步二等奖,重庆市科学技术进步二等奖,上海市教学成果二等奖,上海市科技进步二等奖、三等奖等。另外,与地下空间通风与环境控制有关的部分研究成果即"城市长大隧道环控与防灾及节能综合技术研究与应用"获 2008 上海市科技进步三等奖,"超大特长盾构法隧道设计关键技术"获 2012 上海市科技进步二等奖。

叶　蔚　博士,同济大学机械与能源工程学院暖通空调研究所助理教授,硕士生导师。主要从事长大空间复杂通风理论、室内空气品质等相关研究。先后主持国家自然科学基金面上项目 1 项,国家自然科学基金青年科学基金项目 1 项,"十三五"国家重点研发计划专项子课题 2 项,中国博士后科学基金特别资助(第 10 批)1 项,中国博士后科学基金面上资助(一等)项目(第 57 批)1 项。出版专著 1 部,发表论文 70 余篇,其中以第一通讯作者身份发表的论文被 SCI，EI，CSCD 收录的有 20 余篇。入选同济大学青年优秀人才培养行动计划，曾获"同济大学优秀博士学位论文"及 3 次国内学术会议"优秀论文"奖。

徐　琳　博士，山东建筑大学副教授，硕士生导师。主要研究方向是建筑节能、隧道通风及防火。先后主持完成国家自然科学基金项目 1 项，山东省自然科学基金项目 1 项，作为主要研究人员参与山东省自然科学基金项目 2 项，上海市科委重大科技攻关项目 1 项。研究成果曾获上海市科技进步三等奖，山东省省级教学成果二等奖。在隧道通风及防火领域发表科研论文 30 余篇，完成多项隧道、地铁、城市地下联络通道工程项目的通风设计、性能化消防等论证工作。拥有丰富的工程项目设计、咨询经验。

■ 总 序 ■
PREFACE

国际隧道与地下空间协会指出,21世纪是人类走向地下空间的世纪。科学技术的飞速发展,城市居住人口迅猛增长,随之而来的城市中心可利用土地资源有限、能源紧缺、环境污染、交通拥堵等诸多影响城市可持续发展的问题,都使我国城市的发展趋向于对城市地下空间的开发利用。地下空间的开发利用是城市发展到一定阶段的产物,国外开发地下空间起步较早,自1863年伦敦地铁开通到现在已有150余年。中国的城市地下空间开发利用源于20世纪50年代的人防工程,目前已步入快速发展阶段。当前,我国正处在城市化发展时期,城市的加速发展迫使人们对城市地下空间的开发利用步伐加快。无疑21世纪将是我国城市向纵深方向发展的时代,今后20年乃至更长的时间,将是中国城市地下空间开发建设和利用的高峰期。

地下空间是城市十分巨大而丰富的空间资源。它包含土地多重化利用的城市各种地下商业、停车库、地下仓储物流及人防工程,包含能大力缓解城市交通拥挤和减少环境污染的城市地下轨道交通和城市地下快速路隧道,包含作为城市生命线的各类管线和市政隧道,如城市防洪的地下水道、供水及电缆隧道等地下建筑空间。可以看到,城市地下空间的开发利用对城市紧缺土地的多重利用、有效改善地面交通、节约能源及改善环境污染起着重要作用。通过对地下空间的开发利用,人类能够享受到更多的蓝天白云、清新的空气和明媚的阳光,逐渐达到人与自然的和谐。

尽管地下空间具有恒温性、恒湿性、隐蔽性、隔热性等特点,但相对于地上空间,地下空间的开发和利用一般周期比较长、建设成本比较高、建成后其改造或改建的可能性比较小,因此对地下空间的开发利用在多方论证、谨慎决策的同时,必须要有完整的技术理论体系给予支持。同时,由于地下空间是修建在土体或岩石中的地下构筑物,具有隐蔽性特点,与地面联络通道有限,且其周围邻近很多具有敏感性的各类建(构)筑物(如地铁、房屋、道路、管线等)。这些特点使得地下空间在开发和利用中,在缺乏充分的地质勘查、不当的设计和施工条件下,所引起的重大灾害事故时有发生。近年来,国内外在地下空间建设中的灾害事故(2004年新加坡地铁施工事故、2009年德国科隆地铁塌方、2003年上海地铁4号线事故、2008年杭州地铁建设事故等),以及运营中的火灾(2003年韩国大邱地铁火灾、2006年美国芝加哥地铁事故等)、断电(2011年上海地铁

10 号线追尾事故等)等造成的影响至今仍给社会带来极大的负面效应。因此,在开发利用地下空间的过程中,需要有深厚的专业理论和科学的技术方法来指导。在我国城市地下空间开发建设步入"快车道"的背景下,目前市场上的书籍还远远不能满足现阶段这方面的迫切需要,系统的、具有引领性的技术类丛书更感匮乏。

目前,城市地下空间开发亟待建立科学的风险控制体系和有针对性的监管办法,"城市地下空间出版工程"这套丛书着眼于国家未来的发展方向,按照城市地下空间资源安全开发利用与维护管理的全过程进行规划,借鉴国际、国内城市地下空间开发的研究成果并结合实际案例,以城市地下交通、地下市政公用、地下公共服务、地下防空防灾、地下仓储物流、地下工业生产、地下能源环保、地下文物保护等设施为对象,分别从地下空间开发利用的管理法规与投融资、资源评估与开发利用规划、城市地下空间设计、城市地下空间施工和城市地下空间的安全防灾与运营管理等多个方面进行组织策划,这些内容分而有深度、合而成系统,涵盖了目前地下空间开发利用的全套知识体系,其中不乏反映发达国家在这一领域的科研及工程应用成果,涉及国家相关法律法规的解读,设计施工理论和方法,灾害风险评估与预警以及智能化、综合信息等,以期成为我国未来开发利用地下空间较为完整的理论指导体系。综上所述,丛书具有学术上、技术上的前瞻性和重大的工程实践意义。

本套丛书被列为"十二五""十三五"时期国家重点图书出版规划项目。丛书的理论研究成果来自国家重点基础研究发展计划(973 计划)、国家高技术研究发展计划(863计划)、"十一五"国家科技支撑计划、"十二五"国家科技支撑计划、国家自然科学基金项目、上海市科委科技攻关项目、上海市科委科技创新行动计划等科研项目。同时,丛书的出版得到了国家出版基金的支持。

由于地下空间开发利用在我国的许多城市已经开始,而开发建设中的新情况、新问题也在不断出现,本丛书难以在有限时间内涵盖所有新情况与新问题,书中疏漏、不当之处在所难免,恳请广大读者不吝指正。

■ 前 言 ■

FOREWORD

相对于城市地面建筑,城市地下空间在结构上具有封闭性、半封闭性的特征,在运营阶段主要通过机械通风或合理的自然通风保证空间内部具有健康、舒适的空气品质。城市地下空间的环境控制系统的热、湿负荷特性和污染物扩散特性与地面建筑相比存在明显差异,需要对热、湿扰量或污染源进行深入分析,以提高环境控制系统的可靠性。通常,城市地下空间人流密度较大、疏散通道有限,在事故条件下只能通过机械通风对火灾烟气或其他有害气体进行控制,缩小其扩散范围,同时利用合理的气流组织提供可靠的人员逃生时间与空间。因此,无论是在运营还是事故条件下,良好、适宜的通风方式与可靠、节能的环境控制系统是地下空间运营与维护最重要的技术环节之一,也是目前设计、施工、运营、管理和应急处置等部门亟须解决的问题之一。

本书系统介绍了国内外同行及作者近年来在城市地下空间通风与环境控制技术方面的调查和部分研究成果,针对典型城市地下空间的功能和特点,分析了不同地下空间污染物的来源及其扩散特性、设计阶段运营通风量的计算方法、事故条件下有害气体的控制策略和不同环境控制技术的特点。全书主要内容安排如下:

第1章主要介绍了目前国内城市地下空间的发展状况及其在通风与环境控制方面所面临的问题。总结了城市地下空间的主要污染物与污染源,分析了城市地下空间通风及环境控制技术应用与研究现状,指出了针对运营通风和事故通风分别需要解决的工程问题,提出城市地下空间通风与环境控制技术的发展趋势和亟须开展的研究工作。

第2章主要介绍了地下商场的通风与环境控制技术。通过对地下商场建筑的热、湿负荷特性以及常见污染物种类和浓度特征的分析,介绍了目前主要的地下商场运营通风和空调设计方法、防排烟设计方法和人员逃生的相关理论。

第3章主要介绍了地下车库、地下联络通道、地下人防工程及地下实验室等城市地下空间的通风与环境控制技术。给出了地下车库运营通风和防排烟系统的设计方法、自然通风的可行性分析以及近年来发展较快的无风管诱导通风系统。分析了地下联络通道的特殊性,以及对应的运营通风和事故通风的应对措施。比较了地下人防工程战时通风和平时通风的差异性。介绍了一些地下实验室通风设计技术的研究进展。

第4章主要介绍了地铁车站的通风与环境控制。通过对地铁车站热、湿负荷特性和污染物分布特性的分析,给出了地铁车站运营通风及空调系统的设计方法,探讨了采用开式、闭式或屏蔽门系统对车站通风空调设计的影响,介绍了地铁车站遇到火灾事故时人员逃生及防排烟系统的主要设计方法。

第 5 章主要介绍了城市公路隧道的污染物扩散特性。介绍了现有国内外规范中隧道中的 CO、烟尘和 NO_x 的设计浓度限值。根据城市公路隧道主要空气污染物在不同通风类型隧道中的浓度分布特性,以 CO 为例,讨论了不同通风类型隧道中 CO 浓度限值的确定方法。

第 6 章主要介绍了城市公路隧道的运营通风技术及其发展。根据地下空间运营通风技术的相关设计规范及筛选原则,介绍了城市公路隧道常用通风技术的分类,根据典型地下空间的污染扩散及负荷特性,给出了城市公路隧道设计运营通风量的计算理论与方法。此外,介绍了公铁共建隧道的压力波、回旋通风隧道、隧道温升与喷雾降温、多匝道隧道的通风等现代隧道通风面临的新挑战和新技术。

第 7 章主要介绍了城市公路隧道火灾烟气扩散及通风控制基本理论。结合上海多条越江隧道实际工程,详细探讨了纵向通风排烟隧道、纵向通风配合集中排烟隧道火灾烟气的扩散规律及通风关键参数的确定。

第 8 章在针对运营通风系统运行模式分析的基础上,结合设备性能改进和节能控制技术,从地下空间土壤源热泵系统、通风空调系统的智能控制等方面提供了运营通风的节能措施,不仅可以降低运行成本,也为节能减排提供了依据。

本书由张旭等人合著,张旭负责确定全书的章节安排和统稿。书中还引用了课题组研究生的部分研究成果以及国内外同行学者的一些研究成果,在此一并致谢。

本书的部分研究工作得到国家自然科学基金项目(51108254)、上海市重大科技攻关专项(04dz12020)、山东省自然科学基金项目(ZR2009FQ008)、山东建筑大学泰山学者岗位团队的支持,在此深表感谢。本书的组织和撰写,得到了同济大学、山东建筑大学、上海申通地铁集团有限公司、上海市隧道工程轨道交通设计研究院等单位的大力支持和帮助,在此谨表谢意。同时,特别感谢同济大学出版社对本书出版过程中的大力支持和无私帮助。

由于本书所涉及的部分内容较为新颖,国内外相关的研究成果又较少,研究对象包含的影响因素多且涉及面广,具有明显的复杂性和不确定性,故本书的部分研究内容有待进一步深入和完善,书中纰漏和不妥之处在所难免,敬请读者批评指正。

2018 年 10 月于同济大学

目 录

CONTENTS

1

1 绪 论

1.1 城市地下空间的类型与特点

地下空间通常指地球表面以下岩层或土层中由天然形成或人工开发形成的空间。城市地下空间的开发利用是将现代化城市空间发展向地表下拓展,将建筑物或构筑物全部或部分建于地表以下。城市地下空间的应用范围很广,主要包括地下人防工程、地下商场、地下车库、地铁车站、地下交通隧道以及地下科学实验室等建筑空间。一般来说,上述城市地下空间建筑均属于公共建筑范畴,需要对空间进行通风和环境控制。一方面,人们利用地下空间有效缓解城市地面交通日益拥挤的状况;另一方面,利用地下空间与地表空间的隔绝形成保护性屏障,成为城市防灾功能的一部分。因此,可以认为城市地下空间是人类生存和发展空间的延伸。

需要说明的是,城市地下空间还包括市政隧道以及方兴未艾的城市地下综合管廊等。这类地下工程主要服务电力、通信、燃气、供热、给排水等各种工程管线,是保障城市运行的重要基础设施和"生命线"。但是由于这类地下空间极少设置通风、空调等保障人员舒适、健康的环境控制手段,故不在本书的讨论范围之内。

1.1.1 地下人防工程

地下人防工程,即人民防空工程(简称"人防工程"),也叫人防工事,指为保障战时人员与物资掩蔽、人民防空指挥、医疗救护而单独修建的地下(或山岭中的)防护建筑,以及结合地面建筑修建的战时可用于防空的地下室。

地下人防工程是伴随战争产生的,主要功能是防备敌人突然袭击,有效地掩蔽人员和物资,为战争提供通信、医疗及其他配套设施,是保存战争潜力的重要设施。1949 年以后,我国早期的"人防工程"建设的代表是掀起于 20 世纪 60 年代末、70 年代初的"深挖洞"群众运动。当时我国不少城镇单位、街道居民在房子底下挖洞,相互连通,形成了四通八达的地道网。由于缺少统一规划,加之缺乏经验且技术力量不足,这些工程一般空间较小,质量较差。经过几十年的发展,目前新建的人防工程在建设前一般都需经过可行性论证。在功能上既考虑战时人防建筑的需求,又考虑平时经济建设、城市发展和人民生活的需要,具有"平战"转换的双重功能,而且越来越重视平时的使用情况,这已成为我国现代人防工程发展的主要特点[1]。

根据《中华人民共和国人民防空法》,在县城以上城市规划区内的国有土地上新建民用建筑(除工业生产厂房外),均需同步修建防空地下室,并多以地下车库为主要体现形式,内部设置人防门、封堵门、照明、通风、给排水、通信网络等战时掩体所需硬件。

许多大中型人防工程与其他功能的地下空间(地下商场、地铁车站等)相结合,成为各大城市的重点工程,在和平年代充分发挥着人防工程的平时功能,如哈尔滨奋斗路地下商业街、沈阳北新客站地下城、上海人民广场地下车库、郑州火车站广场地下商场等。如图 1-1 所示为城市人防工程的实例。

（a）大连地铁 1、2 号线一期人防工程①   （b）同济大学人防工程地上部分

图 1-1 城市人防工程

1.1.2 地下商场

随着我国社会经济的发展,地下商场越来越多地出现在城市之中,成为城市商业发展和人民生活的重要组成部分。与地上商场相比,地下商场通常具有如下特点:

（1）节约土地资源。地下商场的建设可以实现城市土地资源的充分利用,特别是能够节约地表占地面积。

（2）建设成本相对较低。一般来说,地下商场前期投入较少。主要的工程建设是对地下结构的挖掘,因此,地下商场在工程投入、工程量和工程周期上都较短。特别是当城市地价上涨,地上商场的建设和维护成本上涨时,地下商场的优势进一步得到体现。

（3）拥有其他附属功能。如在地上广场下建设地下商场,促进消费,创造更多的商业效益;又如结合地铁车站兴建的配套地下商场,充分利用地铁车站的客流量创造更多的经济价值。国外著名的案例有多伦多"伊顿中心（Eaton Centre）"[图 1-2(a)]、新加坡"City Link Mall 地下街"[图 1-2(b)]等。

（4）加强城市防控体系面积。如将人防工程改造为"人防商场",即在和平时期将地下人防作为地下商场,在创造经济效益的同时又能充分利用地下空间资源,节省了地上的土地资源;在非常时期,可将地下商场恢复成人防工程。典型案例如济南市"英雄山人防商城"[图 1-2(c)]。

（5）和其他地下空间建筑一样,地下商场由于空间相对密封,更需要通风换气[2]。

---

① 图片来源:国搜大连 http://dl.chinaso.com/detail/20151029/1000200032900021446095090806258497_1.html。

（a）多伦多"伊顿中心"①　　　　（b）新加坡"City Link Mall 地下街"

（c）济南市"英雄山人防商城"②

图 1-2　国内外典型的地下商场

1.1.3　地下车库及其交通联络通道

在城市化进程中,汽车越来越普及。截至 2017 年 6 月底,我国汽车保有量已达 2.05 亿辆,其中,有 49 个城市的汽车保有量超过 100 万辆,23 个城市超 200 万辆,6 个城市超 300 万辆[3]。许多城市中的停车场早已供不应求,而停车需求仍在继续增长,因而大片的绿地和道路

---

①　图片来源：新华网 http://news.winshang.com/html/048/6435.html。

②　图片来源：齐鲁晚报 http://epaper.qlwb.com.cn/qlwb/content/20170325/ArticelB03002FM.htm。

被越来越多的汽车所占据。人们不得不利用高层建筑、城市广场、居住小区的地下空间修建一层乃至多层的地下车库、停车场,以缓解大量车辆停车难和占用地上交通空间的问题[4]。由此可见,地下车库的出现和发展是缓解交通压力的主要产物。地下车库同地下商场一样,具有节约地表占地面积、造价相对较低等优点。总体上,我国地面车库数量较少,同时也仅有少量地下车库附建于高层建筑。结合我国城市化及汽车保有量的增长现状和发展前景,我国没有步入发展多层地面车库的阶段,而是直接进入了快速发展地下车库的阶段。

地下车库按建筑形式可分为单建式停车场和附建式停车场。单建式停车场一般建于城市广场、公园、道路、绿地或空地之下,其主要特点是不论规模大小,对地面上的城市空间和建筑物基本没有影响,除少量出入口和通风口外,顶部覆土后可以为城市保留开敞空间。附建式停车场是利用地面高层建筑及其裙房的地下室布置的地下专用停车场,其主要特点是使用方便、节省用地、规模适中,但设计时要选择合适的柱网,以同时满足地下停车和地面建筑使用功能的要求。

此外,城市地下连通空间或地下交通联络通道(Urban Traffic Link Tunnel,UTLT)是近年来兴起的一种由常规地下车库发展起来的新型地下空间(图1-3)。UTLT 的应用主要集中在城市的中央商务区(Central Business District,CBD),通常呈现不规则环状的主通道,起着连接各个地块的地下车库、集散区域交通、实现停车资源共享等作用。同时,UTLT 连接地面多个出入口作为地面交通的补充,这种立体化的交通网络可以引导不同性质的交通流,避免相互干扰,提高道路资源利用率,净化地面交通,提升交通环境品质[5]。

目前,国内主要的 UTLT 案例有北京 CBD UTLT、北京奥林匹克公园 UTLT、北京金融街 UTLT、天津泰达 UTLT、武汉 CBD UTLT 等实际工程。

（a）某城市地下车库①　　　　　　　　　　　　　（b）北京 CBD UTLT②

图 1-3　典型地下车库及城市地下交通联络通道

1.1.4　地铁车站

1863 年,为了解决当时的交通拥堵问题,英国伦敦开通了第一条地铁。从此,地铁(或轨道

---

① 图片来源:汇图网 http://pic0. huitu. com/res/20161117/182331_20161117143544193124_1. jpg。
② 图片来源:人民网 http://politics. people. com. cn/n/2014/0917/c1001-25675739. html。

交通)作为一项交通工具,开始进入人们的日常生活。如今,国内外城市轨道交通系统以其安全便捷、覆盖范围广、运载量大等优势,越来越受到人们的欢迎。轨道交通系统因其具有极大缓解和分流地面交通状况的功能,逐步成为国内外城市公共交通的主干,也逐渐作为体现国家经济、社会发展及技术实力的重要象征。目前,全球已有超过 200 个城市开通了轨道交通线路。

近十几年来,我国地铁也一直处于空前的发展时期。统计数据显示,截至 2017 年 12 月 31 日,我国大陆地区累计有 34 个城市建成投运城市轨道线路,运营线路长度达 5 021.7 km。仅 2017 年,我国新增石家庄、贵阳、珠海、厦门 4 个轨道交通运营城市;新增 33 条轨道交通运营线路,总计运营线路长度 868.9 km。在 5 021.7 km 的城市轨道交通运营线路长度中,地铁 3 881.8 km、轻轨 233.4 km、单轨 98.5 km、市域快轨 501.8 km、现代有轨电车 243.4 km、磁浮交通 58.8 km、广州 APM 线(Automated People Movement systems)4.0 km,分别占总长的 77.3%、4.6%、2%、10%、4.8%、1.2% 和 0.1%[6]。

地铁车站作为城市轨道交通路网的主要建筑物,是乘客集散和上、下车的主要场所。截至 2017 年年底,我国大陆地区城轨交通投运车站 3 234 座[6],其中相当一部分车站属于地铁车站。按修建位置和承担功能的不同,地铁车站主要分为终点站、中间站和换乘站。从车站内部结构功能看,地铁车站一般由站厅层、站台层和出入口等组成(图 1-4)。站厅和站台通过楼梯、自动扶梯及残疾人电梯贯通。站厅层通常设置自动售检票设备及人工票厅,为乘客提供购票及进、出站服务;站台层是乘客候车及上、下车场所。地铁车站的主要类型包括地下车站、地面车站和高架车站,而地铁车站的形式基本分为地下岛式车站、侧式车站和岛/侧混合式等三种。地铁车站和地铁区间隧道一起构成了地铁网络的主干,承载了我国全年累计近 180 亿人次的交通客运量。其中,北京、上海、广州和深圳是我国目前轨道交通客运量最大的 4 个城市。

(a) 上海地铁 10 号线同济大学站站台　　　(b) 上海地铁 11 号线迪士尼站地面 3 号进出口①

图 1-4　典型地铁车站

1.1.5　公路隧道

公元前 2180—前 2160 年,在幼发拉底河下修建的一条长约 900 m 的砖衬砌人行通道,是迄今已知的最早用于交通的隧道,它是在旱季将河流改道后用明挖法建成的。我国最早用于

---

① 图片来源:上海申通地铁集团有限公司 http://service.shmetro.com/dtxw/1352.htm。

交通的隧道是建成于东汉永平九年(公元 66 年)的古褒斜道上的石门隧道。在中世纪,隧道主要是用于开矿和军事。17、18 世纪,随着运输业的发展和技术的进步,尤其是工程炸药的应用,修建通航隧道和道路隧道的工程也逐渐发展起来。19 世纪伴随铁路建筑的发展,隧道工程也迅速发展起来,修建的隧道数量也越来越多。20 世纪以来,汽车运输量不断增加,公路路线标准相应提高,公路隧道也逐渐增多[7]。现代社会中,城市道路交通(公路)隧道主要是修筑在地下供汽车行驶的通道,一般也可兼作管线和行人等通道。

目前,中国已成为世界上隧道和地下工程最多、发展最快的国家[8-9]。截至 2015 年年底,我国大陆地区运营城市公路隧道 1.4 万余座,隧道总长超过 1.2 万 km。近两年新增运营公路隧道 2 647 座(总长 3 079 km)。近年来,我国也集中力量投建了一系列难度大的城市公路隧道重点工程,典型工程有采用盾构直径达 15 m 的盾构法建造的上海长江隧道(崇明越江通道的一部分),隧道全长 8.95 km;2017 年 6 月 2 日贯通的港珠澳大桥沉管隧道,是我国第一条外海沉管隧道,也是目前世界上最长的公路沉管隧道和世界唯一的深沉管隧道;武汉三阳路长江隧道,直径超过 15 m,是目前国内最宽的公铁共用长江隧道。图 1-5 为典型城市公路隧道。

(a) 上海长江隧道内景　　　　　　　　　(b) 港珠澳大桥沉管隧道内景①

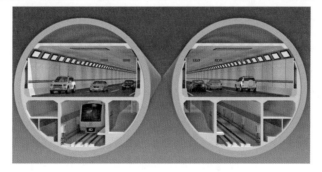

(c) 武汉三阳路长江隧道横断面图②

图 1-5　典型城市公路隧道

---

① 图片来源:同济大学新闻网 http://news.tongji.edu.cn/classid-182-newsid-55207-t-show.html。
② 图片来源:国务院国资委新闻中心 http://www.sasac.gov.cn/n2588025/n2588124/c8892681/content.html。

1.1.6　地下科学实验室

在地下深处,宇宙射线经过岩土的阻挡后,其辐射通量往往只是地上的极小一部分,所以地下空间也可以作为从事科学实验的场所,特别是那些可能受宇宙射线影响的实验,如对暗物质的探测实验等。实际上,不少地下科学实验室利用山区的岩石层以便进一步降低宇宙射线,故将实验室建在山岭区域,如我国于 2010 年 12 月 12 日正式投入使用的锦屏极深地下暗物质实验室(简称"锦屏地下实验室")。该实验室位于四川雅砻江锦屏,是我国首个用于开展暗物质探测等国际前沿基础研究课题的极深地下实验室。该实验室垂直岩覆盖达 2 400 m,将宇宙射线的辐射通量降至地面水平的千万分之一至亿分之一,为相关精密实验提供洁净的地下实验环境。

随着我国重大科技基础设施建设的大力发展,一些城市地下空间规划出现了实验室的兴建规划并已开始实施。2018 年 4 月,整体投资近 100 亿元的上海硬 X 射线自由电子激光装置在上海浦东张江国家实验室正式开工建设(图 1-6)。

图 1-6　上海硬 X 射线自由电子激光装置位置示意图①

该装置依据《国家重大科技基础设施建设"十三五"规划》优先布局,是国内迄今为止投资最大的重大科技基础设施项目。该装置建成后,将成为世界上最高效、最先进的自由电子激光装置之一。作为世界顶级的科研基础设施,硬 X 射线自由电子激光装置将刺激多类学科的发展,为物理、化学、生命科学、材料科学、能源科学等多学科提供高分辨成像、超快过程探索、先进结构解析等尖端科研手段。硬 X 射线自由电子激光装置在上海建成后,张江国家实验室将构建光子科学大装置集群,上海也将成为集聚同步辐射光源(第三代同步辐射光源)、软 X 射线自由电子激光、硬 X 射线自由电子激光和超强超短激光于同一区域的国际光子科学研究高地。

此外,我国也计划投资超过 48 亿元在北京怀柔科学城建设 1 台第四代高能同步辐射光源。

---

① 图片来源:东方网 http://sh. eastday. com/m/20180427/u1ai11396099. html。

1.2　城市地下空间的发展

1.2.1　城市地下空间的现状

21世纪是城市地下空间迅速开发利用的时代。城市人口的激增使得本就紧缺的土地资源更为紧张,建筑密集化、交通拥堵,人们赖以生存的空间因此变得日益狭小。为缓解地面上大量人口的住宿、购物、交通带来的巨大压力,合理开发利用城市地下空间,如建设地铁、隧道等交通设施及地下车库、地下商场等商业设施,是较为现实且有效的途径。城市地下空间开发利用已成为提高城市容量、缓解城市交通压力、改善城市环境的重要手段,同时,也正在成为建设资源节约型、环境友好型城市的重要途径。

虽然中国城市地下空间的开发利用起步较晚,但是其发展速度很快。近20多年城镇化发展导致的土地资源的日益缺乏,成为我国城市进一步发展的瓶颈。我国城市地下空间的开发和利用逐步呈现出3个主要特征。

(1) 截至2016年,城市轨道交通的建设速度和规模已位居世界首位[图1-7(a)]。我国已不仅是一个轨道交通发展的大国,同时也是轨道交通领域的强国。

(2) 大型城市地下综合体建设项目多、规模大、标准高。中国许多城市结合地铁建设、旧城改造和新区开发,规划建设大型城市地下综合体,提高了土地集约化利用水平,解决了城市交通和环境等问题,塑造了城市新形象[图1-7(b)]。

(3) 越江隧道建设举世瞩目。从20世纪60年代上海第一条打浦路越江隧道投入运行[图1-7(c)],到南京玄武湖隧道、宁波甬江隧道、厦门翔安海底隧道、青岛胶州湾海底隧道[图1-7(d)]以及上海外环越江隧道、翔殷路隧道、大连路隧道、延安东路隧道、军工路隧道、新建路隧道、复兴东路隧道、人民路隧道、西藏南路隧道、龙翔路隧道、上中路隧道(图1-8)等的陆续建成,城市隧道工程开始大量涌现。

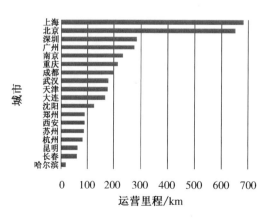

(a) 2016年各城市轨道交通通车运营里程

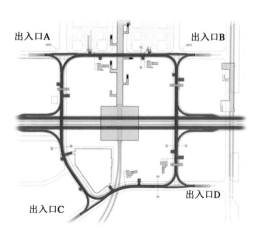

(b) 武汉大型综合体地下交通联络通道

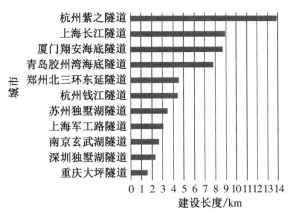

（c）上海打浦路隧道　　　　　　　　　　　（d）国内部分城市隧道建设长度比较

图 1-7　中国城市轨道与隧道交通运营现状

图 1-8　上海越江隧道的建设与开发

以上海市为例，截至 2011 年年底，上海已建成 31 037 个地下空间，总建筑面积达到 5 699 万 m²，规模相当于一个中小型城市[10]。上海已基本建设成以人民广场为中心，徐家汇、普陀真如、杨浦五角场、浦东花木为副中心的城市地下空间网,以及上海站、客运南站、上海虹桥综合交通枢纽等大型地下公共空间综合体。截至 2016 年年底,上海已开通运营了 17 条地铁线路、390 座地铁车站,运营里程达 682.5 km,全路网客运量达 34 亿人次,成为当今世界上规模最大、最繁忙的城市地铁系统之一。随着城市化进程的加快,城市地下空间已成为人们重要的公共活动场所。

1.2.2　城市地下空间的展望

快速增长的地下空间建设规模已经证明我国进入了城市公路隧道及地下工程建设的黄金时期,公路隧道、地铁线路与地铁车站、越江通道建设都将进入高峰期。未来,隧道及地下工程建设将面临重大机遇和挑战。我国的隧道及地下工程建设已经取得了辉煌成就,随着经济的不断发展,施工技术、方法和设备的不断进步,管理和各类规范的不断完善,隧道及地下工程事业将会有更大的进步及更为广阔的发展空间。

我国城市地下空间的发展,未来将有以下几大趋势[8]:

1. 特长公路隧道技术进一步发展

对于隧道建设而言,埋深大、隧道长、修建难度大是目前及今后较长一段时期内隧道及地下工程建设普遍面临的问题,有众多的新难题有待攻克,且不少公路隧道工程具有特殊性,需要因地制宜地解决各类问题。随着我国公路进一步向西部地区延伸,以及隧道技术的不断发展,可以预见,未来我国城市公路隧道的数量与总长度会不断增加,尤其是长度大于 10 km 的特长公路隧道也将会越来越多。

2. 地铁工程与地铁车站进一步增长

预计到 2020 年,将有 40 个城市建有地铁,总里程可达 7 000 km。我国城市地铁建设的重点已经从一线城市延伸至二、三线城市。可以预见的是,地铁将成为我国大多数城市居民出行的优选方式。同时,地铁车站也将会进一步多元化发展,特别是在环境与艺术方面。地铁车站已不再是简单意义上的交通缓冲空间,而是一座城市对外的形象窗口,向来自不同地域、不同层次的旅客展示这座城市的文化和历史内涵。相信未来我国各大城市地铁车站的人文艺术化也将得到进一步发挥。

3. 城际铁路地下化探索

目前,高速铁路远离城市中心,给人们的出行带来不便,这一问题也催生了城际铁路的兴起与发展。城际铁路是介于大铁路与城市地铁之间的一种快速交通,如珠江三角洲、长江三角洲、京津唐地区以及省内主要城市之间的快速轨道交通,它是节省土地与能源、加快经济发展、减少污染、绿色环保的交通方式。将城际铁路地下化,是我国未来隧道及地下工程的机遇与挑战。区域性、距离短、密度高、公交化、与高速铁路的线路打通等将成为地下城际铁路的特征。同时,地下城际铁路的车站也将随之得到相应的发展。

4. 城市地下公路不断兴起

随着城市的人性化发展,基于居住、就业、休闲区域于一体的统筹规划以及适合人居的环境要求,城市地下公路将不会是特大型城市的专属。在一、二、三线城市中,未来地下公路必将有广阔的发展前景。如在建的杭州紫之隧道(长 13.9 km)、规划的长沙桐梓铺—鸭子铺全地下通道(长 12.2 km)等地下公路工程建成后,将为当地居民的出行提供更大的便利。

1.3 城市地下空间的环境特点与主要污染物

1.3.1 城市地下空间的环境特点

开发城市地下空间能够大量节约耕地面积,缓解并减少环境污染,城市交通将得到改善,城市的开发空间也会得到极大提升。向地下要土地、要空间,已成为现代城市发展的必然趋势。从建筑环境的角度分析,地下空间存在以下两方面的环境特点。

(1)由于大部分地下空间封闭程度高,其内部产生的和由室外环境进入地下空间的空气污染物不易稀释、扩散,反而容易形成污染物的聚集,潜在影响地下空间中的人员健康。

(2)由于位于地下,空间冷热负荷(可以理解为向地下空间提供冷和热所需要消耗的能量)除了受空间内部热源(设备、照明、人员、机动车等)影响外,同时受地下空间外部岩土体的影响。一方面,尽管地下岩土体通常在一年四季中温度比较稳定,当地下空间长期产生的热量不能被及时带出至室外时,地下岩土体也会存在温升和热堆积的问题,反过来会影响地下空间的热环境。另一方面,地下岩土体通常会向地下空间散发大量水分,从而提高了地下空间空气的相对湿度和湿负荷(即消除湿所需的能耗)。

1.3.2 城市地下空间的典型污染源和污染物

城市地下空间中主要的空气污染源种类与地下空间的功能息息相关。以下从污染物的分类探讨不同城市地下空间中的污染源。

1. 气态无机污染物

气态无机污染物主要指以一氧化碳(CO)、氮氧化物(NO_x,环境科学领域中 NO_x 专指 NO 和 NO_2 的总称)、二氧化硫(SO_2)以及二氧化碳(CO_2)等为代表的污染物。下面具体介绍上述几种污染物的危害及其在地下空间中的主要来源。

1)CO

CO 是一种无色、无臭、无味、无刺激性的有毒气体,通常产生于天然气、石油、煤炭、木材、煤油等燃料的不完全燃烧过程中。CO 之所以对人体健康有害,是因为其与血液中的血红蛋白(Hemoglobin,Hb)结合生成羧络(碳氧)血红蛋白(Carboxyhemoglobin,COHb)的结合力是氧气(O_2)与血红蛋白结合生成氧合血红蛋白(Oxyhemoglobin,O_2Hb)结合力的 210 倍左右,即血红蛋白对 CO 的亲和力大约为对氧气的亲和力的 210 倍,也就是说,要使血红蛋白饱和所需的 CO 的分压力只是与氧饱和所需的氧气的分压力的 1/250～1/200[11]。

COHb 的主要作用是降低血液的载氧能力,次要作用是阻碍其余血红蛋白释放所载的氧,进一步降低血液的输氧能力。一旦人体血液输氧能力下降,便可使人产生头痛、头晕、恶心、呕吐、昏厥甚至死亡等症状[12-13]。COHb 的形成受诸多因素的影响,如环境 CO 浓度、人体暴露时间、活动量(导致呼吸量的不同)、人体自身健康状况及新陈代谢程度等[14]。不同浓度 CO 对人体健康的影响见表 1-1。

表 1-1　　　　　　　　　　　　　不同浓度 CO 对人体健康的影响

CO 浓度/ppm	对人体健康的影响
5～10	对呼吸道患者有影响
30	滞留 8 h,视力及神经机能出现障碍,血液中 COHb=5%
40	滞留 8 h,出现气喘
120	接触 1 h,中毒,血液中 COHb>10%
250	接触 2 h,头痛,血液中 COHb=40%
500	接触 2 h,剧烈心痛、眼花、虚脱
3 000	接触 30 min 即死亡

表 1-1 中 ppm(parts per million)为体积比浓度单位,表示一百万体积的空气中所含污染物的体积数。ppm 与质量浓度单位 mg/m^3 之间的换算关系为

$$1 \ mg/m^3 = \frac{273pM}{22.4(273+T)\,p_0} ppm \tag{1-1}$$

式中　p——大气压力,Pa;

　　　M——气体的分子量;

　　　T——温度,℃;

　　　p_0——标准大气压,取 101 325 Pa。

2)NO_x

NO 是一种无色、无味的有毒气体,和 CO 一样是一种血液性毒物,具有与血红蛋白的强结合力。在无氧条件下,NO 对 Hb 的亲和力是 CO 的 1 400 倍,但当有氧或与 NO_2 共存时,情况有所不同。NO_2 是一种红棕色、刺激性的有毒气体,其毒性主要表现在对眼睛的刺激和对人体呼吸机能的影响。NO_2 气体深入下呼吸道,会引发支气管扩张症,甚至造成中毒性肺炎和肺水肿,损坏心、肝、肾的功能和造血组织,严重时可导致死亡。NO_2 的毒性比 NO 强 5 倍,对人体的危害与暴露接触的程度有关。不同浓度 NO_2 对人体健康的影响见表 1-2[15]。

除了危害人体健康,NO_x 还是造成光化学烟雾的重要原因。碳氢化合物(Hydrocarbon,HC)和 NO_x 在强烈的阳光照射下会生成臭氧(O_3)和过氧酰基硝酸盐(PAN),即浅蓝色的光化学烟雾,它是一种强刺激性有害气体的二次污染物,对人体的危害要比原始污染物大百倍,会造成眼睛和咽喉疼痛、咳喘、恶寒、呼吸困难以及麻木痉挛、意识丧失等[15]。1943 年发生在洛杉矶与 1970 年发生在日本千叶和东京的公害事件就是典型的案例。

表 1-2   不同浓度 NO_2 对人体健康的影响

NO_2 浓度/$(\mu g \cdot m^{-3})$	接触时间/min	对人体健康的影响
140	5~25	吸入接触中暗适应能力降低(最低暗适应浓度)
200		吸入后立即能嗅出气味(嗅觉阈值)
740		接触后立即明显嗅出气味
1 300	10	气道阻力开始增大
3 800	10	气道阻力明显增大
7 500~9 400	10	随呼吸系统阻力增大,肺的顺应性下降
9 400	15	动脉氧分压及肺对 CO 扩散力显著下降
9 400	120	在间断性轻微活动下,气道阻力显著增加,肺泡和动脉氧分压下降
47 000~140 000	≤60	引起支气管炎和支气管肺炎,并可完全恢复
470~940	长期	
94 000~188 000		引起可逆性细支气管炎和局灶性肺炎
188 000	60	引起致命的肺水肿或窒息,直到死亡
796 000	5	

NO 可能在空气中被氧化生成 NO_2,如式(1-2)所示:

$$2NO + O_2 \longrightarrow 2NO_2 \tag{1-2}$$

式(1-2)的反应速率在很大程度上取决于 NO 的浓度,例如:当 NO 浓度从 5 ppm 降到 1 ppm,同样达到 10% 的氧化率所需的时间从 1.5 h 增加到 8 h,所以 NO 在空气中可以稳定较长时间。通常 NO 在大气中经过 4~6 d 即转化为 NO_2,NO_2 的平均寿命约为 3 d。

3)SO_2

SO_2 是一种无色透明气体,有刺激性臭味。在大气中,SO_2 会氧化成硫酸雾或硫酸盐气溶胶,是环境酸化的重要前驱物。如空气中 SO_2 浓度在 0.5 ppm 以上时,对人体已有潜在影响;在 1~3 ppm 时,多数人开始感受到刺激;在 400~500 ppm 时,人会出现溃疡和肺水肿,直至窒息死亡。SO_2 与大气中的烟尘有协同作用,当大气中 SO_2 浓度约为 0.2 ppm,烟尘浓度大于 0.3 mg/L 时,可使呼吸道疾病发病率增高,慢性病患者的病情迅速恶化。如伦敦烟雾事件、马斯河谷烟雾事件和多诺拉烟雾事件等,都是这种协同作用造成的危害[16]。

除了室外源之外,机动车排放的尾气中通常含有 CO,NO_x,SO_2 等污染物。因此,若处置不当,地下车库、地下隧道(包括地下交通联络通道)等环境中的气态无机污染物含量可能会较高,从而危害人体健康。

4)CO_2

与 CO,NO_x,SO_2 等污染物相比,CO_2 是一种比较特殊的空气污染物。除了大气背景

CO_2 源及室内燃烧过程(如煤气燃烧、吸烟等行为)外,建筑室内 CO_2 的产生源主要为人体新陈代谢,即呼气中的 CO_2。人体呼气中 CO_2 浓度为室外 CO_2 浓度的百倍以上,为 40 000～55 000 ppm[17]。即便人体呼气率仅为 0.005 2 L/s,室内(包括地下空间中的)CO_2 浓度仍易受到呼气的影响。由于全球气候变化,2008 年全球平均大气 CO_2 浓度相比前工业时期已超过 38%,达到 385 ppm。2018 年 4 月夏威夷 Mauna Loa 监测台记录的 CO_2 浓度已达到 410 ppm[18]。然而,近年来研究表明即便室内 CO_2 浓度达到 3 000 ppm,CO_2 对可接受的室内空气品质、急性健康症状以及人体认知表现等的影响仍基本可忽略。而适当浓度(典型室内暴露量)的人体呼出物对室内人员存在毒害作用。由于 CO_2 浓度通常与其他人体呼出的污染物(包括呼气、体味等)显著关联,由此说明 CO_2 并非是室内污染物,但可作为判断室内人体呼出物的室内空气品质指示剂。

2. 气态有机污染物

气态有机污染物主要指挥发性有机化合物(Volatile Organic Compounds,VOCs)。按照世界卫生组织(World Health Organization,WHO)的定义,VOCs 是沸点在 50～260℃的有机化合物,在常温下以蒸气形式存在于空气中。通常也把熔点低于室温而沸点在 50～260℃之间的所有挥发性有机化合物总称为总挥发性有机化合物(Total Volatile Organic Compounds,TVOC)。按其化学结构的不同,VOCs 可以进一步分为烷类、芳烃类、烯类、卤烃类、酯类、醛类、酮类和其他等。典型的 VOCs 有甲醛、苯、甲苯等。现代流行病学和医学研究证实,VOCs 对人体的危害明显,当室内 VOCs 浓度超过一定浓度时,在短时间内人们会感到头痛、恶心、呕吐、四肢乏力,严重时会抽搐、昏迷、记忆力减退,人的肝脏、肾脏、大脑和神经系统也可能因暴露在一定浓度的 VOCs 中而受到损伤。一般来说,燃料燃烧、工业废气、汽车尾气、光化学污染等是室外主要的 VOCs 散发源。

室内空气中,除了人自身呼出和散发,以及由室外进入到室内的 VOCs 外,室内主要的 VOCs 散发源是建筑装饰装修材料,以及烹饪、吸烟等燃烧过程。一方面,湿式建材(涂料、油漆等)散发 VOCs 的过程通常包含蒸发和传质两个过程。对于新装修建筑而言,湿式建材 VOCs 的散发量(单种 VOC 的峰值可达 10^2～10^3 mg/m³)往往占据主导,但湿式建材 VOCs 的散发持续时间往往仅为几个星期至几个月。另一方面,干式建材(天然板材,或密度板、刨花板等人造板材)的散发量(单种 VOC 的峰值达 10^2～10^3 μg/m³)通常小于湿式建材,但其散发持续时间可达几个月甚至几年,且其散发周期内的后 90% 的时间可认为处于准稳态散发阶段[19]。由此可见,在几类典型的地下空间建筑中,地下商场中的 VOCs 浓度可能比较高,特别是在地下建材市场、地下餐厅等这类地下空间中。

3. 颗粒物

颗粒物主要以 $PM_{2.5}$(运动学直径不超过 2.5 μm 的细微颗粒物)和 PM_{10}(运动学直径不超过 10 μm 的可吸入污染物)为代表。颗粒物包含各种固态和液态颗粒状物质,包括无机物、有机物和有生命物质等类型。颗粒物的成分通常很复杂,主要取决于其来源(主要有自然源和人为源两种,后者危害较大)。颗粒物又可分为一次颗粒物和二次颗粒物两类。一次颗粒物是由天然污染源和人为污染源释放到空气中直接造成污染的颗粒物,如土壤粒子、海盐粒子、燃烧烟尘等。二次颗粒物指由空气中某些污染气体组分(如 SO_2,NO_x,HC 等)之间,或这些组分与空气中其他组分(如 O_2,O_3 等)之间通过光化学氧化反应、催化氧化反应或其他化学反应转化生成的颗粒物,如 SO_2 转化生成硫酸盐等。$PM_{2.5}$,PM_{10} 等颗粒物对人体健康存在显著影响。由于可被人体吸入,长期接触空气中的污染颗粒物会增加患肺癌等疾病的风险。

室内空间中颗粒物的来源主要分为两类:①室外源,即通过建筑围护结构渗透入室内,或通过自然通风、机械通风等方式传播至室内;②室内源,即通过室内各类燃烧过程(烹饪、吸烟、点煤油灯、木材燃烧等)产生[20-21]。同时,燃烧过程产生的颗粒物大多属于亚微米颗粒(Submicrometer Particles)[22]。此外,二次气溶胶(Secondary Organic Aerosol,SOA)也是室内(二次)颗粒物的来源之一,而室内化学反应,如 O_3 引发的各类反应通常是形成 SOA 的主要途径[23-24]。需要指出的是,颗粒物沉降以及通过围护结构逸散至室外也可认为是颗粒物的汇效应,其中沉降后的颗粒物仍有可能通过人员行走等行为引起二次悬浮(以粗颗粒为主)。

在地下车库、地下隧道(包括地下交通联络通道)等环境中,由于发动机燃烧燃料,机动车尾气中含有大量颗粒物。因而,这类地下空间中通常也存在大量颗粒物散发源,从而产生颗粒物污染。值得一提的是,对于隧道而言,机动车尾气中颗粒物和其他污染物的放散同时会造成有限空间内能见度的降低,进而形成交通安全隐患。故在隧道中,通常也把能见度作为一项重要指标。

4. 放射性污染物

放射性污染物主要指以氡气为代表的放射性气体。各类地下空间建筑由于建于地下,普遍易受放射性污染物(如氡气等)的危害。氡的发现可追溯到距今 100 多年前。1899 年,欧文斯和卢瑟福在研究钍的放射性时发现了氡,当时称为钍射气,即 ^{220}Rn。1900 年,多恩在镭制品中发现了镭射气,即 ^{222}Rn。1902 年,吉塞尔在锕化合物中又发现了锕射气,即 ^{219}Rn。

氡气是一种无色无味的气体,是氡的单质形态,通常难以与其他物质发生化学反应,主要以氡(^{222}Rn)的形式存在。氡很容易通过呼吸道进入人体。吸入体内的氡附着在支气管和肺泡上,经过衰变,会产生 α 粒子。这些粒子在呼吸系统中积累,会形成很强的放射源,使器官产生病变。氡已被 WHO 列为 19 种主要致癌物质之一,是仅次于香烟引起人类肺癌的第二大元凶。

一般来说,建筑地基(土壤和岩石)和建材装饰装修材料(花岗岩、砖砂、水泥及石膏之类)的析出是地下空间氡气的主要来源。含放射性元素的天然石材极易释出氡。对于长期生活在一楼、地下室、隧道和矿坑等环境中的人而言,长期暴露在氡气污染中存在很高的健康风险。氡气污染,可以认为是地下工程中最具代表性的共性污染物。

5. 微生物

微生物主要指细菌、病毒、真菌等小型生物群体。其中,空气微生物,即存在于空气中的微生物,是地下建筑中的主要空气污染物之一。空气微生物主要来源于土壤、水体表面、动植物、人体及生产活动、污水污物处理等。微生物组成不稳定,种类多样,许多空气中传播的微生物是人类疾病的病原体,人类疾病约有一半是由病毒引起的。

微生物有许多特征:首先,比表面积大。单个微生物体积很小,如一个典型的球菌,其体积约 1 mm³,可是其比表面积却很大。这个特征也是赋予微生物其他特性(如代谢快等)的基础。其次,转化快。微生物通常具有极其高效的生物化学转化能力。据研究,乳糖菌在 1 h 之内能够分解其自身重量 1 000~10 000 倍的乳糖,产朊假丝酵母菌的蛋白合成能力是大豆蛋白合成能力的 100 倍。最后,生长繁殖快。相比于大型动物,微生物具有极快的生长繁殖速度。大肠杆菌能够在 12.5~20 min 繁殖 1 次。按照这样的速度,1 个大肠杆菌在一天内可分裂成 4 722 366 500 万亿个(2^{72} 个)。当然,在实际环境中,由于条件的限制,如营养缺失、竞争加剧、生存环境恶化等原因,微生物无法完全达到这种指数级增长。

由于地下建筑通常都比较潮湿,容易滋生微生物,诸如空气中微生物的数量等指标成为衡量地下空间建筑中空气质量的重要标准之一。

1.4　城市地下空间的环境控制技术

1.4.1　地下空间环境控制技术现状

为了满足地下建筑空间对空气品质改善和热环境调控的要求,首先需要对之进行有效的通风,稀释污染物浓度,同时对有消除冷热负荷、湿负荷需求的地下空间进行空气调节。工程上习惯把创造适宜的室内温湿度环境和良好的空气品质的行为称为环境控制,把调节室内热湿环境和污染物环境的技术称为环境控制技术。近年来,伴随着各类地下空间建筑的大量兴起,环境控制技术也得到了长足的发展。

地下空间中环境控制技术的核心是通风技术。同地上建筑一样,地下空间的通风方式主要有三种:机械通风、自然通风和复合通风。

机械通风是地下空间最主要的通风手段。机械通风由风机提供动力,通常无须考虑室外环境的影响。机械通风系统的主要设备有风机、管道和风口。从室内空间正负压的差异而言主要有"机械送风"(正压系统)、"机械排风"(负压系统)、"机械送排式通风"(中性系统)等。其中,通过机械通风系统引入室内的室外新鲜空气通常称为"新风",引入新风的通风系统称为"新风系统"。在过去的 20 几年里,机械通风取得了很大的进展,由早期的定风量通风系统到变风量机械通风系统,再到按需控制机械通风系统及低压力差机械通风系统等。由于大多数地下空间属于封闭空间,空间内包括空调系统几乎完全依靠机械通风。机械通风能够在不受外界环境干扰的情况下,向地下空间提供稳定的通风量及新风,能够较好地解决地下建筑环境空气质量问题。然而,机械通风系统安装费用高,操作复杂,风机耗能大,必须耗费大量的能量来维持所需的必要通风量。地下空间的机械通风通常与空调系统相结合,通过向室内输送冷空气或热空气,在通风的同时克服室内的冷负荷和热负荷。

自然通风就是用自然的方式实现室内空间的通风。自然通风是由建筑物进出口的风压差所形成的风压通风和室内外空气的密度差引起的热压通风两种通风形式组成。通常认为自然通风具有三大主要作用:提供新鲜空气、调节空气温度以及释放建筑结构中储存的热量。与复杂、耗能的空调技术相比,自然通风是能够适应气候的一项廉价、成熟的技术措施,可以在降低能耗的同时为室内引入新风,有利于室内环境中人们的身体健康。然而,自然通风最大的缺点在于其受实际环境参数变化的影响。对于地上建筑而言,在采暖或制冷季节,建筑物的门窗开启后没有及时关闭会造成室内大量冷量、热量的流失。在进深比较大的建筑中,自然通风也很难保证新鲜空气能够渗透进去。由于地下空间建筑的相对封闭性,自然通风的利用往往是个难题。目前,国内仅有部分短距离隧道工程尝试采用自然通风作为运营通风的手段,而火灾事故通风仍然采用更为可靠的机械通风作为控制烟气的基本技术措施。

复合通风系统是指自然通风和机械通风在一天的不同时刻或一年的不同季节里,在满足室内空气品质和热舒适的前提下交替或联合运行的通风系统。复合通风系统设置的目的是增加自然通风系统运行可靠性和安全系数,并降低机械通风系统的能耗。在一年中不同季节或一天中不同的时间段,复合通风系统使用不同的通风系统部分,及时且最大程度地利用周围环境以降低能耗。复合通风系统主要有如下形式:自然通风与机械通风交替运行、带辅助风机的自然通风和热压或风压强化的机械通风。与传统通风系统相比,复合通风系统主要优势有:复合通风系统同时包含机械通风系统和自然通风系统,可充分利用二者的优势优化与改进通风系统性能;先进的复合通风技术可通过综合平衡室内空气品质、热舒适、能耗及环境影响以满足日益增长的室内环境品质、节能和可持续发展的需求;由于采用智能控制的机械通风系统,增加了通风灵活性,能自动及时地切换自然通风和机械通风以减少能耗。然而,由于地下空间建筑中自然通风实现起来难度较大,故复合通风的应用存在诸多技术上的难点。目前,国内采用复合通风的地下空间工程还比较少。

除了通风技术外,空调系统对于地下商场和地铁车站而言同样重要。与地上建筑相比,地下建筑环境控制技术能耗占建筑总能耗的比例可能更高。以轨道交通和地铁车站为例,总的来说,轨道交通能耗主要由列车牵引用电和各种动力、照明、设备用电组成。2016年,全国国内城市轨道交通总耗电量达到了111.1亿 kW·h,约占全国总耗电量的1.9‰[25]。我国南方地区和北方地区车站通风空调系统能耗分别约占总能耗的1/2和1/3[26]。其主要原因在于地铁车站的通风空调系统一般按远期最大负荷进行设计并考虑一定的富余量。然而,地铁车站的运行特点往往是满负荷运行时间较短,一个工作日中负荷波动剧烈且早晚呈负荷高峰,长时间的部分负荷运行造成能量浪费严重。综合两个国际地铁协会 CoMET 和 Nova 的研究数据来看[27],亚洲城市地铁运营的能耗费用占总运营成本的比例为15%~30%,高于欧洲(5%)、北美(10%)的比例,该研究也指出亚洲地区高能耗的结果与较高的空调需求有关。显而易见,地下空间通风与环境控制技术的节能工作对我国公共建筑节能具有重大意义。

1.4.2　相关标准和规范

本节列举了国家、行业和地方有关地下空间及其通风及环境控制的部分设计标准和规范:
《人民防空地下室设计规范》(GB 50038—2005);
《人民防空工程设计规范》(GB 50225—2005);

《平战结合人民防空工程设计规范》(DB11/994—2013);

《商店建筑设计规范》(JGJ 48—2014);

《车库建筑设计规范》(JGJ 100—2015);

《地铁设计规范》(GB 50157—2013);

《公路隧道通风设计细则》(JTG/T D70/2-02—2014);

《道路隧道设计标准》(DG/TJ 08—2033—2017);

《轻型汽车污染物排放限值及测量方法(中国第五阶段)》(GB 18352.5—2013);

《轻型汽车污染物排放限值及测量方法(中国第六阶段)》(GB 18352.6—2016);

《化工采暖通风与空气调节设计规范》(HG/T 20698—2009);

《人防工程平时使用环境卫生要求》(GB/T 17216—2012);

《地下建筑氡及其子体控制标准》(GBZ 116—2002);

《工业建筑供暖通风与空气调节设计规范》(GB 50019—2015);

《民用建筑供暖通风与空气调节设计规范》(GB 50736—2012)。

目前,我国已全面建立起人防工程、地下商场、地下车库、地铁车站、公路隧道等涉及各类地下空间的设计标准和规范。从基地平面、建筑设计、消防、通风空调、给排水等方面对地下空间的设计方法和原则进行了规定,既适应了城镇发展的需要,又保障了地下工程的建设。其中,通风和环境控制技术是每一类地下空间功能实现的基础。以地下人防工程为例,平时通风以排除地下空间有害气体、提供新鲜空气为主,而战时必备的环境保障技术则包含要求更高的清洁式通风、滤毒式通风等。二者在进行转换时也必须做到需求与功能的匹配。其他诸如地下商场、地下车库、地铁车站及公路隧道的通风及环境控制技术将在后续相关章节中详细叙述。

此外,值得一提的是,机动车尾气作为诸多地下空间建筑(车库、隧道等)中主要的污染源,一直受到学术界和各国政府广泛的关注。自20世纪70年代以来,美国、日本等工业发达国家经历了机动车尾气污染、光化学烟雾事件后,针对机动车排放尾气中的污染物及其对大气环境的影响,开始研究机动车尾气中污染物成分及排放特性,也发布了不少机动车排放标准。比较著名的是"欧洲排放标准"。该标准当时是由欧洲经济委员会(Economic Commission for Europe,ECE)的排放法规和欧洲经济共同体(European Economic Community,EEC)的排放指令共同组成的,EEC即是现在的欧盟(European Union,EU)。该排放法规由ECE参与国自愿认可,排放指令是EEC或EU参与国强制实施的。机动车排放的欧洲法规(指令)标准自1992年开始已实施若干阶段。具体来说,欧洲从1992年、1996年、2000年、2005年、2008年和2013年起分别实施欧Ⅰ(即欧Ⅰ认证排放限值,余同)、欧Ⅱ、欧Ⅲ、欧Ⅳ、欧Ⅴ和欧Ⅵ排放标准。不同阶段的欧洲排放标准的差异,主要体现在对车辆尾气中排出的CO、碳氢化合物(HC)和NO_x、微粒及碳烟(PM)等有害气体的含量所设定的排放限值。排放标准越高,对车辆尾气的污染物限值就越严格。

21世纪初,我国也相继出台了《轻型汽车污染物排放限值及测量方法(Ⅰ)》(GB 18352.1—

2001)、《轻型汽车污染物排放限值及测量方法（Ⅱ）》(GB 18352.2—2001)、《轻型汽车污染物排放限值及测量方法（中国Ⅲ、Ⅳ阶段）》(GB 18352.3—2005)等标准,旨在控制汽车尾气排放,通常称为国Ⅰ、国Ⅱ、国Ⅲ及国Ⅳ,相当于欧盟同级标准。近年来,为贯彻《中华人民共和国环境保护法》和《中华人民共和国大气污染防治法》,防治污染,保护和改善生态环境,保障人体健康,环境保护部和国家质量监督检验检疫总局分别于 2013 年 9 月 17 日和 2016 年 12 月 23 日联合发布了国家污染物排放标准《轻型汽车污染物排放限值及测量方法（中国第五阶段）》(GB 18352.5—2013)和《轻型汽车污染物排放限值及测量方法（中国第六阶段）》(GB 18352.6—2016)两个标准,分别称之为国Ⅴ、国Ⅵ标准,进一步严格规定了机动车的污染物排放要求。国Ⅴ自 2018 年 1 月 1 日起执行,国Ⅵ将自 2020 年 7 月 1 日起替代国Ⅴ标准,但在 2025 年 7 月 1 日前,第五阶段轻型汽车的"在用符合性检查"仍执行《轻型汽车污染物排放限值及测量方法（中国第五阶段）》(GB 18352.5—2013)的相关要求。

参考文献

[1] 刘玲,李立玮.地下人防平战结合通风系统设备用房的合理布置[J].住宅科技,2004(8)：32-33.

[2] 张淼.大型地下商场空调通风与防排烟探究分析[J].中华民居(下旬刊),2012(6)：80.

[3] 新华社.2017 年上半年全国新增机动车 938 万辆[EB/OL].[2018-09-20].http://www.xinhuanet.com//legal/2017-07/11/c_1121302019.htm.

[4] 李莉.地下车库的空间设计[J].中华民居(下旬刊),2013(3)：30-32.

[5] 姜学鹏,付维纲,袁月明,等.城市地下联络通道火灾通风排烟设计方法[J].科技导报,2013,31(21)：15-20.

[6] 中国城市轨道交通协会.城市轨道交通 2017 年度统计和分析报告[EB/OL].[2018-06-23].http://www.camet.org.cn/index.php?m=content&c=index&a=show&catid=18&id=13532.

[7] 王毅才,张承炯.中国大百科全书[M].北京：中国大百科全书出版社,1993.

[8] 王梦恕.我国隧道技术现状和未来发展趋势[J].安徽建筑,2015(4)：9-13.

[9] 洪开荣.我国隧道及地下工程近两年的发展与展望[J].隧道建设,2017,37(2)：123-134.

[10] 印磊,陈海霞.地下公共安全：一个亟待引起重视的城市问题[J].上海城市管理,2012,21(06)：18-21.

[11] 郝吉明,马广大,王书肖.大气污染控制工程[M].3 版.北京：高等教育出版社,2012.

[12] RAUB J A, MATHIEU-Nolf M, HAMPSON N B, et al. Carbon monoxide poisoning — a public health perspective[J]. Toxicology, 2000, 145：1-14.

[13] PROCKOP L D, CHICHKOVA R I. Carbon monoxide intoxication：an updated review[J]. Journal of the Neurological Sciences, 2007, 262：122-30.

[14] MODIC J. Carbon monoxide and COHb concentration in blood in various circumstances[J]. Energy and Buildings, 2003, 35：903-7.

[15] 杨飏.氮氧化物减排技术与烟气脱硝工程[M].北京：冶金工业出版社,2007.

[16] World Health Organization (WHO). WHO Air quality guidelines for particulate matter,ozone,nitrogen dioxide and sulfur dioxide：global update 2005：summary of risk assessment[R]. Copenhagen, Denmark：WHO Regional Office for Europe, 2006.

[17] ZHANG X，WARGOCKI P，LIAN Z，et al. Effects of exposure to carbon dioxide and bioeffluents on perceived air quality，self-assessed acute health symptoms，and cognitive performance[J]. Indoor Air，2017，27(1)：47-64.

[18] CO₂. Earth. NOAA Monthly Data[EB/OL]. [2018-06-23]. https：//www. co2. earth/monthly-co2.

[19] 叶蔚. 新风对室内建材污染物控制的基础研究[D]. 上海：同济大学，2014.

[20] HE C，MORAWSKA L，HITCHINS J，et al. Contribution from indoor sources to particle number and mass concentrations in residential houses[J]. Atmospheric Environment，2004，38：3405-3415.

[21] CHEN C，ZHAO B. Review of relationship between indoor and outdoor particles：I/O ratio，infiltration factor and penetration factor[J]. Atmospheric Environment，2011，45：275-288.

[22] MORAWSKA L，ZHANG J. Combustion sources of particles. 1. Health relevance and source signatures [J]. Chemosphere，2002，49：1045-1058.

[23] WARING M S，SIEGEL J A. Indoor Secondary Organic Aerosol Formation Initiated from Reactions between Ozone and Surface-Sorbed d-Limonene[J]. Environmental Science & Technology，2013，47：6341-6348.

[24] IINUMA Y，KAHNT A，MUTZEL A，et al. Ozone-Driven Secondary Organic Aerosol Production Chain[J]. Environmental Science & Technology，2013，47：3639-647.

[25] 国家能源局. 国家能源局发布 2016 年全社会用电量等数据[EB/OL]. [2017-06-28]. http：//www. nea. gov. cn/2017-01/16/c_135986964. htm.

[26] 李国庆. 轨道交通的用能以及节能思考[N]. 中国建设报，2015-08-11(7).

[27] ANDERSON R，MAXWELL R，HARRI N G. Maximizing the potential for metros to reduce energy consumption and deliver low-carbon transportation in cities[R]. UK：Imperial College London，2009.

2　地下商场的通风与环境控制

2.1 地下商场的热湿负荷

2.1.1 地下商场的冷热负荷特性

地下商场与普通商场在冷热负荷特性上有相似之处,都由围护结构、灯光照明、人体散热及散湿、新风负荷四个部分组成。但地下商场的四部分负荷特性又有其自身的特点。

首先,在负荷构成的比例上与普通建筑有所不同。地下商场位于地下土壤中,围护结构与土壤直接接触,没有太阳的直接辐射得热。由于土壤的蓄热特性,相对于空气而言,土壤的温度相对稳定,在夏季能保持相对稳定的低于地面空气的温度,在冬季能保持相对稳定的高于地面空气的温度。因此,地下商场围护结构所产生的负荷较小,占总负荷的比例也较小。地下商场由于缺乏自然通风,加上商场内人员较多,因此所需的新风量比较大,新风负荷在总负荷中所占的比重就相对较高。以上海浦东某中心广场的地下商场为例,计算其冷热负荷构成(图 2-1),围护结构占 4%,灯光照明占 15%,人体散热及散湿占 35%,而新风负荷达 46%[1]。

上海浦东某地下商场

图 2-1 地下商场冷热负荷构成

其次,地下建筑热工特性通常可以用"冬暖夏凉"概括。与地面建筑相似,尽管受围护结构蓄热量的影响,地面建筑围护结构的冷热负荷随室外气温的变化而明显变化,地下建筑则不完全如此。一般来说,地温的变化受气温和埋深两方面的影响。一方面,地表温度存在周期性变化,这一周期性变化对深埋和浅埋这两类地下建筑围护结构传热的影响是不同的。浅埋地下建筑在 $-5\sim-3$ m 范围内,夏季的初始温度较低,而且地下建筑全年均不计太阳辐射热,因此,地下建筑的围护结构冷热负荷均比地面建筑少。地表温度的周期性变化对深埋于地下的建筑围护结构的传热影响较小。一般当地下建筑的覆盖层厚度大于 $6\sim7$ m 时,地表温度年周期性变化对地下建筑围护结构传热的影响可以忽略不计。另一方面,地温随着深度的增加而衰减,长期延迟,到达一定深度后则基本恒定。根据测定,地下 10 m 深处的温度相当于该地区的全年平均气温,在大多数情况下比气温高 $1\sim2$℃,且不受季节影响。

人员密度是热湿负荷、产尘、产菌、异味发生量的主要根据,关系到空调系统的规模和设备容量的大小。《商店建筑设计规范》(JGJ 48—2014)规定,按营业面积考虑,工作人员与顾客的总人员密度为 0.87 人/m²。对于具体地下商场,由于经营商品、城市地段、购买力等因素的不同,人员密度的差别很大,有的高达 2 人/m²,有的只有 0.2 人/m²。因此,人员密度的确定应包含在拟建工程可行性研究中,根据充分的调查统计资料和发展趋势,科学地分析计算求得[2]。

2.1.2 地下商场的湿负荷特性

潮湿是地下建筑的一个特征。这主要是由于地下建筑围护结构表面散湿,又不受太阳的照射,因此通常比地面建筑潮湿。特别在夏季,地下建筑内的温度比室外气温低,室外空气进入地下建筑后,温度下降,相对湿度升高,当壁面温度低于露点温度时,即出现凝结水,致使地下建筑夏季潮湿问题更为突出[3]。

地下商场的湿源主要包括以下几项:施工期间的施工水、裂隙水、壁面散湿、空气带入的水分、人员散湿等。值得一提的是,目前上海等不少城市中以地面为主的商场也都普遍将餐饮区、超市区域设置在地下。如此,食物和烹饪过程也成了这类地下商场中的一个主要湿源。

正是由于地下建筑内空气环境的特殊性,"防潮除湿"成为地下建筑通风空调设计的关键环节。地下工程的防潮除湿主要是指从建筑结构和维护管理两方面防止工程外部潮湿空气的进入,控制内部湿源的水分散发,并通过通风空调方法设法降低内部空气的湿度[4]。

由工程结构向地下建筑内部渗透和墙体表面的散湿,可以由土建专业做好内外防排水加以解决,如采用防水混凝土自防水结构,设置附加防水层,对施工缝、裂缝、伸缩缝、沉降缝等特殊部位采取加强措施,并在工程内设置排水沟、截水沟等引水系统等。而在生产过程中产生的及通风带入的散湿问题,可以通过加强用水管理、严格控制工程内部水分散发以及通过地下工程的密闭来加以解决。

地下工程中采用的除湿技术主要有供暖通风除湿、冷却除湿、吸湿剂除湿和压缩除湿等。根据特定的工程,可以采用不同的除湿方式以达到降低湿度的目的。

(1) 供暖通风除湿法。对室内空气加热升温,空气的相对湿度会随着空气温度升高而降低,同时采用自然通风或机械通风将室外相对湿度较低的空气送入室内,将室内相对湿度较高的空气置换出去,即供暖通风除湿。如果掌握好气候条件,地下工程选用自然通风除湿可以起到节约能源的效果。

(2) 冷却除湿法。被处理空气通过冷却除湿设备(如表面式空气冷却器、淋水式空气冷却器等),使其温度下降到露点温度以下,它所含有的一部分水分就凝结在冷却器表面而被排走。这样从冷却器出来的空气就比较干燥,送到地下工程内即可吸收湿气,如此循环,即可达到除湿的目的。这种除湿方法效果较好、湿度下降快、运行费用较低,在目前地下工程中使用较为普遍。

(3) 吸湿剂除湿法。吸湿剂按形态一般分为固体和液体两种。固体吸湿剂是一种多孔材料,其内部含有很多直径微小的毛细孔,水蒸气分子很容易被捕集吸附在毛细管壁上。这种除湿技术工作效果的好坏,主要取决于吸附剂质量的优劣和能否再生。目前,采用的固体吸湿剂有硅胶、活性钙等。固体吸湿剂除湿技术一般用于小型工程。液体吸湿剂为浓缩的盐溶液,如三甘醇、氯化锂、溴化锂等水溶液。其主要优点是能连续处理较大量的空气,减湿幅度大,处理空气露点温度低,可以用单一的减湿过程将被处理的空气冷却到露点温度后加热调温,这样可避免冷量与热量相互抵消而造成能量浪费。与冷却除湿相比,吸湿剂除湿运行费用低、故障少、维修方便,但需要相应的吸湿剂再生设备。

(4) 压缩除湿法。压缩除湿的原理是对潮湿空气进行压缩、冷却、分离其水分,达到减少空气含湿量的目的。由于空气被压缩引起了空气温度上升,所以压缩除湿常和冷却除湿并用。

常规空调机去湿适用于既需要降温又需要除湿（即湿热比较大）的场合，而专用除湿机适用于需要除湿但对温度无特殊要求（即余热量小）的地方，调温除湿机则适用于对温度和湿度都有要求的场合，如地下工程中的地下商场、地下舞厅、地下影剧院等。压缩除湿与冷却除湿方法相比，消耗动力大，不经济。只有在有压缩工程而又不便于用冷却除湿时方可利用此法获得干燥空气。当有空气涡轮机工作时，可利用动力回收办法，将压缩空气用来除湿。

2.2 地下商场的污染物特征

2.2.1 常见污染物水平

地下商场内部装修所用的装饰材料繁多，化学成分复杂，它与商场内销售的商品一起散发出多种有害物质（如甲醛、苯、氡、VOCs 等），其中大部分是甲醛和 VOCs。有研究结果表明：地下商场的室内空气污染物主要有甲醛、TVOC、氡、PM_{10}、CO_2、CO、微生物等。

1. CO_2

CO_2 的主要产生源是人群，因此其浓度与客流量呈相关性变化[5]。当地下空间通风不良时，CO_2 浓度很容易达到 1 000 ppm 以上。据统计，CO_2 浓度超过 700 ppm 时，会使少数比较敏感的人感到有不良气味并有不舒适的感觉；CO_2 浓度超过 1 000 ppm 会使大多数人有不舒适的感觉，并易引起嗜睡。

地下商场各个入口处的 CO_2 浓度值一般要比中心地带低 100~200 ppm。但是，对于一些小的入口，特别是入口段比较长、由来回形的阶梯组成的入口段，CO_2 浓度没有明显的下降。地下商场摊位布置也会对 CO_2 浓度有影响。在商业活动中，有的商家用轻质材料将摊位隔断，隔断形式对 CO_2 浓度影响很大，主要有全隔断和半隔断两种形式。一般情况下，隔断内的 CO_2 浓度偏高。在机械排风系统不工作时，全隔断内 CO_2 浓度平均高出 50 ppm；半隔断内外 CO_2 浓度几乎相等。在机械排风工况下，全隔断内 CO_2 浓度平均高出 150 ppm 以上；半隔断内 CO_2 浓度高出 50~150 ppm[6]。

2. CO

CO 是最主要、最常见的室内污染物之一，通常来源于含碳物质的不完全燃烧、工业废气排放和汽车尾气排放等。吸烟也是一个重要的 CO 产生源，一支香烟通常可产生 13 mg 的 CO。地下商场属于公共场所，一般禁烟较严格，内部没有 CO 产生源，其内部的 CO 大多是由地面上的汽车废气经商场出入口、通风系统送入等原因造成的。如哈尔滨某商场开业前（早 7:30）CO 日平均浓度接近标准（10 mg/m³），在气象因素和人为因素（如机械送风）的影响下，CO 以及汽车尾气中的其他污染物和被机动车辆扬起的尘土侵入地下，并且滞留于地下环境中，造成该地下商场开业期间空气中 CO 浓度升高，并且地下空间距地表越近，空气中 CO 浓度越高[7]。

3. 可吸入颗粒物 PM_{10}

颗粒物浓度与客流量和室外含尘量有关，主要是由人员活动的扬尘及室外新风引入。当气流组织不好、局部风速过大时，会导致室内空气中的悬浮物增多（已沉降的再度悬浮，已悬浮的不易沉降）。有调查显示，地上商场和地下商场内的可吸入颗粒物浓度普遍超标，某些地上商场的测试结果超标 1～4 倍，而某些地下商场的测试结果超标 3～10 倍及以上[2]。

4. 细菌总数

细菌等微生物通常附着在颗粒物上，因此会和颗粒物浓度呈现相关性。空调设备在加湿、除湿等处理过程中，本身也易导致微生物的繁殖，并且在缺少阳光、空气潮湿的地下建筑中，更会加剧微生物污染。有调查显示，地上商场的细菌总数位于其限值附近，而地下商场则普遍严重超标，某些地下建筑的超标率甚至达到 10 倍以上，最高达到 26×10^4 CFU/m^3。

5. 总挥发性有机化合物（TVOC）

地下商场室内总挥发性有机化合物（TVOC）浓度受已散发时间和空气温湿度的影响，以甲醛为代表的 TVOC 主要来源于装修材料和销售的商品。如主要经营皮袋、衣服的地下商场，均会散发大量甲醛等有机污染物[8]。

有研究表明[9]，地下商场室内甲醛和 TVOC 质量浓度严重超标：西安市某地下商场内甲醛和 TVOC 的平均质量浓度分别为 0.05～0.26 mg/m^3 和 0.34～3.56 mg/m^3；装修后甲醛和 TVOC 的质量浓度与室外的差值分别为 0.04～0.18 mg/m^3 和 0.09～0.83 mg/m^3，其中大型地下商场内的甲醛和 TVOC 污染较中小型地下商场严重。究其主要原因是大型地下商场面积较大、商品密度大、客流量多、空间相对封闭、自然通风效果差、空调通风换气量小、存在通风死角。另外，甲醛和 TVOC 污染严重主要与商场内的商品种类有关，例如商场内的食品（包括正在烹饪的）、服饰、皮具、化妆品等均是甲醛和 TVOC 含量较高的商品。各类商品对地下商场内 TVOC 和甲醛质量浓度贡献明显，且不同种类的商品贡献程度不同。商场皮具区的甲醛质量浓度最高为 0.3 mg/m^3，这主要是由于目前所使用的皮革胶粘剂大部分为溶剂基胶粘剂，对甲醛的贡献较大；商场食品区的 TVOC 质量浓度最高为 6.53 mg/m^3，食品烹调会产生油烟，其中含有大量的烃类有机物没有尽快地排到室外。

6. 氡及其子体

氡是一种致癌气体，由镭衰变而来，主要来源于建筑周围的岩石、土壤、地下水及工程建材，土壤氡气的逸出占总析氡量的 70%～90%，而土壤和岩石正是地下空间的围护结构。因此，氡及其子体浓度超标的地下商场占较大的比例[10-11]。在地下建筑内，氡的浓度和建筑类型、所处地区、周围岩石和地下水情况、建筑的使用和通风情况等都有显著的关系。

有调查显示，全国部分城市的多个地下工程的室内氡浓度范围为 14.9～2 482 Bq/m^3，平均值为 247 Bq/m^3。一年中，氡浓度最高值出现在夏季，最低值出现在冬季（个别报道为秋季）。地下工程室内氡浓度的季节变化主要是由于室内空气对流引起的，并与工程室内外温差有关。冬季外界空气温度低，室外空气通过各种入口进入工程内部，对工程室内氡产生了稀释效应，所以氡浓度较低；而夏季则相反，工程室内空气流动相对停滞，使氡在室内聚积，因而氡浓度相对较高[12]。

据有关单位检测，苏州市部分地下商场氡浓度算术平均值为 31.0 Bq/m^3，几何平均值为 23.4 Bq/m^3；其子体 α 潜能浓度算术平均值为 5.22×10^{-8} J/m^3，几何平均值为 4.17×10^{-8} J/m^3，高于苏州市平均室内氡浓度(16 Bq/m³)和平均 α 潜能浓度(2.6×10⁻⁸J/m³)。由于地下商场使用了通风设备,室内氡及其子体浓度明显低于尚未被开发利用、无机械通风的地下室内的氡及其子体浓度[13]。

综上所述,地下商场污染物主要来源于装修材料、特定类型的经营商品、人员活动、机动车、地下岩层等,通风不良是造成地下空间污染物聚集升高的主要原因。目前,大多数地下商场内的主要特征污染物(PM₁₀、细菌、甲醛、TVOC 等)均超出相关标准中的规定限值。

2.2.2 地下商场的空气质量要求

我国现有与地下商场空气质量直接相关的标准是《人防工程平时使用环境卫生要求》(GB/T 17216—2012),该标准指出,人防工程中除标准值以外的卫生要求应符合《商场(店)、书店卫生标准》(GB 9670—1996)等标准规定。同时可参照《室内空气质量标准》(GB/T 18883—2002)、《地下建筑氡及其子体控制标准》(GBZ 116—2002)等标准。

此外,为了加强公共场所集中空调通风系统的卫生管理,我国制定了《公共场所集中空调通风系统卫生管理办法》和《公共场所集中空调通风系统卫生规范》(WS 394—2012),规定公共场所集中空调系统应加装空气净化消毒装置,且每两年需清洗一次,但尚未明确给出对不同类型建筑(特别是地下商场)的具体控制措施及指标,因而缺乏工程应用的指导性与约束性的规范条文。

目前,国内已有的相关规范中关于地下商场内主要污染物浓度限值的要求如表2-1所列。

表 2-1 地下商场内主要污染物浓度限值

污染物	浓度限值	备注	依据
CO	5 mg/m³	—	《商场(店)、书店卫生标准》(GB 9670—1996)
	10 mg/m³	—	《人防工程平时使用环境卫生要求》(GB/T 17216—2012)
CO₂	0.15%	Ⅰ类人防工程	《商场(店)、书店卫生标准》(GB 9670—1996)
			《人防工程平时使用环境卫生要求》(GB/T 17216—2012)
	0.20%	Ⅱ类人防工程	《人防工程平时使用环境卫生要求》(GB/T 17216—2012)
PM₁₀	0.25 mg/m³	—	《商场(店)、书店卫生标准》(GB 9670—1996)
甲醛	0.12 mg/m³	—	《商场(店)、书店卫生标准》(GB 9670—1996)
			《人防工程平时使用环境卫生要求》(GB/T 17216—2012)
微生物	7 000 CFU/m³*	撞击法	《商场(店)、书店卫生标准》(GB 9670—1996)
	4 000 CFU/m³		《人防工程平时使用环境卫生要求》(GB/T 17216—2012)
氡	200 Bq/m³**	拟建	《地下建筑氡及其子体控制标准》(GBZ 116—2002)
	400 Bq/m³	已建	《地下建筑氡及其子体控制标准》(GBZ 116—2002)

注: * CFU(Colony-Forming Units):菌落形成单位,指单位体积中的细菌群落总数;
 ** Bq:放射性元素每秒有一个原子发生衰变时,其放射性活度即为 1 Bq。

2.3 地下商场的运营通风、空调设计理论

2.3.1 地下商场的最小新风量及通风量计算方法

建筑通风是指建筑物室内污浊的空气直接或净化后排至室外,再把新鲜的空气补充进去,从而保持室内的空气环境符合卫生标准。其目的是:①保证排除室内污染物;②保证室内人员的热舒适;③满足室内人员对新鲜空气的需要[14]。建筑通风一般分为自然通风和机械通风。

地下商场由于面积大、通风开口有限,一般仅靠自然形成的热压和风压很难保证室内的空气环境要求。因此,一般地下商场,尤其是大型地下商场,宜采用机械通风方式。由于商场中有大量人员活动,因而需要向室内供给大量的新风。不同场合,新风量的设计标准不同,对于地下商场等高密度人群的公共建筑,则是按照每人所需最小新风量来计算,如表 2-2 所列。

表 2-2　　　　　　　地下商场人均最小新风量标准*

地下空间	人员密度 P_f(人·m^{-2})		
	$P_f \leqslant 0.4$	$0.4 < P_f \leqslant 1.0$	$P_f > 1.0$
商场、超市	19	16	15

注:* 标准参考《民用建筑供暖通风与空气调节设计规范》(GB 50736—2012)。

此外,根据《地下建筑氡及其子体控制标准》(GBZ 116—2002)的要求,由于氡是地下商场及其他地下建筑的主要污染物,通常也可根据封闭氡浓度(即封闭地下建筑 6 d 后测量得到的氡浓度)设计相应的新风量指标,如表 2-3 和表 2-4 所列。

表 2-3　按氡气控制浓度为 200 Bq/m³ 对应的地下商场(及其他地下建筑)排氡通风量简表

封闭氡浓度/(kBq·m^{-3})	冬季		春秋季		夏季	
	通风量/(次·h^{-1})	氡平衡的通风时间/h	通风量/(次·h^{-1})	氡平衡的通风时间/h	通风量,(次·h^{-1})	氡平衡的通风时间/h
≤0.5	0.10	48.5	0.16	42.1	0.16	42.1
1.0	0.13	46.5	0.20	35.5	0.22	30.2
1.5	0.16	42.1	0.23	30.0	0.23	30.0
2.0	0.20	35.5	0.26	24.1	0.26	24.1
3.0	0.26	24.1	0.36	20.0	0.38	17.3
4.0	0.38	16.0	0.39	16.3	0.46	14.3
5.0	0.39	16.3	0.42	15.6	0.52	12.3
6.0	0.52	12.3	0.52	12.3	0.65	9.9
7.0	0.59	11.1	0.65	9.9	0.78	8.2
8.0	0.65	9.9	0.80	8.2	0.84	8.0
9.0	0.75	9.1	0.91	7.1	0.91	7.0
10.0	0.78	8.2	0.94	6.8	1.0	6.2

表 2-4 按氡气控制浓度为 400 Bq/m³ 对应的地下商场(及其他地下建筑)排氡通风量简表

封闭氡浓度/(kBq·m⁻³)	冬季		春秋季		夏季	
	通风量/(次·h⁻¹)	氡平衡的通风时间/h	通风量/(次·h⁻¹)	氡平衡的通风时间/h	通风量/(次·h⁻¹)	氡平衡的通风时间/h
≤0.5	0.05	56.5	0.06	54.0	0.08	50.0
1.0	0.06	54.0	0.08	50.0	0.10	48.5
1.5	0.08	50.0	0.10	48.5	0.11	47.5
2.0	0.10	48.5	0.13	46.5	0.13	46.5
3.0	0.13	46.5	0.16	42.1	0.20	35.5
4.0	0.20	35.1	0.23	26.5	0.23	30.0
5.0	0.22	31.2	0.26	24.1	0.29	18.0
6.0	0.26	24.1	0.32	20.0	0.36	17.1
7.0	0.29	22.1	0.38	17.0	0.39	16.3
8.0	0.36	17.3	0.39	16.3	0.46	14.0
9.0	0.39	16.3	0.46	14.3	0.51	13.1
10.0	0.42	14.0	0.48	12.3	0.56	11.0

2.3.2 地下商场的空调冷热负荷计算方法

地下商场的空调冷负荷计算主要包括设备负荷、新风负荷、人员散热形成的负荷三个部分。总的来说,地下商场的热工特性对室内空气调节的设计和运行是有利的。通过围护结构传热可近似认为是稳定的,并且没有太阳的辐射得热,围护结构所产生的负荷占总负荷的比例很小。所以,地下商场负荷计算的关键是准确确定灯光照明负荷、人体散热负荷、湿负荷以及新风负荷。对于地下商场而言,不管室外天气情况如何,只要是营业时间,都须开灯,由此可以认为照明负荷是基本不变的,可以在建筑设计规划之初大致确定下来。因而,人体散热负荷、湿负荷以及新风负荷通常是地下商场负荷计算的关键,而新风负荷与人员散热形成的冷负荷主要受客流量的制约。

下面以夏季冷负荷为例,给出地下商场的空调计算方法[15]。

1. 设备散热形成的负荷

参照《民用建筑供暖通风与空气调节设计规范》(GB 50736—2012),散热设备及热表面散热形成的计算时刻冷负荷,可由式(2-1)计算:

$$Q_{\tau 1} = Q_{s1} \cdot C_{LQ1} \tag{2-1}$$

式中 $Q_{\tau 1}$ ——散热设备及热表面散热形成的冷负荷,W;

Q_{s1}——散热设备及热表面实际显热散热量,W;

C_{LQ1}——散热设备及热表面显热散热的冷负荷系数,见本书附录 A 和附录 B,若空调系统不连续运行,则取 $C_{LQ1}=1.0$。

对于地下商场来说,在不确定的条件下可认为单位面积设备散热量约为 13 W/m²(地铁站台和地下车库的单位面积设备散热量这一项可取为 0)。

2. 照明设备散热形成的负荷

照明设备散热形成的计算时刻冷负荷,可由式(2-2)计算:

$$Q_{\tau 2} = Q_{s2} \cdot C_{LQ2} \tag{2-2}$$

式中　$Q_{\tau 2}$——照明设备散热形成的冷负荷,W;

Q_{s2}——照明设备的散热量,W;

C_{LQ2}——照明设备散热的冷负荷系数,见本书附录 C。

对于地下商场来说,取单位面积照明散热量 20 W/m²(地下车库单位面积照明散热量可取 0~5 W/m²)。

3. 人体散热形成的负荷

1) 人体显热负荷

人体散热的显热负荷的辐射部分约占 2/3,也存在蓄热滞后的问题。人体散热形成的计算时刻冷负荷,可由式(2-3)计算:

$$Q_{\tau 3} = Q_{s3} \cdot C_{LQ3} = q_s n \phi C_{LQ3} \tag{2-3}$$

式中　$Q_{\tau 3}$——人体显热散热形成的冷负荷,W;

Q_{s3}——人体显热散热量,W;

C_{LQ3}——人体显热散热的冷负荷系数,见本书附录 D;

q_s——不同室温和劳动性质下成年男子的显热散热量,W,见本书附录 E;

n——人员数量;

ϕ——某些建筑内的群集系数,取 0.89。

2) 人体潜热负荷

人体散热的潜热负荷可按即时负荷考虑,即与潜热散热量相等,可按式(2-4)计算:

$$Q_q = q_q n \phi \tag{2-4}$$

式中　Q_q——人体潜热散热形成的冷负荷,W;

q_q——不同室温和劳动性质下成年男子的潜热散热量,W,见本书附录 E。

其他符号意义同前。

3) 人体总冷负荷

人体散热形成的总冷负荷为显热负荷与潜热负荷两部分之和,即

$$Q = Q_{r3} + Q_q \tag{2-5}$$

式中,Q 为人体散热形成的总冷负荷,W;其他符号意义同前。

人体散热量要考虑人员密度问题。参考相关设计规范,可取人员密度如下:地下商场人员密度 1 人/m^2;地铁站台人员密度 1.2 人/m^2;地下车库因人员密度较小,忽略人员负荷。

4. 空调新风负荷

空调新风负荷按式(2-6)给出:

$$Q_w = G_w(i_w - i_n) \tag{2-6}$$

式中　Q_w——空调新风负荷,W;

　　　G_w——新风量,kg/s;

　　　i_w——室外空气焓值,kJ/kg;

　　　i_n——室内空气焓值,kJ/kg。

新风量与人均新风量密切相关,参考相关设计规范,地下商场人均新风量取为 20 m^3/(h·人)。

2.3.3　地下商场的空调湿负荷计算方法

围护结构的散湿主要是指施工水分、地下水及被覆层外的湿空气通过围护结构散发到地下建筑室内。一般围护结构内表面散湿量的计算,大多采用同类型情况的经验数据,若属于改造工程时,则应尽量用工程的实测数据。

1. 地下围护结构内表面散湿量

一般围护结构内表面散湿量,可按式(2-7)计算:

$$W_1 = Fw \tag{2-7}$$

式中　W_1——围护结构内表面散湿量,g/h;

　　　F——围护结构内表面积,m^2;

　　　w——围护结构内表面单位面积的散湿量,g/(m^2·h),对于一般混凝土贴壁衬砌,w 取 1~2;对于衬套、离壁衬砌,w 可取 0.5 或参考其他文献。

2. 外部空气带入的水分

当地下商场室外空气的含湿量大于地下商场室内空气的含湿量时,未经处理的室外空气进入室内,就会使商场室内空气增湿[16]。当进入地下建筑的热湿空气接触到低于空气露点温度的壁面时,就会在壁面上结露,形成凝结水,同时,会在凝结处使更多的水蒸气流向凝结处凝结。

室外空气带入的水分可用式(2-8)计算:

$$W_2 = L\rho(d_w - d_n) \tag{2-8}$$

式中　W_2——室外空气带入的湿量,g/h;

L——进入建筑物内未经处理的空气量，m^3/h；

d_w——室外空气含湿量，$g/(kg\ 干空气)$；

d_n——室内空气含湿量，$g/(kg\ 干空气)$；

ρ——某一温度下空气的密度，kg/m^3，可按式(2-9)计算：

$$\rho = \frac{353B_q}{101.3(t_{wr} + 273)} \tag{2-9}$$

式中　t_{wr}——计算条件下的大气温度，$℃$；

　　　B_q——计算条件下的大气压力，kPa。

3. 人体散湿量

人员在地下建筑物内工作、活动，会通过呼吸、排汗向空气中散湿，其散湿量与周围环境温度、空气流动速度及人员的活动程度有关。人体散湿量可按式(2-10)计算：

$$W_3 = nm_1 \tag{2-10}$$

式中　W_3——人体散湿量，g/h；

　　　n——地下商场内人数；

　　　m_1——每人每小时人体散湿量，$g/(h\cdot人)$，见本书附录 E。

从上述的计算过程可以看出，人体散热及散湿和新风负荷主要取决于人员的数量和人员的构成。通常商场内的人员较为密集，但是客流量的变化却很大。一天之中不同时刻的客流量，一个星期中周末相对于平时的客流量，都有很大的不同。另外，不同季节的客流量也有很大的不同。一些商场客流量统计的资料表明：商场年平均日客流量为峰值日客流量的$40\%\sim60\%$，7、8月份的客流量仅为峰值客流量的$30\%\sim50\%$。由此可见，地下商业建筑负荷随着人员流动将会有更大的变化。

4. 人为散湿量

人为散湿是指地下建筑物内人员日常生活如洗脸、吃饭、喝水形成的水分蒸发，出入盥洗室、厕所等带出的水分等，以及湿衣、湿鞋、雨具等带入地下建筑引起的散湿。这部分散湿量很难从理论上准确计算，但根据试验测定，人员 24 h 在建筑物内生活、工作时，人为散湿量可按式(2-11)计算：

$$W_4 = nm_2 \tag{2-11}$$

式中　W_4——人为散湿量，g/h；

　　　n——地下商场内人数；

　　　m_2——每人每小时人为散湿量，可取 $30\sim40\ g/(h\cdot人)$，预防措施较好的可以取下限，预防措施不完善的可以取上限。

5. 敞开水表面或潮湿表面的散湿量

根据传湿原理，水分蒸发的过程就是水表面的水分子脱离水面进入空气的过程。只要敞开水表面周围的空气没有达到饱和状态,水分就会蒸发。由于水分不断蒸发,紧贴水面总是有一层饱和空气层,它的水蒸气分压力始终大于周围未饱和空气的水蒸气分压力,所以水蒸气就不断向周围空气中扩散,直到水分蒸发完毕或周围一定范围内的空气达到饱和状态为止。在地下建筑物内部,存在着水箱、水池、卫生设备存水、地面水洼等自由液面,这些液面会不断地向空气中散湿,其散湿量可由式(2-12)计算:

$$W_5 = 1\,000F(a + 0.003\,63v)(P_{b \cdot q2} - \phi \cdot P_{b \cdot q1})\frac{B_0}{B} \cdot 10^{-5} \tag{2-12}$$

式中 W_5——自由水面散湿量,g/h;

F——水分蒸发的总表面积,m^2;

v——蒸发表面的空气流动速度,建议取 0.3 m/s;

$P_{b \cdot q1}$——空气的饱和水蒸气分压力,Pa;

$P_{b \cdot q2}$——相应于水表面温度的饱和水蒸气分压力,Pa;

ϕ——相对湿度,%;

B_0——标准大气压,Pa;

B——当地实际大气压,Pa;

a——不同水温下的蒸发系数,如表 2-5 所列。

表 2-5　　　　　　　　　　　　　　不同水温下的蒸发系数

水温/℃	<30	40	50	60	70	80	90	100
蒸发系数 a	0.022	0.028	0.033	0.037	0.041	0.046	0.05	0.06

2.3.4　地下商场污染物的净化方法

目前,对于室内污染物常用的净化手段主要有污染源控制、通风稀释和复合净化三种方式,在地下空间中也不例外。

污染源控制是最根本的手段,但如前所述,地下空间内的污染物种类较多,污染源亦是多种多样,因此,单独通过该手段对室内环境进行净化处理是难以实现的。目前,以该方式去除污染物最常用的方法是定期对风管以及过滤器进行清洗,以清除其内部因系统长期运行产成的积灰和细菌污染源。此外,通过堵塞缝隙、在墙壁和地面涂防氡涂料来降低室内氡浓度也是控制污染源的方式。

通风稀释是降低室内污染物浓度的有效途径,目前供暖空调系统设计中往往采用最小新风量。由前述调查结果可知,在现有的换气次数和新风比下,靠通风稀释来降低室内污染物浓度的效果并不明显。但若仅为了稀释室内污染物而单纯地增加新风量会导致供暖空调系统的能耗增加,经济性变差。同时,当室外也存在某种污染源时,增加新风量反而会加剧该污染物对室内的污染。

复合净化是指在不改变当前空调系统形式及主要运行参数的条件下,在空调箱中设置复合净化单元(段),或者在污染物空间中单独设置复合净化器。在复合净化单元(器)中,根据当前各类污染物的处理技术,按照一定的顺序设置具有不同功能的处理段,对空间中各类污染物分别实现单独或联合处理,将其浓度控制在规范要求的标准限值范围内。根据上述分析可知,采用单一的净化手段难以实现地下空间污染物的有效净化。通常情况下,将复合净化与污染源控制和通风稀释手段联合使用是实现对各种污染物净化的最佳选择,因此也成为目前的研发热点[17]。

按照所处理的污染物种类不同,典型地下空间内污染物主要分为三大类:①可吸入颗粒污染物 PM_{10} 及无机有害小分子;②总挥发性有机化合物(TVOC);③悬浮微生物,包括细菌、真菌和病毒。目前,针对以上几种污染物,有诸多净化技术,但这些技术主要针对某种特定污染物的净化效果会较好。因此,需根据不同净化技术的特点进行有机组合,以达到最佳的净化效果。

目前,在舒适性空调领域,有纤维过滤、静电除尘、紫外线杀菌、活性炭吸附、等离子、负离子、光催化等净化技术。各种净化技术的主要特点如表 2-6 所列。

表 2-6　　　　　　　　　　　空气污染物常用净化技术及其特点

净化技术	可净化污染物种类	优　点	缺　点
纤维过滤	颗粒污染物、微生物、氡	价格低廉、安装方便	阻力与净化效率相关,中、高效过滤器阻力相对较大
静电除尘	颗粒污染物、微生物	除尘效率高、除尘粒径范围广、压力损失小	投资高、集尘后放电效率下降、电场易击穿等
紫外线杀菌	微生物	杀菌效率高、安全方便、不残留毒性、不污染环境、阻力小	动态杀菌效果相对较差
活性炭吸附	除生物性污染物以外的所有污染物	来源广泛、污染物净化范围较大、不易造成二次污染	存在饱和和再生问题、阻力相对较大、无机物处理效果不好
等离子	室内所有污染物	污染物净化范围较大	往往不能彻底降解污染物、易产生其他副产物
负离子	颗粒污染物、微生物	能加速新陈代谢、强化细胞机能、对于一些疾病有治疗功效	会产生大量臭氧、导致二次污染、沉积的尘埃对墙壁造成污染
光催化	TVOC、微生物及其他无机气态污染物	净化范围广、反应条件温和、不存在吸附饱和现象、寿命长	相对于活性炭吸附技术而言,净化速率较慢,反应不完全易造成二次污染

由表 2-6 可以看出,每种净化技术都有一定的净化范围及净化特点。所谓复合净化的净化能力及特点并不是单个净化技术的简单叠加,而是通过不同净化技术的有机组合实现优势互补。最大限度地发挥每种净化技术的优势的同时,还能相互弥补各自的不足。

不同地下空间空气净化策略需根据使用条件(气象条件、人员流动情况、能源类别、使用时间特征等)、空间现有空调系统形式、污染源特征与现有空气净化技术特点进行综合确定。根据目前净化技术的研究现状,并考虑到我国地下商场空调系统一般采用全空气系统,且主要污染物种类与来源比较一致,因此可以采用的净化策略是,在控制污染源的前提下,采用通风稀释和复合净化方法联合处理。

2.4 地下商场的防排烟设计与人员逃生

2.4.1 地下商场的火灾诱因及重点防控对象

地下商场不但货物流通量大、品类繁多,而且人员密集,一旦出现火情,将会给灾情和扑救工作带来重大的影响。因此,厘清地下商场的火灾诱因、明确火灾的防控重点都是至关重要的。

现代商场内由于功能的需要,设置了很多的电气设备,按功能和用途主要有以下几类:①安装在各部位的照明设备;②出售的家用电器;③食品加工部用电设备;④其他致灾因素,如商场内为了方便顾客,还附有服装加工部、家用电器维修部、钟表、眼镜、照相机等修理部,这些部门常常使用电熨斗、电烙铁等加热器具。以上各种电气、照明设备,品种数量众多,线路复杂,加上每天营业时间长,容易在其表面产生高温,如碘钨灯具的石英玻璃管表面温度可达 $500\sim700℃$,如若设计、安装、维修、使用不慎,极易引起火灾。纵观近几年国内大型商场发生的火灾事故,不难发现,违章用火、用电、用气和违反安全操作规程及吸烟等人为因素是造成火灾的直接原因。而消防管理不到位,消防安全责任制不落实,则是火灾扩大蔓延,最终酿成重大、特大火灾的主要原因。

在火灾事故的研究中,往往使用事故树分析方法[18],该分析方法是寻求事故致因要素及安全隐患的最佳途径。事故树将"大型商场发生火灾"这一事故作为顶上事件,在有点火源的情况下会发生火灾,而如果在发现火灾的情况下扑救不力就会造成更大的后果,具体如图2-2所示。

地下商场的火灾防控应采取"防治结合、以防为主"的方针。预防地下商场的火灾事故,需要明确地下商场的火灾危险性,按对策性的方式采取措施,强化地下商场的消防安全。特别是大型地下商场,消防安全保障不到位,一旦发生火灾事故,将造成极大的损失。为了尽量减少火灾带来的人员伤亡和财产损失,地下商场的火灾防控重点一般分为以下几个方面[19]。

(1)保证人员疏散。地下商场一旦发生火灾事故,由于人员相对集中,人员的安全疏散问题就变得至关重要。当火灾事故发生在营业时间内时,大量流动的顾客和商场内的工作人员需要紧急疏散到安全区域,但地下商场由于受到环境的限制,出入口较少,导致疏散距离过长,短时间内通过限定的出口难度大。另外,地下商场属于封闭空间,其采光照明完全依赖电力供给,火灾事故中,受到烟雾和电力故障的影响,会导致室内的能见度很低。而火灾事故中能见度的降低,势必会影响人员的判断能力,使得疏散速度减慢。因此,保证火灾时人员迅速疏散,是火灾防控工作中的重中之重。

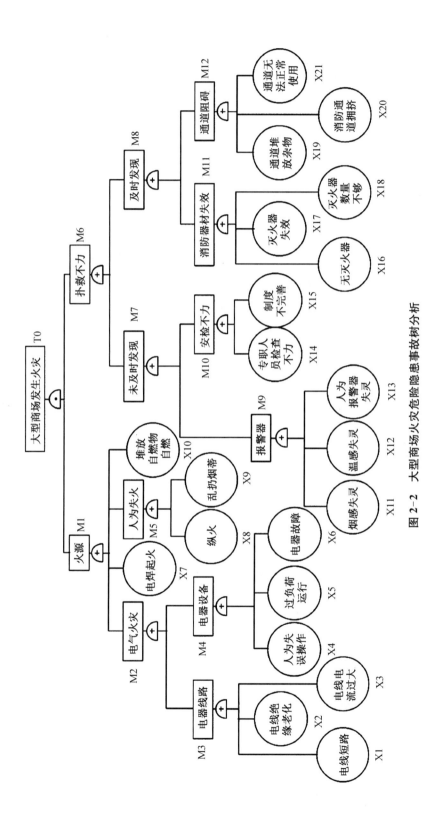

图 2-2 大型商场火灾危险隐患事故树分析

（2）控制有毒烟气。地下商场内销售和生产的产品种类繁多,易燃、可燃商品大量堆积。火灾发生时,不完全的燃烧易产生大量有毒气体。燃烧的氧气主要是通过与地面相通的通风道和其漏风点提供的,但这些通道面积狭窄,无法提供充足的氧气。处于不完全燃烧的商品,在燃烧不充分的情况下易产生大量的浓烟。长时间的阴燃,容易产生大量的 CO、H_2S 等有毒气体。对于密封的地下商场而言,有毒气体的大量聚集,会严重影响人员疏散,极易导致群死群伤的事故。为了减少人员的伤亡,对于有毒烟气的控制也是至关重要的。

（3）控制火势蔓延速度。一般地下商场的采光通风等全部依靠电力设施,而封闭潮湿的环境易对电线、电缆等造成损害,加之部分电力设备的产品质量有待加强,故容易引发电气火灾或者使火势加速蔓延。同时,地下商场人员较为密集,流动量大,使得起火因素不断增多,较为常见的如随意吸烟、乱扔烟头等。另外,地下商场内容易产生大量的垃圾,部分细琐的垃圾存在于隐蔽角落,经常不容易被发现,一些火灾极易由这些垃圾引起,地下商场空间大,可燃物大量堆积,密集摆放的商品给火灾蔓延形成了有利的条件。部分商场的装修工作,往往采用易燃、可燃材料,导致火灾蔓延的态势更是呈现加剧的情况。

认清大型商场的火灾危险诱因,根据大型商场火灾隐患产生的原因,提出有针对性的防火对策,制定出完善的消防安全管理制度是保障火灾发生时人员生命、财产安全的两条必备要素。

2.4.2 地下商场消防与防排烟设计

地下商场发生火灾时具有蔓延快、人员伤亡和财产损失严重以及扑救困难等特点。因此,地下商场的防排烟设计,对防止烟气侵入、减少人员伤亡、进行灭火抢救和防止烟火蔓延都是至关重要的。有统计数据显示,世界范围内发生火灾致死率最高的不是火的直接燃烧或者烘烤,而是火灾产生的烟雾使人窒息而死。人的呼吸系统是十分脆弱的。在人类进化过程中,环境具有相当强的一致性,空气类型和空气中各种物质气体含量处在一个相对稳定的状态,因此人类的上呼吸道和呼吸器官只能适应相对洁净、氧气含量较高的空气,一旦发生火灾,空气当中氧气含量减少、烟尘携带硫、CO 等成分的气体,此时人的呼吸系统很容易衰竭。因此,针对地下商场所处位置的特点,结合我国的有关规定,必须要在大型地下商场建筑中安装机械防烟设施和排烟系统。当前,地下商场的防排烟措施主要有机械加压送风、自然排烟和机械排烟等[20]。

1. 机械加压送风

当发生火灾时,地下商场的防烟楼梯间及其前室、合用前室等非着火区域是人员疏散和扑救人员出入的主要途径,对这些区域采用机械加压送风,使该区域的空气压力高于商场火灾区域的空气压力,从而防止烟气的侵入,控制火灾的蔓延,这对于保证人员安全撤离,确保扑救人员顺利进入火场营救是至关重要的。

机械加压送风防烟措施设置部位有以下三种:①当防烟楼梯间及其前室均不具备自然排烟条件时,根据《建筑设计防火规范》[GB 50016—2014（2018 版）]可只对防烟楼梯间进行机械加压送风,前室不加压送风;②当防烟楼梯间及其合用前室均不具备自然排烟条件时,可对防烟楼梯间及其合用前室均进行机械加压送风;③当防烟楼梯间具备自然排烟条件而前室不具备自然排烟条件时,可对前室进行机械加压送风。对于第三点,有研究者认为不宜采用这种机械加压送风方式,因为地下商场客流量大,火灾时,人员几乎同时通过商场与前室、前室与防烟楼梯间之间的门,这就无法保证前室和防烟楼梯间的正压值符合《建筑设计防火规范》[GB 50016—2014(2018 版)]要求,甚至可能出现烟气因在热压、风压、浮压等力量联合作用下进入前室的现象。

资料表明,机械加压送风风量计算方法统计起来约有几十种,大致可以归纳为压差法、门洞风速法、层均风量法和综合计算法等四种,其中,压差法与门洞风速法最为快速实用。

按照上海市工程建设规范《民用建筑防排烟技术规程》(DGJ 08-88—2008)规定,加压送风机的送风量应由保持加压部位规定正压值所需的送风量、门开启时保持门洞处规定风速所需的送风量以及采用常闭送风阀门的总漏风量三部分组成。

(1)保持加压部位规定正压值所需的送风量 L_1:

$$L_1 = 0.827A\Delta P^{1/n} \cdot d \cdot N_1 \cdot 3\,600 \tag{2-13}$$

式中 A——每层电梯门及疏散门的总有效漏风面积,m^2;

  ΔP——压差值,楼梯间取 40~50 Pa,前室取 25~20 Pa;

  n——指数,一般取 2;

  d——不严密处附加系数,取 1.25;

  N_1——漏风门的数量,当采用常开风口时取楼层数,当采用常闭风口时取 1。

(2)门开启时保持门洞处规定风速所需的送风量 L_2:

$$L_2 = FvN_2 \cdot 3\,600 \tag{2-14}$$

式中 F——每层开启门的总断面积,m^2;

  v——规定风速,m/s;

  N_2——开启门数量,采用常开风口时,20 层及以下取 2,20 层以上取 3;采用常闭风口时取 1。

(3)采用常闭送风阀门的总漏风量 L_3:

$$L_3 = 0.083A_F N_3 \cdot 3\,600 \tag{2-15}$$

式中 A_F——每层送风阀门的总面积,m^2;

  N_3——漏风阀门的数量,当采用常开风口时取 0,当采用常闭风口时取楼层数。

所以,加压送风机的送风量 L 可由式(2-16)计算得到:

$$L = L_1 + L_2 + L_3 \tag{2-16}$$

上海市工程建设规范《民用建筑防排烟技术规程》(DGJ 08-88-2008)作上述规定的理由

是：门洞开启时,虽然加压送风开门区域中的压力会下降,但远离门洞开启楼层的加压送风区域或管井仍具有一定的压力,存在着门缝、阀门和管道的渗漏风,使实际开启门洞风速达不到设计要求。因此,按保持加压区域内一定正压值所需送风量、保持该区域门洞风速所需送风量以及采用常闭送风阀门的总漏风量三部分之和计算加压送风量是较合理、较安全的[21]。

2. 自然排烟

地下商场的排烟措施有自然排烟和机械排烟两大类。当地下商场顶部可设有若干个排烟竖井或者采光窗户时,可考虑采用自然排烟措施。自然排烟是热烟气和冷空气的一种对流,也就是利用火灾时热气流的浮力和外部风力的作用,通过地下商场上部的开口部位把烟气排至室外。独立建造的地下商场,其上部如果是城市广场或者公园等,有条件设自然排烟竖井的可考虑采用自然排烟方式,但要满足自然排烟要求,还必须注意排烟竖井开口面积的总和应不小于地下商场总面积的2%,且排烟口的位置距地下商场内最远点的距离不大于30 m(图 2-3)。

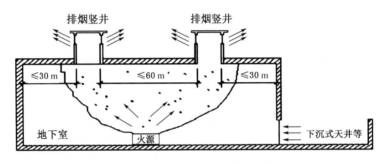

图 2-3 排烟竖井自然排烟方式

附件式的地下商场,可通过开启采光窗户进行自然排烟。但需要注意的是,这种排烟方式需在室外风速小于室内热烟气压时,才会有良好的排烟效果。如开启的窗户设在迎风面,不但不会降低排烟效果,可能还会出现烟气倒灌现象;如开启的窗户处在背风面,风压呈负压作用,那将十分有利于热烟气的排出。另外还应注意,使用这种排烟方式,当出现火势有蔓延到上层区域的危险时,要采取必要的保护措施。

3. 机械排烟

当地下商场不具备自然排烟条件时,应采用机械排烟方式。机械排烟能够主动地改变烟气方向,使疏散通路得到保证,又使烟气不向其他区域扩散。

对于大开间式地下商场,机械排烟系统的数量应根据防火分区来设定,当商场整个空间是连通的,中间没有墙隔断时,每个防火分区还需设挡烟垂壁或者利用梁高划分成若干个防烟分区,防烟分区面积应满足不大于 500 m² 的规范要求。每个防烟分区内设一个板式排烟口,但需注意排烟口距离本防烟分区最远点不大于 30 m,排烟口与排烟口之间距离不大于 60 m,排烟口应设有手动和自动开启装置。当负担两个或两个以上防烟分区排烟时,排烟风机的排烟量应按最大防烟分区面积每平方米不小于 120 m³/h 计算,还应考虑 1.1～1.2 的漏风系数;同时设置机械补风系统,补风量不小于 50% 的排烟量[22]。另外,大开间式的商场基本都设有中央空调系统,因此可以充分利用空调送风机作为发生火灾时的补风机使用。当空调送风口数量比较多且布置分散,利用空调送风口作为火灾补风口时,要充分考虑火灾时气流组织问题,避免短路。当火灾确认后,同一排烟系统中着火的防烟分区中的排烟口应呈开启状态,其他防烟分区的排烟口应呈关闭状态。

当商场由隔墙隔断成多个商铺式经营,且隔墙隔到顶时,防烟分区应根据商铺大小和人员通道划分防烟分区。一般当地下商铺面积大于 50 m² 时,应把排烟管升至商铺内,独立设置一个排烟口;小于 50 m² 的商铺和人员通道一起划分防烟分区,排烟口设在人员通道内。防烟分区面积应尽量均匀,不应悬殊太大。如果层高受到限制,每个排烟系统可多划分几个防烟分区,以减小排烟风机排烟量,从而降低排烟管的高度以满足层高要求。商铺式商场排烟量计算及排烟控制同大开间式商场。

地下商场具有规模大、人员密集、建筑分隔和物品繁多、装修和商品可燃物多,一旦发生火灾,火势蔓延迅速,人员疏散和补救困难等特点,在方案阶段暖通设计人员就应和建筑结构专业人员充分沟通,根据地下商场的结构布置,通过多方案比较、优化,找出最佳的防排烟系统设计方案。

2.4.3　地下商场的人员逃生与疏散

有效的逃生疏散方案是保障人员生命安全的重要组成部分。当火灾发生时,地下商场中人员面临的环境复杂,疏散受到的影响因素较多,需要从自身所处的位置迅速做出反应,选择逃生方向,经过疏散通道,离开火灾现场。人员能否在最短时间内离开火灾现场,取决于两个因素:一是地下商场疏散设计是否合理;二是人员对火灾所做出的心理-行为反应。因此,研究火灾中影响人员疏散的各种因素、心理及行为反应,对优化地下商场建筑防火设计有重要意义。

为了正确评估火灾中人员能否安全疏散,必须明确火灾中有哪些因素会对人员的生命造成威胁。众多火灾案例表明,有害烟气[23]、高温及悬浮微粒都是影响人员疏散的主要危险因素,如图 2-4 所示。

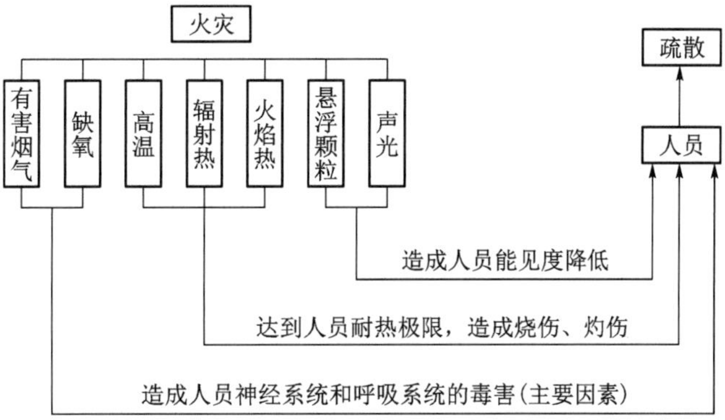

图 2-4　火灾中影响人员疏散的危险因素

1. 有害烟气

地下商场发生火灾时,由于大部分商品是可燃物品,燃烧速度快,易产生大量的高温烟气。根据对火灾中人员死亡原因的调查,烟气的毒性是造成窒息死亡的主要原因。火灾中产生的有毒有害气体主要有以下几种。

1) CO

研究表明,火灾时产生的有毒气体是导致人员死亡的主要因素。据统计,中毒引起的人员死亡数占火灾死亡总人数的一半。大量事实证明,火灾中吸入过量的CO会引起多种不良后果,比如心肌损害、体温失调、肢体瘫痪、智力迟钝等。在地下商场火灾发展过程中,因为地下空气流通不畅,供应不足,常常会发生不完全燃烧,产生大量的CO气体。火灾中的人员吸入CO气体,使CO和血液中的血红蛋白结合,降低了血液中氧的含量,从而导致人员缺氧死亡。即使人员吸入很小剂量的CO气体,也能使人员丧失逃生能力,甚至死亡。表2-7为不同含量的CO对人体的影响。

表 2-7 不同含量的 CO 对人体的影响

空气中 CO 含量/%	对人体的影响程度
0.01	数小时对人体影响不大
0.05	1 h 内对人体影响不大
0.1	1 h 后头痛、不舒服、呕吐
0.5	引起剧烈头晕,经 20~30 min 有死亡危险
1.0	呼吸数次失去知觉,经 12 min 即可能死亡

2) CO_2

CO_2 是无毒气体,在火灾情况下,由于燃烧产生大量的 CO_2 气体,CO_2 浓度的上升间接反映人体呼吸缺氧的程度。同时,缺氧时人体将通过增加呼吸次数来增加呼吸量,由此也增加了 CO_2 以及其他有害气体的吸入量。一般可以认为,当 CO_2 浓度达到3%时,呼吸量将会增加一倍,达到5%时,呼吸量会增加两倍。当 CO_2 的浓度为10%时,会引起视觉障碍。当 CO_2 的浓度为30%时,将会造成人员意识消失甚至死亡。

3) 贫氧

所有火灾都会消耗 O_2,如果通风不好,将会导致 O_2 浓度迅速减少。通过观察,当 O_2 浓度水平在10%左右时会引起失能或死亡。因此,经常采用9.6%作为贫氧分析的临界值,一旦空气中氧气浓度达到9.6%,人员将不能继续逃生。表2-8为 O_2 浓度与人员反应症状的关系。

表 2-8 O_2 浓度与人员反应症状的关系

O_2 浓度/%	反应症状
20.9~14.4	运动能力受到轻微影响
14.4~11.8	头脑反应迟钝,运动能力减低
11.8~9.6	严重失能,失去知觉
9.6~7.8	失去意识,死亡

4) 其他有毒气体

火灾时,木制品燃烧产生的醛类、氢氯化合物都是刺激性很强的气体,易使人丧命。例如,当烟气中含有 5.5 mL/m³ 的丙烯醛时,会使人的上呼吸道产生刺激症状;丙烯醛的含量在 10 mL/m³ 以上时,就能引起人的肺部变化,数分钟内即可死亡。一般情况下,丙烯醛的允许浓度为 0.1 mL/m³。而木材燃烧的烟气中丙烯醛含量可高达 50 mL/m³ 左右,加之烟气中还有甲醛、乙醛、氢氧化物、氰化氢等毒气,使得它们成为火灾时导致人员死亡的主要因素。

2. 高温

火灾中高温烟气对人的伤害主要是热对流和热辐射。火灾发生时所产生的烟气往往具有很高的温度,一般可达到 200℃,有时火焰中心温度高达数百摄氏度甚至上千摄氏度。高温对人体的伤害作用与人体暴露在高温环境下的时间、湿度及衣服的透气程度有关。温度越高,对人员造成烧伤的速度就越快。研究表明,环境温度在 50℃ 以上会引起嘴、鼻及食道的严重不适,超过 120℃ 的高温将会导致人体裸露的皮肤被热对流烧伤。潮湿的环境将会加剧这种情况,降低临界温度。同时,热空气对呼吸道的伤害也与空气的湿度密切相关。在同样的温度下,湿空气由于较干空气具有较高的水蒸气含量,在人体吸入后会对呼吸道产生更大的危害。干燥的热空气在 300℃ 时会在几分钟内灼伤喉咙,而在同样时间下,100℃ 的潮湿空气就会灼伤人体呼吸道。表 2-9 为高温下人体的忍受时间。

表 2-9 高温下人体的忍受时间

温度/℃	忍受时间
140	5 min
115	20 min
70	60 min
50	3~5 h

高温气体的另一种危害是对人体的热辐射。由于热辐射导致的"痛阈"是指人体在 2.5 kW/m² 的热辐射水平下持续 24 s 会产生疼痛的感觉。"失能阈"是指在 8.6 kW/m² 的热辐射水平下持续 1 min 人体接受的累加剂量会导致 1‰ 的人员死亡。此时,人体由于接受的累加剂量已经较大,对于裸露皮肤的伤害已经接近于 2 度烧伤并产生剧烈痛楚,逃生者已失去逃生能力。热辐射的两种阈值与许多因素有关,比如年龄、健康程度、着衣种类及数量等,年老者较年轻人更容易受到伤害。火场环境的高温是对人员造成烧伤的重要因素。

3. 悬浮微粒

发生火灾时,空气中的悬浮微粒有两个负面作用。首先,悬浮微粒的刺激性和毒性会对人员造成伤害。危害最大的是粒径小于 10 μm 的悬浮微粒,它们为肉眼所不见,能长期飘浮在大气中,少则数小时,长则数年。粒径小于 5 μm 的悬浮微粒由于气体的扩散作用,能进入人体肺部,黏附并聚集在肺泡壁上,随血液送至全身,引起呼吸道疾病和增大心脏病死亡率。其次,悬浮微粒会降低人的能见度,导致人员的可视范围减小,严重阻碍人员的疏散行为。而且空气中的悬浮微粒造成的浓烟滚滚的现象会使人产生恐惧感,互相推搡、碰撞,场面混乱,给疏散工作带来很大困难。

4. 声光

地下空间内一般无自然采光,平时正常的电源照明就比地面建筑的自然采光效果差,火灾时正常电源被切断后,人们的视觉和听觉完全依靠应急照明和疏散标识的指示。由于烟气的减光作用,人员在有烟场合下的能见度必然有所下降。随着减光度的增大,人员在逃生时确定逃生路径所需的时间就会延长,人员的行走速度就会减慢。当减光度系数大于 0.5/m 时,人的行走速度降至约 0.3 m/s,相当于蒙上眼睛的行走速度。表 2-10 为建议采用的人员可以耐受的可视度界限值。

表 2-10   建议采用的人员可以耐受的可视度界限值

参数	小空间	大空间
光密度/(OD·m^{-1})*	0.2	0.08
可见度/m	5	10

注: * OD 是 Optical Density(光密度)的缩写,表示被检测物吸收掉的光密度,OD=lg(1/trans),其中 trans 为检测物的透光值,因此又叫通光率。

火灾现场的非环境因素也会影响到火灾时人员的疏散和逃生,主要有以下这些因素:

(1)火灾探测报警系统。发生火灾时,建筑物空间上部将形成热烟气层,随着烟气量的不断增加,热烟气层逐渐加厚,且温度也越来越高。当烟气层某些参数达到一定数值时,火灾探测报警装置自动启动。火灾探测报警装置是否启动一般由烟气的温度、温度上升速率或燃烧产物浓度决定。不同类型的火灾探测报警装置,对人员疏散的影响都不一样,这主要取决于火灾特性、火灾探测报警装置的安装位置及周围环境等因素。

(2)疏散人员确认时间和反应时间。发生火灾时,并不是所有的人员同时开始疏散。离火源较近的人员开始疏散时,同层离火源较远的人员可能正处在反应阶段,而此时有些人员可能正处于确认阶段,与火灾层距离较远的人员可能连确认阶段都未开始。因此,人员确认时间和反应时间是人员疏散的一个重要影响因素。

(3)人员聚集状态及对场所、火情熟悉程度。首先,火灾中人员聚集状态直接影响着人们的心理和行为。随着现场人员数量的增多,人员的心理、行为相互感染,有相乘的功效。其次,火灾中的人员对火灾真相不了解,易产生非理性行为。受困人员身陷火场,在无法获取现场真实情况的条件下,容易产生恐惧不安的心理。最后,如果受困人员对所处的场所不是很熟悉,一旦路线受阻,往往会陷入束手无策的境地,从而导致人员疏散的失败。

表 2-11 所示为根据人员聚集状态、人员构成、火势蔓延特点等,分析所得的几类常见公众聚集场所火灾中人员疏散的行为特征。从中可以看出,在公众聚集场所中,商场需要的疏散时间最长,主要是因为商场内人员最复杂,不同人员表现出不同的行为特征,从而增加了人员疏散难度。由此可知,人员的行为特征是影响人员疏散的一个主要因素。

表 2-11　　　　　　　　　　公众聚集场所火灾中人员疏散的行为特征

项目	场所				
	剧院礼堂	宾馆饭店	学校住宿楼/医院住院部	商场	歌舞娱乐休闲场所
人员聚集状态	集中	相对分散	集中	集中	集中与相对分散
人员消防素质	人员复杂	人员复杂	自救能力差	人员复杂	普遍较差
场所熟悉程度	熟悉	相对陌生	较为熟悉	复杂	相对陌生
火灾蔓延特点	较快	相对较慢	相对较慢	相对较慢	迅速
正常疏散时间	2~3 min	较长	3~6 min	较长	2~3 min
疏散行为特征	向群性 回返性 慌乱性	回返性 随从性 普遍性	暂避性 向群性 慌乱性	随从性 回返性 向群性 慌乱性	向群性 随从性 暂避性

　　一般情况下,人的动机、行为和目的三者的指向是一致的,如图 2-5 所示。但在发生火灾的情况下,人们对远离地面的焦虑与对烟火的恐惧交织在一起,所采取的任何行为往往取决于自我感觉对现实事件的控制能力。当人们感觉对某个事件的控制能力越强,采取积极行动的可能性越大。反之,当人们对某一事件感到无能为力、束手无策时,就更加倾向采取负面的、过激的甚至不顾后果的行为。因此,普及火灾和自救知识,能提高人员紧急疏散的成功率。

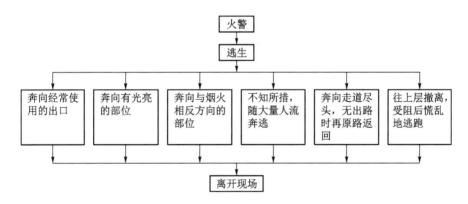

图 2-5　火灾中的人员行为模式

参考文献

[1]　严伟林,叶昱程.地下商业建筑负荷分析及空调系统节能设计[J].节能,2013,32(10):48-50.

[2]　吴大军.浅谈地下商场的通风与空调设计[J].节能技术,2000,18(5):10-11.

[3]　叶丽萍.地下商业街空气品质评价及 CO_2 分布数值模拟[D].淮南:安徽理工大学,2012.

[4]　赵平歌.地下建筑的防潮除湿研究[J].地下空间与工程学报,2007,3(6):987-989.

［5］韩宗伟,王嘉,邵晓亮,等.城市典型地下空间的空气污染特征及其净化对策[J].暖通空调,2009,39(11)：21-30.

［6］吴祥生,刘兆勇,肖涌,等.重庆市地下商场 CO_2 浓度测试与分析[C]//全国暖通空调制冷2002年学术年会论文集.广东：珠海,2002.

［7］王贤珍,范春,史力田.某市地下商场空气污染现状的分析[J].环境与健康杂志,1992,9(2)：64-66.

［8］胡迪琴,魏鸿辉,黎映雯,等.广州市典型地下空间空气质量调查初探[J].广州环境科学,2013,28(1)：5-8,46.

［9］陶海涛,樊越胜,李晓庆,等.西安市地下商场甲醛和TVOC污染水平与来源分析[J].环境工程,2015,33(8)：61-65.

［10］刘培源,姚杨,王清勤,等.地下空间氡的产生机理及通风控制[J].建筑热能通风空调,2006,25(3)：64-68.

［11］吴慧山.氡测量及实用数据[M].北京：原子能出版社,2001.

［12］李晓燕,郑宝山,王燕,等.我国部分城市地下工程空气中的氡水平[J].辐射防护,2007,27(6)：368-374.

［13］张友九,俞荣生.苏州市部分地下商场氡及其子体水平的测定[J].中国辐射卫生,1997(3)：32.

［14］吴杲,龚毅.满足室内空气品质要求的通风量计算[J].郑州纺织工学院学报,1998(2)：22-27.

［15］肖光华.地下建筑热湿负荷计算方法研究[D].哈尔滨：哈尔滨工业大学,2009.

［16］王金安,陈淑英,陈晋华,等.商场利用防空洞空气的卫生质量观察[J].中国组织工程研究,1999,3(5)：621-621.

［17］韩宗伟,邵晓亮,欧祖华,等.城市地下空间复合净化装置设计方法探讨[J].暖通空调,2010,40(12)：1-8.

［18］张一先,张寅,宗罗丹,等.城市商场火灾事故树的不确定性定量分析[J].苏州科技学院学报(工程技术版),2006,19(2)：60-62.

［19］常明.浅谈地下商场火灾防控难点及消防措施[J].黑龙江科技信息,2016(29)：40.

［20］潘雨顺.现代商业建筑通风空调防火与排烟设计[J].消防科技,1998(3)：15-17.

［21］方伟,杨国荣,任兵.楼梯间及其前室正压送风系统送风量的计算[J].暖通空调,2004,34(6)：49-52.

［22］王建.浅谈地下商业街通风与排烟系统[J].民营科技,2010(9)：262,268.

［23］赵峰.公路隧道运营风险评估及火灾逃生研究[D].西安：长安大学,2010.

3 地下车库、地下联络通道、地下人防工程及地下实验室的通风与环境控制

3.1 典型污染物及其放散特征

3.1.1 地下车库、地下联络通道污染物放散特征

地下车库一般处于封闭或半封闭状态,汽车从进入车库到离开车库时,在怠速行驶、停放、冷启动过程中会排放出尾气,其中含有大量的污染物。汽车尾气污染物主要有气态污染物和颗粒物(PM),其中气态污染物包括一氧化碳(CO)、碳氢化合物(THC 和 NMHC)、氮氧化合物(NO_x,通常以 NO_2 当量表示)等。城市地下联络通道是一种新型地下交通形式,专门用于联系多个地下车库与地面道路,可有效整合地下停车资源并减少地面道路交通绕行,其内部污染物同样是由于汽车排放尾气造成的,其污染特征与地下车库相近。

不同类型的汽车处于不同行驶状态、不同环境温度、不同行驶时间、使用不同的燃料时,其尾气污染物排放量不尽相同。

1. 车型的影响

汽车冷启动时由于空气温度低,燃料雾化不良,与空气混合不均匀,导致其燃烧不完全,造成 CO 的大量排出。以常温下汽车冷启动后排气污染物排放试验为例,在规范《轻型汽车污染物排放限值及测量方法(中国第五阶段)》(GB 18352.5—2013)中对污染物排放限值作了明确规定,如表 3-1 和表 3-2 所列[1]。显然,在不同的汽车分类、级别、基准质量下,汽车污染物排放水平有较大的差别。

2. 环境温度的影响

冷启动后汽车尾气污染物排放量受环境温度的影响很大,随着环境温度的降低,燃料雾化不良,导致其燃烧不完全,CO 和 THC 含量迅速增大。如表 3-3 所列,第一类车低温下(-7℃)冷启动后排放的尾气中 CO 排放限值一般为常温下冷启动排放限值的 15~30 倍[1]。

表 3-1　　　常温下汽车冷启动后排气污染物排放试验的排放限值(点燃式)

分类	级别	基准质量 RM /kg	CO/ $(g \cdot km^{-1})$	THC/ $(g \cdot km^{-1})$	NMHC/ $(g \cdot km^{-1})$	NO_x/ $(g \cdot km^{-1})$	PM[③]/ $(g \cdot km^{-1})$
第一类车[①]	—	全部	1.0	0.1	0.068	0.06	0.004 5
第二类车[②]	Ⅰ	RM≤1 305	1.0	0.1	0.068	0.06	0.004 5
	Ⅱ	1 305<RM≤1 760	1.81	0.13	0.09	0.075	0.004 5
	Ⅲ	1 760<RM	2.27	0.16	0.108	0.082	0.004 5

注: ① 第一类车:包括驾驶员座位在内,座位数不超过 6 座,且最大总质量不超过 2 500 kg 的 M₁ 类汽车,即包括驾驶员座位在内,座位数不超过 9 座的载客汽车。仅适用于装缸内直喷发动机的汽车。

② 第二类车:除第一类车以外的其他所有汽车。

③ 仅适用于装缸内直喷发动机的汽车。

表 3-2   常温下汽车冷启动后排气污染物排放试验的排放限值(压燃式)

分类	级别	基准质量 RM /kg	CO /(g·km⁻¹)	NOₓ /(g·km⁻¹)	THC+ NOₓ /(g·km⁻¹)	PM③ /(g·km⁻¹)	PN④ /(个·km⁻¹)
第一类车①	—	全部	0.5	0.18	0.23	0.004 5	$6 \cdot 10^{11}$
第二类车②	Ⅰ	$RM \leqslant 1\,305$	0.5	0.18	0.23	0.004 5	$6 \cdot 10^{11}$
	Ⅱ	$1\,305 < RM \leqslant 1\,760$	0.63	0.235	0.295	0.004 5	$6 \cdot 10^{11}$
	Ⅲ	$1\,760 < RM$	0.74	0.28	0.35	0.004 5	$6 \cdot 10^{11}$

注:① 第一类车:包括驾驶员座位在内,座位数不超过 6 座,且最大总质量不超过 2 500 kg 的 M₁ 类汽车,即包括驾驶员座位在内,座位数不超过 9 座的载客汽车。仅适用于装缸内直喷发动机的汽车。
　　② 第二类车:除第一类车以外其他所有汽车。
　　③ 仅适用于装缸内直喷发动机的汽车。
　　④ PN 指尾气中的颗粒物粒子数量浓度。

表 3-3   低温下汽车冷启动后排气中 CO 和 THC 排放试验的排放限值(−7℃)

分类	级别	基准质量 RM/kg	CO/(g·km⁻¹)	THC/(g·km⁻¹)
第一类车	—	全部	15	1.8
第二类车	Ⅰ	$RM \leqslant 1\,305$	15	1.8
	Ⅱ	$1\,305 < RM \leqslant 1\,760$	24	2.7
	Ⅲ	$1\,760 < RM$	30	3.2

注:第一类车、第二类车的说明同表 3-1 的表注。

3. 燃料的影响

国际能源机构(International Energy Agency,IEA)组织美国、芬兰、加拿大等国家在芬兰国家技术研究中心(VTT)按照美国联邦测试规程(FTP 工况法即 Federal Test Procedure),使用不同燃料对 14 辆汽车的排放水平进行了评估,详细数据见表 3-4[2]。显然,使用汽油作为燃料,安装催化净化装置后,机动车 CO,HC,NOₓ 的排放水平较无催化净化剂情况均显著降低。汽车使用压缩天然气和液化石油气作为燃料,机动车尾气中 NOₓ 排放量显著降低。

表 3-4   不同燃料下的机动车排放水平

燃料	HC/(g·km⁻¹)		CO/(g·km⁻¹)		NOₓ/(g·km⁻¹)	
	最小	最大	最小	最大	最小	最大
汽油(无催化净化剂)	1.06	1.48	5.32	12.6	1.93	3.35
汽油	0.08	0.1	0.86	2.08	0.2	0.43
柴油	0.05	0.14	0.08	0.4	0.4	0.94
LPG(液化石油气)	0.09	0.14	0.71	1.07	0.1	0.21
CNG(压缩天然气)	0.21	0.61	0.32	0.48	0.06	0.19
甲醇 M85	0.03	0.06	0.2	1.43	0.04	0.19

4. 运行工况的影响

当车辆在怠速和加速行驶时,汽车排放的尾气中 CO 的浓度较高。怠速和减速行驶时,HC 排放量增加。中速或是匀速行驶时,CO,HC 排放减少,NO_x 排放量增加。因此,车辆保持匀速行驶状态有利于减少机动车尾气排放。

为了能分离出车速对汽车污染物排放因子的影响,邓顺熙[3]把测试车辆在不同车速下测得的污染物排放因子除以它在某一给定车速 v_0(50 km/h)下所得的排放因子,得到单车的无量纲车速修正系数,具体见式(3-1):

$$\lambda_{ij}(v) = \frac{E_{ij}(v)}{E_{ij}(v_0)} \tag{3-1}$$

式中　v——车辆行驶速度,km/h;

　　$\lambda_{ij}(v)$——i 种车以车速 v 行驶时排放 j 种污染物的车速修正系数;

　　$E_{ij}(v)$——i 种车以车速 v 行驶时 j 种污染物平均单车排放因子,g/(km·veh);

　　$E_{ij}(v_0)$——i 种车以车速 v_0 行驶时 j 种污染物平均单车排放因子,g/(km·veh)。

据此,进一步整理得到轻型汽车污染物排放因子车速修正系数曲线[3],如图 3-1 所示。显然,车辆行驶速度从 50 km/h 降至 20 km/h 时,轻型汽车排放的尾气中的 CO,HC,NO_2 量分别增加至 50 km/h 排放水平的 2.28 倍、1.84 倍和 1.03 倍。

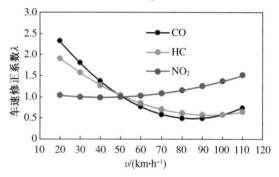

图 3-1　轻型汽车污染物排放因子车速修正系数[3]

5. 车库内行驶时间的影响

车辆进出地下车库的时间主要取决于车库规模和车辆出入频度。《车库建筑设计规范》(JGJ 100—2015)明确界定了不同规模的机动车库、非机动车库停车当量数[4],如表 3-5 所列。而地下车库的车辆出入频度为单位时间内出入车库的汽车数量占车库车位的百分比,研究人员对此进行了详细统计[5],结果如表 3-6 所列。显然,位于繁华市区的地下车库车辆出入频度明显高于其他地区,地下交通枢纽、商场、酒店等场所的地下车库车辆出入频度明显高于其他建筑,且车辆出入频度存在明显的高峰时段,如图 3-2 所示。

表 3-5　　　　　　　　　　　车库规模及停车当量数　　　　　　　　　　单位:辆

停车当量数	车库规模			
	特大型	大型	中型	小型
机动车库停车当量数	>1 000	301~1 000	51~300	≤50
非机动车库停车当量数	—	>500	251~500	≤250

表 3-6
车库车辆出入频度

研究时间和项目	车辆出入频度 /$\mathbf{h^{-1}}$	每辆汽车在车库内发动机平均运行时间
1990 年日本建筑学会研究报告	峰值 1.60,平时 0.26~0.44	以 3 min 折算
日本首都高速公路道路公会汐流汽车库	平均 0.436	
日本首都高速公路道路公会同本町汽车库	平均 0.440 5	
1990 年美国底特律圆形车库	峰值 1.80,平时 0.469	0.5~5.5 min,平均 1.8 min
2000 年深圳等地 12 家汽车库	峰值 1.40,平时 0.23	以 3 min 折算

有研究指出,车辆在地下车库内行驶时间与进出地下车库的车辆次数呈线性关系,见式(3-2)。随着车辆进出愈发频繁,单辆车在车库中的行驶时间越长。

$$s = 0.147\ 9n + 43.639$$
$$= 0.147\ 9NR + 43.639 \qquad (3\text{-}2)$$

式中　s——车辆行驶的平均时间;

　　　n——车辆进出的次数;

　　　N——车库内总停车位数;

　　　R——车辆进出停车场的频度。

图 3-2　高铁合肥南站地下出租车停车库候车区

6. 汽车车龄的影响

车龄在 6 年以内时,NO_x 和 HC 排放因子变化不是很明显,但是当车龄大于 6 年时,污染物排放因子逐渐上升,变化明显。

3.1.2　机动车尾气排放量的估算方法

地下车库机动车、非机动车库摩托车的停车区域稀释废气的通风量主要是控制包括 CO、甲醛、铅等有害气体的浓度,其中以稀释 CO 为主,当其浓度稀释至安全水平,其他有害成分也达到安全浓度。下面以 CO 排放计算为例,简要分析不同的机动车尾气排放量估算方法。

1. 平均浓度法

地下车库的污染物源可以采用式(3-3)计算:

$$M = \sum_{i=1}^{n} \frac{T_2}{T_1} N \cdot R \cdot B_i \cdot D_i \cdot t \cdot C_i \qquad (3\text{-}3)$$

式中　M——CO 的排放量,mg/h;

　　　T_2——地下车库空气温度,一般取 293 K;

　　　T_1——汽车尾气排放温度,一般取 773 K;

N——地下车库停车位数量；

R——地下车库车辆运行频度；

B_i——第 i 种汽车单位时间内的排放量，m^3；

t——车库内汽车的运行时间；

D_i——第 i 种汽车占进出总车辆的百分比；

C_i——第 i 种汽车所排放的 CO 平均浓度，$mg/(m^3 \cdot h)$。

2. 点源-线源法

如图 3-3 所示，汽车在车库内行驶时，汽车尾气主要集中在车道位置，即在车道上会形成污染物带。把汽车经过相应的每一小段距离所排放的 CO 量看成是一个点，确定污染物释放点源。根据车库内汽车 CO 排放的实际情况，计算出每一个污染物点源的强度 S_i：

$$S_i = N \cdot \tau \cdot K \cdot \bar{S} \qquad (3\text{-}4)$$

式中　N——经过每个污染物点源的车辆数；

τ——汽车经过污染物点源所需的时间，s；

K——温度修正系数；

$\bar{S}$——每辆车平均 CO 排放量，mg/s。

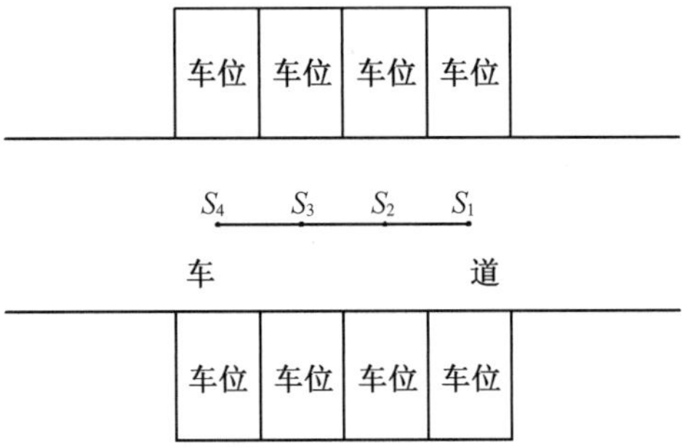

图 3-3　污染物点源、线源分布图

进一步通过计算汽车经过车道上的污染物点源处的时间，可确定其 CO 排放量，见式(3-5)：

$$S = \sum_{i=1}^{n} S_i \cdot \alpha \qquad (3\text{-}5)$$

式中，α 为车辆的出入频度，数值可参考本书表 3-6。

3. 排放比例法

估算地下车库汽车尾气的 CO 排放量，可根据式(3-6)计算：

$$P = A \cdot B \cdot C \cdot D / E \qquad (3\text{-}6)$$

式中　P——单位地面面积汽车尾气的 CO 排放量，$mg/(m^2 \cdot h)$；

A——地下车库单位地面面积车位数；

B——地下车库车辆出入频率；

C——汽车发动机在车库内运行的平均时间，s；

D——汽车单位时间内 CO 排放量，mg/s；

E——CO 排放量占总排放量的百分比。

3.1.3　地下人防工程污染物放散特征

地下人防工程主要包括军事屯兵坑道、人防指挥所、人防地下商场等，以坑道式人防工程为例,其内部常见污染物包括 CO_2、CO、氨(NH_3)、H_2S、细菌、可吸入颗粒物、氡等。

1. CO_2

地下坑道的空气中一般 CO_2 浓度比地面稍高,且分布不均匀,浓度时空变化大。在平时自然通风条件下,没有人员进驻时,空气中的 CO_2 浓度一般比地面稍高一些,但也不会超过0.1%。但是随着人员进驻,人数增加和停留时间延长,CO_2 浓度会缓慢上升,到一定时间后,浓度趋于稳定。夜间,进驻人员就寝之后 CO_2 浓度稍降低,隔天又渐趋回升。CO_2 达到的浓度范围与人均占有容积大小有关,也与坑道通风情况有关。

2. CO

坑道内 CO 主要来自动力间柴油机运转、炊事烹调、坑道内炮击时产生的火药气、进驻人员吸烟烟气及点燃性光源照明的烟尘等。坑道试验结果表明,在通风情况下,战士休息室 CO 浓度为 5 mg/m³,其他场所未验出。筑灶燃煤做饭时,尽管采用通风炉灶,灶间的 CO 浓度仍为 9 mg/m³。坑道动力间内发电机连续运转 5 h 后,空气中 CO 浓度高达 41.5 mg/m³;当以每2 h 持续排风 15 min 后,CO 浓度下降,并保持在 23 mg/m³ 以下。在产生 CO 的同时,伴随有多种无机和有机污染物的产生,尤其是 NO_x、可吸入颗粒物、CO_2 等多种化学有害物质均有不同程度增加,而采取改善空气卫生措施后,CO 及其他污染物浓度随之降低。

3. NH_3

地下坑道环境空气受 NH_3 污染比较普遍,低浓度 NH_3 污染可以恶化空气质量。坑道内 NH_3 主要来自坑道厕所粪尿、污物的臭气,鱼、肉等食物腐败和人体汗液蒸发产生的气体。军事医学科学院四所等的坑道现场试验结果表明,将不加除臭剂处理的粪尿 18～30 kg,在坑道厕所内留置 32～55 h 后,空气中 NH_3 浓度为 0.497～0.508 mg/m³;加除臭剂处理的同样重量的粪尿,留置同样时间,则空气中 NH_3 浓度为 0.25 mg/m³。我国某部队阵地监测结果,坑道住室内 NH_3 浓度为 0.8～1.1 mg/m³,厕所内 NH_3 浓度为 0.4～1.2 mg/m³。

一般情况下,空气中 NH_3 的浓度与人的生理、生活活动有明显关系,并且随着 NH_3 的浓度增加,其他污染物质的浓度也随之增加。据调查,地下坑道厕所内 NH_3 浓度与硫醇浓度明显相关 ($r = 0.984$,$P < 0.01$),高层楼房地下动力间空气中的 NH_3 浓度与空气耗氧量相关 ($r = 0.589$,$P < 0.05$)。

4. H_2S

坑道内 H_2S 主要由人体粪尿排泄物和鱼、肉等食物腐败变质散发出来的,主要来自厕所和通讯设备间,接触的人员少且时间短。军事医学科学院四所等的坑道试验结果表明,未采取除臭措施的粪尿置于便桶内存放时,厕所内空气中 H_2S 浓度高达 1.1～1.5 mg/m³;采取除臭措施后则降到 0.02～0.08 mg/m³。二炮的密闭坑道空气监测显示,坑道内 H_2S 平均浓度为 0.87 mg/m³。

5. 细菌

坑道内细菌主要来自外界空气和进驻人员活动、衣物及鞋底带入,以及呼吸道播散。由于人员进出坑道频繁,坑道内空气细菌数量时空变化较大。我国某部队阵地监测结果显示,坑道内细菌总数为 760～10 134 个/m³,平均为 1 313～4 980 个/m³。

在无人居住的坑道内,链球菌、金黄色葡萄球菌及厌氧菌数是较低的。在有人居住的条件下,空气中的细菌数与链球菌、金黄色葡萄球菌、霉菌数呈正相关,也与 CO_2 浓度、可吸入颗粒物以及人均占有容积数呈明显相关。因此,空气中细菌数的多少不仅能说明空气受到生物性污染的程度,也能说明空气质量的恶化程度。

6. 可吸入颗粒物

坑道内颗粒物主要来自发电机运转、炉灶燃煤、点燃性光源照明、吸烟、人群活动和坑道外部的渗透。原兰州军区二十四医院调查结果表明,坑道为水泥地面,人员经常活动的地方颗粒物浓度为 8.06～28.72 mg/m³。煤油灯或蜡烛照明的坑道内颗粒物浓度为 0.6～17.5 mg/m³,污染较严重。

7. 氡

氡气主要来源于围岩和建筑材料,其析出量取决于围岩性质及核素含量,而部分氡是由地下水从其他地域带来的。防空洞墙体、地面密封欠佳、通风不良是造成氡浓度富集升高的主要原因。广州市某防空工程室内氡浓度普遍较高,介于 112.3～2 856.3 Bq/m³ 之间,其浓度是地下商场、地下车库的 30 多倍,最大值甚至高出 100 多倍。

3.2 地下车库的通风

3.2.1 地下车库 CO 浓度标准

地下车库稀释废气的通风量主要取决于其内部空间所含的 CO、甲醛、铅等有害成分的浓度,其中以稀释 CO 为主要目标,当其浓度稀释至安全水平时,其他有害成分也降到安全浓度。《工作场所有害因素职业接触限值》(GBZ 2.1—2007)规定 CO 短时间接触容许浓度为 30 mg/m³。美国工业卫生局许可 CO 浓度≤50 ppm,短时间(不超过 1 h)接触容许浓度为 100 ppm,约为 125 mg/m³。[6] 表 3-7 列举了不同国家/机构对地下车库内 CO 浓度长期暴露时间、短期暴露时间的限值及推荐通风量[7-8]。

表 3-7 　　　　　　　　　　不同国家/机构地下车库 CO 浓度标准及通风量要求

国家/机构	平均时间	CO 限值/ppm	通风量
美国	8 h	9	7.6 L/(s·m²)
	1 h	35	
国际工作协会(ICBO)	8 h	50	7.6 L/(s·m²)
	1 h	200	
美国国家职业安全卫生研究所(NIOSH)	8 h	35	—
	—	200(最大允许浓度)	

续　表

国家/机构	平均时间	CO 限值/ppm	通风量
加拿大	8 h	11(最大理想浓度)/13(最大允许浓度)	—
	1 h	25(最大理想浓度)/30(最大允许浓度)	
芬兰	8 h	30	2.7 L/(s·m²)
	15 min	75	
法国	—	200(最大允许浓度)	165 L/(s·car)
	20 min	100	
德国	—	—	3.36 L/(s·m²)
英国	8 h	50	6~10 次/h
	15 min	300	
瑞典	—	—	0.91 L/(s·m²)
日本/韩国	—	—	6.35~7.62 L/(s·m²)

3.2.2　地下车库 CO 浓度水平调研

表 3-8 列举了国内外部分地下车库/停车场通风情况及车库内 CO 浓度水平[9]。显然,车库中 CO 浓度与通风量密切相关,换气次数较大的车库中,CO 浓度可降到 24 ppm 以下;而部分地下车库的污染相对较为严重,测试点 CO 浓度可达 160~220 ppm。

表 3-8　　　　　　　　部分地下车库/停车场内 CO 浓度测试结果比较

国家/城市	测试场所	换气次数/(次·h⁻¹)	CO 浓度/ppm
美国	Hartford 停车场 A	5.2	夏季 37,冬季 85(1 h 平均)
	Hartford 停车场 B	7.8	夏季 15,冬季 45(1 h 平均)
	Denver 停车场 A	15.8	22(1 h 平均)
	Denver 停车场 B	16.7	25(1 h 平均)
	Los Angles 停车场	4.2	22(1 h 平均)
芬兰	地下车库 A	2.3	28(2 h 平均),67(最大值)
	地下车库 B	2.3	27(2 h 平均),90(最大值)
	地下车库 C	3.5	32(2 h 平均),78(最大值)
日本	停车场 A	9.8	7.6(平均值),108(最大值)
	停车场 B	17.2	4.9(平均值),22(最大值)
	停车场 C	13.2	7(平均值),33(最大值)
	停车场 D	6.4	1.3(平均值),17(最大值)

续 表

国家/城市		测试场所	换气次数/ （次·h⁻¹）	CO 浓度/ppm
中国	香港	地下 2 层停车场	未说明	360（5 min 间隔）
		地下 1 层停车场	无通风系统	318（5 min 间隔）
	北京	地下 2 层停车场	未说明	4.1（通风后平均值），12.2（未通风平均值）
	上海	地下车库 A	未说明	11.1（平均值），80.3（最大值）
		地下车库 B	未说明	9.5（平均值），40.6（最大值）
	广州	40 个地下车库（地下 1 层～地下 3 层）	23 座有通风系统	190（平均值）±29（标准差）
	长春	地下车库	通风系统未运行	冬：27.9（8 h 平均），45（最大值）
				夏：46.1（8 h 平均），63.9（最大值）
	沈阳	地下车库	通风系统未运行	冬：32.6（9 h 平均），50（最大值）
				夏：24.3（8 h 平均），34.6（最大值）

3.2.3 地下车库的运营通风量计算

地下车库由于位置原因，容易造成自然通风不畅，当车库停车区域仅靠自然通风无法将废气稀释至标准浓度时，宜设置独立的机械送风、排风系统。当地下车库设有开敞的车辆出、入口且自然通风满足所需进风条件时，可采用自然进风、机械排风方式。

1. 稀释浓度法

对于设有机械通风系统的地下车库，机械通风量应按稀释浓度法计算，公式如下：

$$L = \frac{G}{y_1 - y_0} \qquad (3-7)$$

式中　L——地下车库所需的排风量，m^3/h；机械送风量应按排风量的 80%～90% 选用；

　　　y_1——地下车库内 CO 容许浓度，取 30 mg/m^3；

　　　y_0——室外大气中 CO 浓度，一般取 2～3 mg/m^3；

　　　G——地下车库内 CO 排放量，mg/h。

$$G = M \cdot y \qquad (3-8)$$

式中　y——典型汽车排放 CO 的平均浓度，mg/m^3，根据中国汽车尾气排放现状，可取 55 000 mg/m^3；

　　　M——地下车库内汽车排出气体总量，m^3/h。

$$M = \frac{T_1}{T_0} m \cdot t \cdot k \cdot n \qquad (3-9)$$

式中　n——车库中的设计车位数；

k——1 h 内出入车数与设计车位数之比,也称车位利用系数,取 0.5~1.2;

t——车库内汽车的运行时间,一般取 2~6 min;

m——单台车单位时间排气量,m^3/min;

T_1——车库内汽车的排气温度,可取 773 K;

T_0——车库内标准温度,取 293 K。

2. 其他估算方法

事实上,地下车库在使用过程中很难详细统计车库内所停车辆的类型、产地、型号、排气温度、停车启动时间、出入台数等数据。换言之,实际中采用稀释浓度法进行通风量计算存在诸多困难。为此,实际工程设计也可采用换气次数法或单台机动车排放量法确定机械通风量,但是应该用稀释浓度法的结果对其进行校核,取二者中的较大者作为最终的地下车库设计通风量。

对于停放单层机动车的地下车库,其排风量可按换气次数计算。而当全部或部分为双层停放机动车时,采用换气次数法计算的通风量结果就会偏小,难以达到设计要求。某 3 层地下机械式汽车库,停车面积 2 000 m^2(50 m×40 m),设计停车位 180 个,分别采用稀释浓度法、单车排放量法、换气次数法计算排风量,进一步预测人员呼吸区 CO 浓度[10],如图 3-4 所示。显然,采用换气次数法得到的通风量来通风,整个车库大部分区域并不能满足通风卫生要求。

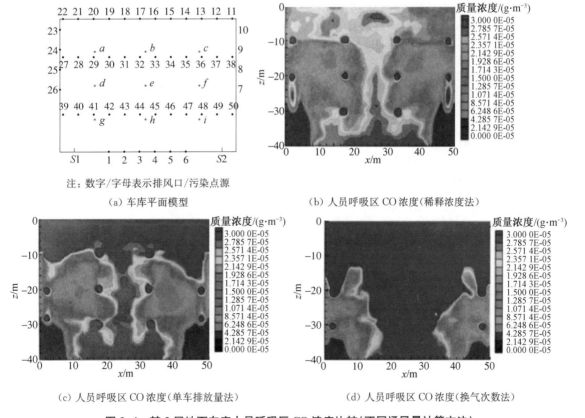

注:数字/字母表示排风口/污染点源

(a) 车库平面模型　　　　　　　(b) 人员呼吸区 CO 浓度(稀释浓度法)

(c) 人员呼吸区 CO 浓度(单车排放量法)　　　　　　　(d) 人员呼吸区 CO 浓度(换气次数法)

图 3-4　某 3 层地下车库人员呼吸区 CO 浓度比较(不同通风量计算方法)

此时,车库机械排风量宜采用单车排放量法计算,相关推荐值见表 3-9[11]。需要说明的是,换气体积的计算需要考虑层高影响,当层高<3 m 时,按设计高度计算换气体积;当层高≥3 m 时,按 3 m 高度计算换气体积。

表 3-9 地下车库换气次数、单车排风量推荐值

建筑类型	停放单层机动车	全部或部分停放双层机动车
	换气次数/(次·h⁻¹)	单车排风量/(m³·h⁻¹)
机动车出入较频繁的商业类建筑	6	500
机动车出入频率一般的普通建筑	5	400
机动车出入频率较低的住宅类等建筑	4	300

中型及以上的地下车库送、排风机宜选用多台并联或变频调速,运行方式宜采用定时启、停风机,或采用 CO 浓度传感器联动控制多台并联风机或变频调速风机排风。

3.2.4 自然通风可行性与设计方法

实现自然通风的主要方法为通过室内外风压差和室内外温度差的热压实现通风换气。但由于风压差对建筑本身位置、朝向、进深及室外风环境等因素要求较高,且有一定的不稳定性,故通常车库的自然通风做法是将其产生的动力作为安全值,而主要考虑热压的作用。由于室内外空气密度差,造成进、出口的室内外压差,形成热压。

$$\Delta P = gh(\rho_0 - \rho_i) \tag{3-10}$$

式中 ΔP——热压,Pa;

g——重力加速度,约为 9.8 N/kg;

h——空气出入口高度差,m;

ρ_0——室外空气密度,kg/m³;

ρ_i——室内空气密度,kg/m³。

如果室内外空气温度分别为 T_i 和 T_0,则式(3-10)进一步变形为

$$\Delta P = \rho_0 \, T_0 gh \left(\frac{1}{T_0} - \frac{1}{T_i}\right) \tag{3-11}$$

显然,室内外温度差越大,进出风口高度差越大,热压作用越强,通风效果越好。地下车库自然通风设计主要包括通风井设计、进风口位置设计等。其中,通风井设计需要注意以下要点:①通风井应位于单体建筑内,应尽可能高;②通风井下部开口位置应位于车库内废气较为集中的区域,即车库下部;③通风井尺寸不宜过小或过大,否则要么难以到达理想的通风效果。进风口位置设计应注意以下要点:①进风口应尽量与采光井、下沉式庭院等结合,若一定要单独设立时,应尽量与室外地坪景观结合;②进风口应尽量布置在车库内主要道路上,且与排风口间

隔较大为宜;③进风口应均匀布置,使车库内气流组织通畅,减少通风死角。

如图 3-5 所示,以某敞开式地下车库为例,车库核心区结合坡道敞开,利用敞开处作为自然通风井,通过敞开式设计,充分利用自然通风提高车库的空气质量。典型工况(主导风向驱使、年平均风速)下地下一层 CO 质量浓度分布优于地下二层与地下三层,绝大多数区域污染物浓度未超标,自然通风效果较为理想[12]。地下一层东侧为公交车行车道,且该区域处于气流的回流区,因此 CO 浓度超标较为严重,需要辅以机械通风改善该区域的通风效果。

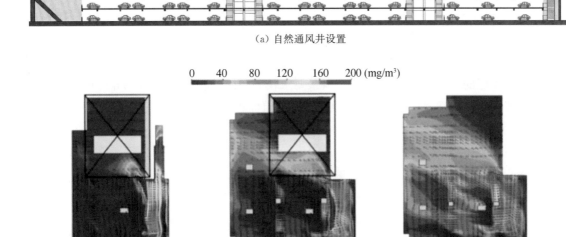

(a)自然通风井设置

(b)地下车库各层 CO 质量浓度(典型工况:东南风,风速 2.8 m/s,自然通风)

图 3-5   某敞开式地下车库 CO 质量浓度分布[12]

3.2.5   无风管诱导通风系统的设计方法

1. 系统组成

传统车库通风、排烟所需的风管无论在宽度、高度上都将挤占大量车库空间。为减小对车辆通行的影响,风管底部至地面净高通常要求达到 2.2 m 以上,进而对车库的层高提出了更高的要求,车库规模及车位数量也将受到限制。

在此情况下,无风管诱导通风系统应运而生,它由排风风机、送风风机、诱导风机、排烟竖井四大部分组成。平时排风时,排风风机、送风风机同时打开,进行车库换气。由于排风风机与送风风机全部在地下车库外围进行空气强排、强送,这样容易造成气流流动死角,进而形成汽车尾气滞留区。因此,需要在此区域安装诱导风机,通过诱导风机产生定向气流,带动滞留区的汽车尾气与进风产生能量交换,排出室外,从而实现空气置换,使车库产生新鲜空气。无风管诱导通风系统与传统风管排风系统相比较,存在诸多优点,具体如表3-10所示。

表3-10 两种通风系统特性对比表

无风管诱导通风系统	传统风管排风系统
可降低地下车库高度,减少土建投资	需要较高的地下车库高度,增加了开挖成本
设备运转费用低	设备运转费用高
有效控制气流方向,空气完全流动,无气流停滞死角	固定风管,空气局部流动且品质不佳,容易产生死角
即使送风风机、排风风机停止运行,诱导风机和高速喷嘴的运作也能使空气流动	当送风风机、排风风机停止运行时,停车场内空气不再流动
无风管,不与其他专业发生冲突	车库内各专业须配合施工,施工难度较大

2. 系统设计要点

对于地下车库无风管诱导通风系统的设计,需要考虑以下几个方面问题:

1) 无风管诱导通风系统数量确定

当地下车库的面积较大时,由于系统风量要求较大,宜设置多个无风管诱导通风系统。系统数量可按以下标准确定:系统数量≥地下车库建筑面积/2 500 m²。

2) 诱导风机机组数量确定

地下车库所需诱导风机机组的台数,在考虑通风方式(机械进风和机械排风或自然进风和机械排风)、地下车库内有无隔墙、地下车库形状等前提下,参考表3-11,按每台风机所承担的地下车库地面面积计算确定。

表3-11 单台风机所承担的地下车库地面面积

类型	Ⅰ	Ⅱ	Ⅲ	Ⅳ
面积/m²	100	150	200	250
判断标准	隔墙等障碍物多,房屋复杂,引起气流短路	隔墙等障碍物多	该值为一般设计基础	无障碍物,只有柱子的停车场
	气流停滞严重的场合	每个车室均有隔墙	每两跨柱子处障碍物有隔墙	
	送风口和排风口的气流逆向流动			送风口和排风口处的气流理想的场合
	自然进风,机械排风	自然进风,机械排风;机械进风,机械排风	机械进风,机械排风	机械进风,机械排风

3) 进风口和排风口位置设定

采用无风管诱导通风系统的地下车库,主气流的形成取决于进风口和排风口的位置,该位置还直接关系到地下车库能否形成合理的气流组织。

3) 地下车库各部分通风量估算

单台诱导风机机组诱导的动量计算见式(3-12):

$$M_f = Q_A \cdot V \cdot \frac{\rho}{3\,600} \tag{3-12}$$

式中 M_f——单台诱导风机机组诱导的动量,kg·m/s;

$\quad\quad Q_A$——单台诱导风机机组诱导的风量,m³/h;

$\quad\quad V$——出口风速,m/s;

$\quad\quad \rho$——空气密度,kg/m³。

单台诱导风机机组诱导的风量见式(3-13):

$$Q_A = 3\,600\,A_Z \cdot V_F \tag{3-13}$$

式中 Q_A——单台诱导风机机组诱导的风量,m³/h;

$\quad\quad A_Z$——中央通道断面面积,m²;

$\quad\quad V_F$——中央通道断面风速,m/s。

当地下车库采用无风管诱导通风系统时,在通道上形成循环气流,每台机组的三个喷嘴中,有一个用于形成循环气流,进行方向调整。诱导风机机组形成的循环风量的动量计算见式(3-14):

$$M_T = \frac{nM_f}{3} \tag{3-14}$$

式中 M_T——总的动量,kg·m/s;

$\quad\quad M_f$——单台诱导风机机组诱导的动量,kg·m/s;

$\quad\quad n$——诱导风机机组数量。

诱导风机机组形成的循环风量为

$$Q_B = A_X V_X = 3\,600\,A_X \sqrt{\frac{M_T}{\rho A_X}} \tag{3-15}$$

式中 Q_B——诱导风机机组形成的循环风量,m³/h;

$\quad\quad A_X$——循环通道断面面积,m²;

$\quad\quad M_T$——总的动量,kg·m/s;

$\quad\quad V_X$——循环通道断面风速,m/s。

此外,在送风风机和排风风机的选型问题上,对于采用无风管诱导通风系统的地下车库而言,送、排风系统独立设置时,由于通风用的送、排风机无风管,因此风机所需的全压(即需克服的动压与静压之和)可以大幅度降低,一般情况下轴流风机均可满足要求。只要合理地划分系统和布置诱导风机机组,无风管诱导通风系统完全能够满足地下车库的通风要求,而且与传统通风系统相比,无论从初投资还是从运行费用上看,均具有较明显的优势。

3.2.6 地下车库的防排烟设计方法

地下车库一旦发生火灾,会产生大量的烟气,如果不能被迅速排出室外,极易造成人员伤亡事故,同时,也给消防员进入地下扑救造成困难。《汽车库、修车库、停车场设计防火规范》(GB 50067—2014)中明确规定[13]:除敞开式汽车库、建筑面积小于 1 000 m² 的地下一层汽车库和修车库外,汽车库、修车库应设排烟系统,并应划分防烟分区,防烟分区的建筑面积不宜超过 2 000 m²,且防烟分区不应跨越防火分区。防烟分区可采用挡烟垂壁、隔墙或从顶棚下突出不小于 0.5 m 的梁划分。

排烟系统可采用机械排烟或自然排烟方式。例如,一些住宅小区地下车库的设计,从节能、环保等方面考虑,以半地下车库(一般车库顶板高出室外场地标高 1.5 m)的形式营造自然通风、采光良好的停车环境,通过侧窗及大量顶板开洞方式,达到建筑与自然景观的充分融合,同时火灾发生时也可充分利用洞口进行自然排烟。当采用自然排烟方式时,可采用手动排烟窗、自动排烟窗、孔洞等作为自然排烟口,并应满足以下规定:①自然排烟口的总面积不应小于室内地面面积的 2%;②自然排烟口应设置在外墙上方或屋顶上,并应配置方便开启排烟口的装置;③房间外墙上的排烟口宜沿外墙周长方向均匀分布,排烟口的下沿不应低于室内净高的 1/2,并应沿气流方向开启。每个防烟分区排烟风机的排烟量不应小于表 3-12 中数值。

表 3-12　　　　　　　　地下车库内每个防烟分区排烟风机的排烟量限值[13]

车库净高 /m	车库排烟量 /(m² · h⁻¹)	车库净高 /m	车库排烟量 /(m² · h⁻¹)
3.0 及以下	30 000	7.0	36 000
4.0	31 500	8.0	37 500
5.0	33 000	9.0	39 000
6.0	34 500	9.0 及以上	40 500

注:建筑空间净高位于表中两个高度之间的,按线性插值法取值。

地下车库发生火灾时,产生的烟气开始时绝大多数积聚在车库的上部,因而将排烟口设在车库的顶棚上或靠近顶棚的墙面上排烟效果更好。排烟口与防烟分区内最远点的水平距离关系到排烟效果的好坏,距离太远就会直接影响排烟速度,距离太近则需要多设排烟管道反而不经济。为此,《汽车库、修车库、停车场设计防火规范》(GB 50067—2014)要求排烟口距该防烟分区内最远点的水平距离不应超过 30 m。

火灾现场的烟气温度是很高的,地下车库发生火灾时产生的高温散发条件较差,温度比地上建筑要高,排烟风机能否在较高气温下正常工作,是直接关系到火场排烟的很重要的技术问题。《汽车库、修车库、停车场设计防火规范》(GB 50067—2014)明确规定排烟风机可采用离心风机或排烟轴流风机,考虑到排烟风机一般设在屋顶上或机房内,与排烟地点有相当一段距离,烟气温度较火场区域下降明显,应保证 280℃时排烟风机能连续工作 30 min 以上。在穿过不同防烟分区的排烟支管上应设置烟气温度大于 280℃时能自动关闭的排烟防火阀,排烟防火阀应连锁关闭相应的排烟风机。

地下车库由于有防火分区的防火墙以及楼层的楼板分隔,故有的防火分区内无直接通向室外的汽车疏散出口,也就无自然进风条件。对于这些区域,因周边处于封闭的环境,如排烟时没有同时进行补风,烟是排不出去的。因此,应在这些区域内的防烟分区增设补风系统,进风量不宜小于排烟量的 50%。在设计中,应尽量做到送风口在下,排烟口在上,这样能使火灾发生时产生的浓烟和热气顺利排出。

3.3 城市地下交通联络通道的通风

3.3.1 城市地下交通联络通道的特殊性

1. 特殊建筑形式

城市地下交通联络通道(Uban Traffic Link Tunnel，UTLT)是一种新型地下交通形式，专门用于联系地下车库与地面道路，可有效地整合地下停车资源并减少地面道路交通绕行。如图 3-6 所示，其建筑形式不同于一般城市隧道，主线呈环状分布并与多个周边建筑的地下车库相连通，主线四角、东西两线通过匝道与地面相连。

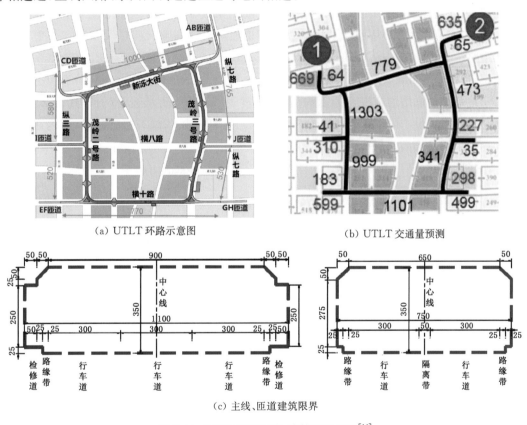

(a) UTLT 环路示意图　　　　　　　(b) UTLT 交通量预测

(c) 主线、匝道建筑限界

图 3-6　UTLT 项目环路、建筑限界设置[14]

主线通道通常采用单向交通流设计，由于区域内人流、车流密集，造成通道内交通流呈现显著的周期性。高峰时段隧道内车流行驶缓慢，容易出现交通堵塞。匝道多采用双向交通流设计，也有部分工程采用双匝道独立设置，从而保证匝道内单向交通流设计。

2. 交通量分析

城市地下交通联络通道将中央商务区核心区的众多地下车库串联起来，车辆进出地下车库通过地下环路进行切换，以减少地下车库出入口对城市地面道路交通的影响。由于涉及众多车辆出入口,对于地下环路交通量的预测分析通常仅给出主要路段的交通量预测值[14],如图 3-6(b)所示。为了便于分析,可根据车库出入口路段的车流量变化,同时假定按 1∶1 平均分配进入地下车库的车流量,进一步预测各路段的交通量。

3.3.2 城市地下交通联络通道的运营通风

1. 需风量计算

《公路隧道通风设计细则》(JTG/T D70/2-02—2014)中规定隧道需风量的确定应考虑安全标准(稀释机动车排放的烟尘),卫生标准(稀释机动车排放的 CO)以及舒适性标准(稀释机动车带来的异味)。需要说明的是,城市地下交通联络通道通常对大型柴油车限行,涉及烟雾稀释需求,因此需风量计算时应予以注意。以武汉王家墩中央商务区城市地下交通联络通道工程为例,在交通量预测的基础上,根据《公路隧道通风设计细则》(JTG/T D70/2-02—2014)及世界道路协会(Permanent International Association of Road Congresses,PIARC)2012 年发布的报告"Road Tunnels:Vehicle Emissions and Air Demand for Ventilation",可分别计算得到城市地下交通联络通道在交通阻滞(行车速度 10 km/h)、正常运营(行车速度 20 km/h)时主要路段的需风量[15],计算结果如图 3-7 所示。与 PIARC(2012)报告相比,国内通风设计标准计算结果明显偏高。

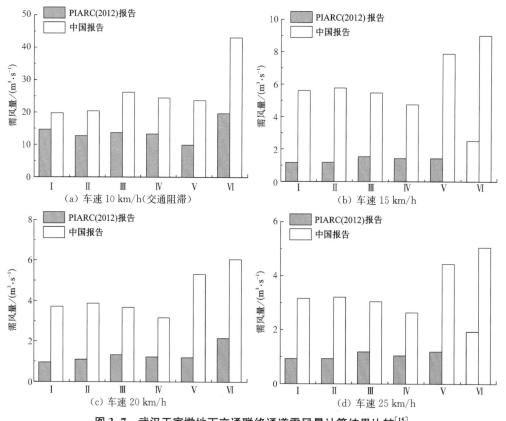

图 3-7　武汉王家墩地下交通联络通道需风量计算结果比较[15]

2. 通风方式分析

与城市隧道类似,城市地下交通联络通道通风方式的选择涉及联络通道长度、交通量大小、行车方向、联络通道周围环境评价以及施工方法等。采用不同通风方式,地下环路内气流流动状况、污染物浓度和空气压力分布则各具特点,同时也会影响到整个工程的经济性和运行后的通风效果与运营成本。

国内部分城市地下交通联络通道的工程线路长度、交通组织、通风方式的比较结果见表 3-13。显然,综合考虑通风效果、经济性及运营成本等因素,近年来射流风机纵向通风、半横向集中排风模式俨然成为城市地下交通联络通道的首选通风方式。

表 3-13　　　　　　　　　国内部分地下联络通道工程运营通风方式比较

城市	地下联络通道名称	时间	长度/km	交通组织	通风方式
北京	中关村科技园西区	2002	1.9	单向逆时针	—
	金融街	2006	2.2	双向交通	全横向通风
	奥林匹克公园	2008	5.5	单向逆时针	多通风井送排+射流风机
	中央商务区核心区	2008	1.5	单向逆时针	多通风井送排+射流风机
武汉	王家墩中央商务区	2013	1.9	单向逆时针	集中排风+顶部开口自然排风
济南	中央商务区	2016	4.1	单向逆时针	集中排风+顶部开口自然排风
	汉峪金谷	2015	1.5	单向逆时针	半横向集中排风

除此之外,部分工程由于匝道位置综合管廊与排风道的设置相冲突,而采用自然排风代替机械排风,如图 3-8 所示。与机械排风相比,自然排风由于受周边建筑、地形地貌、气象参数、隧道内交通流等诸多因素影响,加之地下联络通道进出口众多,造成整个地下环路内压力分布多变,自然排风效果具有极大的不确定性。

如图 3-9(a)所示,以某地下联络通道为例,试验系统倾斜段代表匝道与大气环境相通,匝道末端水平段与环路主线相连接,匝道上设置 3 组大尺度自然排风口通过通风井与地面相通。实验中发现,在交通阻滞工况下,实验隧道单元热压通风问题解不唯一,3 种现象中倾斜侧出口均为排风,与之靠近的顶部开口 1 均为进风,解的不确定性主要体现在顶部开口 2、3 的通风状态,如图 3-9 所示。

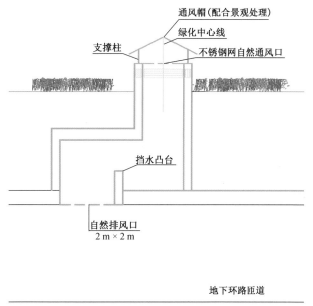

图 3-8　匝道自然排风口设置[14]

（a）实验系统模型

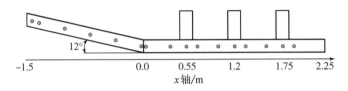

（b）实验系统侧视图及主要尺寸

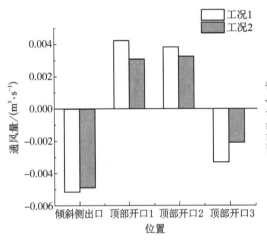

（c）现象一

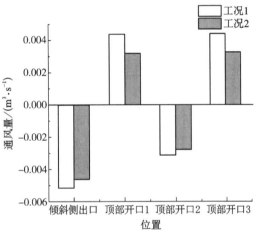

（d）现象二

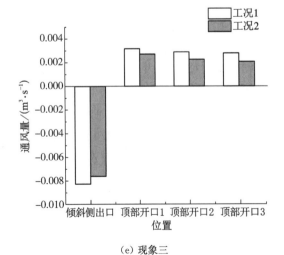

（e）现象三

工况	车距 /m	模型热源强度/W	
		水平段	倾斜段
工况 1	6	218.2	145.4
工况 2	9	145.4	97

模拟条件说明：

（1）环境温度为 27.3℃；

（2）车距的选择参考交通阻滞情况确定；

（3）开口尺寸 2.2 m×3 m，开口间距 9 m；

（4）缩尺模型与实际工况的比例为：几何尺寸 1:20，温差 1:$\sqrt{20}$，流速 1:$\sqrt{20}$，热流强度 1:400。

（f）模型实验参数

图 3-9　大尺度风口自然排风的不确定性[15]

3.3.3 城市地下交通联络通道的防排烟设计

《建筑设计防火规范》(GB 50016—2014(2018 版))规定了一般城市交通隧道的防火设计，但对城市地下交通联络通道这种新型的地下交通形式未做明确规定。因此，在实际工程中通常需要运用消防安全工程学的原理进行可行性研究与分析论证，以确保其消防安全达到规范要求的同等水平。

1. 火灾原因及火灾频率分析

多数城市地下交通联络通道限制货车、油罐车驶入，仅允许小型汽车通行，即其火灾原因主要是交通火灾，例如汽车紧急刹车制动器起火、汽车相撞或追尾撞击起火、汽车轮打滑或方向失灵与隧道内壁相撞起火等。

关于隧道火灾频率，不同文献数据有一定的偏差。吉田幸信提出[①]，公路隧道事故发生频率为 50 次/亿车公里，其中火灾事故频率为 0.5 次/亿车公里。而根据英国阿列克斯·西特的统计数据，公路隧道的火灾事故频率为 2 次/亿车公里。据此，可以进一步计算得到不同隧道火灾频率、隧道长度、隧道交通量所对应的隧道火灾周期，如表 3-14 所列。

表 3-14 隧道火灾周期计算

隧道长度	火灾频率 0.5 次/亿车公里		火灾频率 2 次/亿车公里	
	2 万辆/日	3 万辆/日	2 万辆/日	3 万辆/日
1 000 m	27.2	18.4	6.8 年	4.6 年
2 000 m	13.6	9.2	3.4 年	2.3 年

2. 火源位置的确定

火源位置的确定应遵循"可信最不利"原则，综合考虑疏散人员最多、疏散距离最长、通风排烟不利且火源附近一个疏散口失效封闭等因素的影响。

以某城市地下交通联络通道为例，环路主线分为东、西、南、北 4 个区段，区段间采用挡烟垂壁进行分隔；AB/CD 匝道因受地下综合管廊建设影响，无法设置排风道，采用大尺度风口自然排烟，主线、其他匝道采用集中排烟系统(隧道外设置独立排烟风道)排烟。综合考虑上述影响，确定主要着火点位置如下(图 3-10)：

(1) 火源位置 A：CD 匝道与环路主线交叉口，通往相邻地块的安全疏散出口失效封闭，该处由于受机械排烟、自然排烟耦合影响，烟气扩散方向具有较大的不确定性，需要引起重视；

(2) 火源位置 B：位于 AB 匝道上；

(3) 火源位置 C：环路主线设备房附近(火源位置 C1，C2，C3，C4)，通往设备房的安全疏散出口失效封闭；

(4) 火源位置 D：环路主线管理中心附近(火源位置 D1，D2)，通往管理中心的两个安全疏散出口失效封闭。

---

① 注：吉田幸信(日).公路隧道的防火设备[J].隧道译丛,1989(8)：31-37.

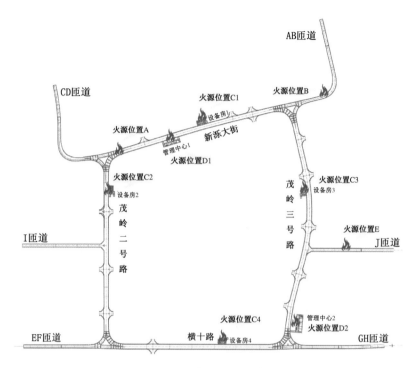

图 3-10　火源位置的选择

3. 火灾热释放速率的确定

火灾增长速率和火灾荷载密度都是衡量火灾危险性的重要指标。同样的火灾荷载情况，可能支持较大的火势燃烧很短时间，则其火灾危险性更高，造成损失更大。而火灾增长速率与可燃物的燃烧特性、储存状态、空间摆放形式、是否有自动喷水灭火系统、火场通风排烟条件等因素密切相关，不同火灾类别其火灾增长系数见表 3-15。在实际工程应用中，由于火灾引燃阶段对火灾蔓延影响较小，通常可以不考虑火灾达到有效燃烧需要的时间，仅考虑火灾有效燃烧的情况，即火灾热释放速率随时间的变化关系可以简化如下：

$$Q = \alpha t^2 \tag{3-16}$$

式中　Q——火灾热释放速率，kW；

　　　α——火灾增长速率，kW/s^2；

　　　t——火灾燃烧时间，s。

表 3-15　　　　　　　　　不同火灾类别火灾增长速率比较[16]

火灾类别	典型的可燃材料	火灾增长速率 α /(kW·s^{-2})
慢速火	硬木家具	0.002 93
中速火	棉质、聚酯垫子	0.011 72
快速火	装满的邮件袋、木制货架托盘、泡沫塑料	0.046 89
超快速火	油池火、快速燃烧的装饰家具、轻质窗帘	0.187 5

隧道火灾最大热释放速率与火灾中可燃物组分、隧道通风条件、燃烧是否充分等诸多因素有关,其数值难以精确得到。针对不同型号的乘用车、公共汽车、重型卡车、隧道通风条件等,各国开展了一系列全尺度隧道火灾燃烧实验,实测热释放速率峰值及达到峰值所需的时间。考虑到城市地下交通联络通道禁止大货车通行,且对隧道内车辆的行驶速度做出限制,要求车速不大于 30 km/h,因此车辆发生碰撞的概率大大降低,火灾最大热释放速率可以参考小汽车、小型客车燃烧的相关成果确定。例如,北京金融街城市地下交通联络通道的火灾荷载选择一辆依维柯箱式小货车,确定火灾最大热释放速率为 10 MW;济南中央商务区城市地下交通联络通道的火灾荷载考虑 2~3 辆小汽车着火,确定最大火灾热释放速率为 20 MW。

4. 排烟量计算

火灾烟气生成量取决于火源上方烟气羽流的质量流量,可以根据式(3-17)计算[17]:

$$\begin{cases} M_{\mathrm{p}} = 0.071 Q_{\mathrm{c}}^{1/3} z^{5/3} + 0.018 Q_{\mathrm{c}}, & z > z_1 \\ M_{\mathrm{p}} = 0.032 Q_{\mathrm{c}}^{5/3} z, & z \leqslant z_1 \end{cases} \tag{3-17}$$

式中 M_{p}——烟气羽流质量流量,kg/s;

     Q_{c}——对流燃烧热,kW,可根据燃烧辐射百分比确定;

     z——火源燃烧表面距热烟层底部的高度,m;

     z_1——火焰限制高度,m。

$$z_1 = 0.166 Q_{\mathrm{c}}^{2/5} \tag{3-18}$$

根据理想气体状态方程,进一步计算烟气流量如下:

$$Q_{\mathrm{s}} = \frac{M_{\mathrm{p}} \left(T_0 + \dfrac{Q_{\mathrm{c}}}{c_{\mathrm{p}} M_{\mathrm{p}}} \right)}{\rho_0 T_0} \tag{3-19}$$

式中 Q_{s}——烟气流量,m³/s;

     M_{p}——烟气羽流质量流量,kg/s;

     ρ_0——环境空气密度,kg/m³;

     T_0——环境温度,K;

     Q_{c}——对流燃烧热,kW,可根据燃烧辐射百分比确定;

     c_{p}——烟气比热,kJ/(kg·K)。

5. 火灾安全疏散

针对城市地下交通联络通道的防火设计难点,环路内人员安全疏散出口之间的距离不应大于 300 m,安全疏散出口宜采用防烟楼梯间直通地面。当设计确实有困难时,可利用通往设备用房的疏散楼梯、相邻地块的防火防烟前室作为安全出口,其净宽度不应小于

1.2 m,净高度不应小于 2.1 m。此外,环路内发生火灾时,环路入口处应有明显的交通指示牌或专门的管理人员进行管理,禁止车辆驶入,尽快组织地下环路内的车辆疏散至地面安全地点。为了有效组织环路内的人、车有序疏散,建议消防控制中心接到报警后,应能满足如下要求:

(1) 向环路内广播火灾发生的具体位置,提示车道各个位置的人员按照疏散指示标志疏散。

(2) 根据火灾发生的位置,自动控制排烟风机。

(3) 根据火灾发生的位置,环路内的疏散指示标志能动态指示人、车疏散。即当人需要下车疏散时,指示标志显示人行的疏散标志;当人需要乘车前行疏散时,指示标志显示车行的疏散标志。

(4) 在通道的拐角处设置可变情报板和交通信号灯。

6. 防火分隔及其他事项

城市地下交通联络通道环路及匝道可合并为一个防火分区。环路与相邻地块车库间设置两道特级防火卷帘,如图 3-11 所示。环路内任何位置发生火灾,环路及相邻地块的卷帘启动,防火卷帘采用两步降落方式控制。环路相邻的设备房等设置成独立防火分区,采用防火墙及甲级防火门与环路进行防护分隔,并设置通往地面的疏散楼梯。

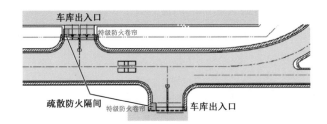

图 3-11 城市地下交通联络通道与相邻地块车库进出口防火分隔

地下环路内消火栓设置的间距不应大于 50 m,消火栓的栓口距地面高度宜为 1.1 m,并宜配置消防软管卷盘。环路两侧、人行横通道和人行疏散通道上应设置疏散照明和疏散指示标志,其设置高度不宜大于 1.5 m。环路内疏散照明和疏散指示标志的连续供电时间不应小于 1.5 h。

7. 防排烟控制策略分析

城市地下交通联络通道由于支路较多,加之受周边环境影响,火灾发生时烟气流动具有较大不确定性,因此需根据火源位置不同,结合通风系统设计,确定合理的火源下游排烟支路,火源上、下游防烟支路,如图 3-12 所示。以某纵向通风联络通道为例,阳东等研究人员提出火源下游防烟支路控制风速确定方法,并采用通风网络法进一步确定各支路通风量、射流风机与轴流风机风量及风压参数[18]。

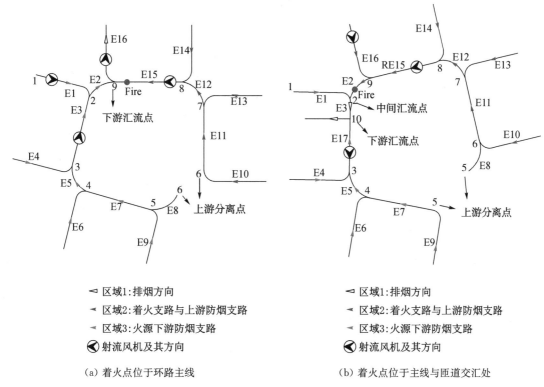

(a) 着火点位于环路主线　　　　　　　　(b) 着火点位于主线与匝道交汇处

图 3-12　某城市地下交通联络通道防排烟控制策略图示[18]

3.4　地下人防工程的通风

3.4.1　地下人防工程的战时通风与平战转化

平战转化是现代人防工程的主要特点。平时、战时通风系统结合设计的目的是在平战转换时限内,确保平时专用风口战前有可靠的封堵措施,并符合战时防护的相关要求;做好各种预埋、预留设施,在限定时间内将战时设备安装就位并确保运转良好。同时,还要平战统筹兼顾,尽量减少平战转换工作量,避免反复拆装[19-20]。目前,主要有以下几种结合转化设计的方式。

1. 两系统共用多组件方式

平时排风排烟系统与战时防护通风送风系统共用一套风管、风口和风机房,风管尺寸和水力平衡按排风和排烟风量大者进行计算,采用风量小者进行校核,战时采用风阀进行调节。在风管的相关部位还需设置转换阀门或法兰接口,以便实现风管的平战转换[21-23]。

如图 3-13、图 3-14 所示,平时的排风、排烟机房战时转换为人员掩蔽所的进风机房,而平时的排烟补风机房战时转换为排风机房,平时的排风口战时作为送风口使用。可见,采用这种转换方式,风管的拆装工作量较少,仅需把风机房内的相关设备和附件进行更换即可。

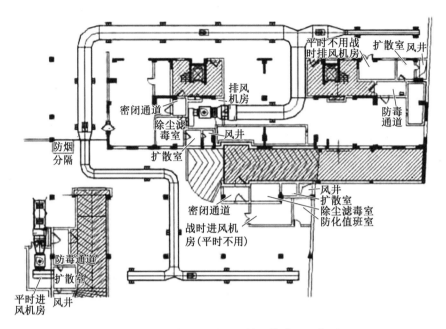

图 3-13　平时排风、排烟及补风管道平面布置

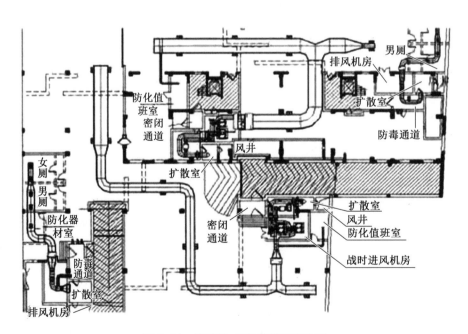

图 3-14　战时送、排风管道平面布置

另外,也存在平时的排风、排烟机房和战时进风机房无法切换的情况。对此,在设计时需根据工程实际情况,尽量使战时送风管道利用平时管道和风口,在平时通风系统设计时充分考虑战时通风系统的布置与走向。

根据排风口和排烟口设置方法的不同,日常排风排烟系统分为两种:一种是排风口和排烟口共用,仅在风机房的出口处设置280℃排烟防火阀。由于风管上只有一种风口形式,排风兼作排烟使用,因而可使气流组织更加均匀,死角较少,风口尺寸一致,更加美观,同时投资也更省。缺点是无法实现通过排烟口现场手动开启排烟系统,也无法实现排烟280℃自动关闭及连锁关闭排烟系统的功能。另一种是风管上的最后一个排烟口之前的日常通风口都采用防火风口,之后的管道上设置防火阀,防火阀后的日常通风口采用普通双层可调百叶风口。这种系统形式由于阀门种类多、投资大,联动控制系统连锁,控制可靠性也低,大大限制了其在实际工程中的应用[24-27]。

2. 排风、排烟双系统分别设置方式

平时排风和排烟分别设置管道,日常通风用进风机和排风机。另外,诱导风机、排烟风机、排烟管道及排烟口单独成系统,战时根据人防类别重新设置战时通风管道。这种系统平战结合程度低、共用难度大,在平战结合设计中应用较少。优点是各个系统之间互不影响,各自独成系统,各种管道、阀门、风口尺寸都是最适合的。缺点是投资成本高,分系统多,管理不便。

因此,平时排风排烟合用一套风管系统(排风与排烟口合用),战时该风管系统作为清洁送风和滤毒送风管道(风口用平时的排风口),这种系统形式具有平战转换工作量小、经济合理、系统简化、管理方便等优点,在工程中应用最多。

3. 进风井、排风井设计问题

在平战结合设计过程中,合理确定进、排风井十分重要。《人民防空地下室设计规范》(GB 50038—2005)第3.4.2条明确规定:"室外进风口宜设置在排风口和柴油发电机房的上风侧,进风口和排风口之间的水平距离不宜小于10 m,进风口与柴油机排烟口之间的水平距离不宜小于15 m,或高差不宜小于6 m。"这是战时通风井布置的要求。对于平时通风井,特别是战时进风但平时排风的通风井,要注意和地上各层的通风井性质保持一致性。例如,青岛某高层建筑,地下共3层,地下一层和地下二层为商场,地下三层为人防地下车库。由于商场、地上高层和人防地下车库不是由同一家设计院设计,且设计时间不同,再加上沟通不到位,结果产生同一个通风井地下3层是排风排烟井,而上部为新风井的现象,导致后期大量的图纸修改工作,不仅延误了工期,也造成了不良影响。

另外,《人民防空地下室设计规范》(GB 50038—2005)规定:"对于风井出地面,位于倒塌范围以外的室外进风口,其下缘距室外地平面的高度不宜小于0.5 m,位于倒塌范围以内的室外进风口,其下缘距室外地平面的高度不宜小于1 m。"《民用建筑供暖通风与空气调节设计规范》(GB 50736—2012)第6.3.1条规定:"机械送风系统进风口的下缘距室外地坪不宜小于2 m,当设在绿化地带时,不宜小于1 m。"由此可见,战时和平时的进风口规定并不完全一致,建议对于平战合用的进风口(即平战时皆为进风口),位于倒塌范围以外的,按下缘高于地面1 m进行设计(一般取值1.5 m);位于倒塌范围以内的,按下缘高于地面2 m进行设计(一般取值2.5 m)。

为了防止排风对进风的污染,进、排风口的相对位置应遵循避免短路的原则;进风口宜低于排风口 3 m 以上,当进、排风口在同一高度时,宜在不同的方向设置,且水平距离一般不宜小于 10 m。这个 10 m 的间距要求要同战时进风口与柴油机排烟口之间的水平距离不宜小于 15 m 的规定区分开,也要与《民用建筑供暖通风与空气调节设计规范》(GB 50736—2012)第 6.3.9 条规定的事故通风时排风口与进风口距离不小于 20 m 的规定区分开。

对于战时的送风井而平时的排风井,还要注意排风井出地面的风口不能布置在距离居民区住宅太近的位置,风口不能冲着住宅的可开启窗户,也不宜布置在主导风向的上风侧。有的通风设计因为不注意这些细节导致了比较严重的后果,居民夏季无法开窗,问题解决起来十分困难。

4. 校核工作

校核工作对平战通风系统结合设计有着积极意义,具体校核工作包括通风井尺寸、防护门洞、进出风口百叶尺寸的校核等。

1) 通风井尺寸的校核

对于平战合用的通风井,由于战时风量与平时相比较小,故一般按照平时风量进行校核。平时通风又包括日常通风和排烟,对于层高较高的车库,排风量和排烟量差异较大,风速要求不同,应按照最不利条件进行校核。

例如,某防火分区建筑面积 2 000 m²,层高 5.1 m,日常排风量为 36 000 m³/h,排烟量为 72 000 m³/h,确定通风井尺寸时按照日常通风量计算,再按照排烟量进行校核。按通风井内风速不大于 6 m/s 计算,得出通风井最小净面积为 1.67 m²。再按照排烟时风速不大于 10 m/s 对通风井进行校核,得出排烟时风速为 12 m/s,可见风速过大,应对通风井尺寸进行调整,取 2.2 m²,排烟风速为 9.1 m/s,排风风速为 4.5 m/s,符合要求。故通风井尺寸可取 1.5 m× 1.5 m。

2) 防护门洞的校核

防护门洞一般由建筑专业按照战时通风量来选型,暖通专业需根据平时通风和排烟量对门洞进行校核。平时通风时,活门需要完全开启,此时门洞计算风速不应大于 10 m/s。一般情况下,平时排烟量大于日常通风量,故一般只按照排烟量进行校核。

3) 进出风口百叶尺寸的校核

有的工程项目由于设计人员考虑不周,出地面通风井的百叶窗出风面积过小,导致排风不畅,甚至影响消防排烟,从而带来严重的后果。一般情况下,通风井出地面百叶窗可按照风速不大于 5 m/s 进行计算校核,可以采用单面、双面、四面开百叶窗的方式。百叶窗的设置除了按要求采取防虫、防水等措施处理以外,还要避免朝向不合理、出风速度过大等问题。

地下人防工程的战时通风与平战结合设计需从方案阶段就入手,贯穿整个设计始终。坚持"确保功能、统筹兼顾、转换便捷、节省投资"的原则,优化系统结合形式,重视计算校核,关注设计细节,精雕细琢、精益求精,通过建设、设计、施工、监理和管理机构等各方面的共同努力,使工程既满足平、战时的不同需求,又使转换工作量最少、投资最省[28-29]。

3.4.2 地下人防工程的平时保护性通风措施

一般来说,地下人防工程都是密闭的地下空间,很多有害气体容易在里面积聚。在这个密闭空间里,各种各样的建筑或者装饰材料都会散发出一些有害气体。比如一些塑料或者油漆材料会散发出甲醛,而一些钢筋混凝土材料会散发出氡气,空气中会有各种各样的污染物或者细菌,甚至也包括超标的 CO_2。无论是在战争时期或者在和平年代,人们长期处在密闭的环境中对身体健康肯定是不利的。提高地下人防工程的通风性,改善人防工程内部空间的空气质量,在人防工程设计中是非常重要的。

地下人防工程的通风大致可以分为清洁式通风、滤毒式通风和隔绝式通风。在进风系统中有两种形式,即清洁式通风和滤毒式通风合用通风机的进风系统、清洁式通风和滤毒式通风分别设置通风机的进风系统。

1. 清洁式通风

清洁式通风是在地下室外的自然空气没有被污染的前提下而采取的通风方式,指的是在使用过程中进入地下室的空气没有被任何通风口污染,不需要对空气进行处理的过程。但是清洁式通风必须时刻处于警戒状态,由于在战时会出现各种有毒和有害的气体,因此这种问题是不能忽视的设计问题,只有做到清洁式通风才能使战时各种空气不会危及防空地下室中受掩蔽人群的生命安全。

2. 滤毒式通风

当战争爆发时,各种有毒有害气体都有可能产生。随着科学的发展,各种核武器和生化武器已经存在,它们更是战争过程中的主要武器。因此,在地下室通风的过程中,要注重通风中滤毒处理过程,确保空气中的有毒物质含量不会给人们的身体健康造成危害,之后方能送入地下室。消防问题是所有工作中的重点,人命关天。防排烟能否解决好,直接与工程内人员遭遇火灾后能否安全疏散有关。所以一定要精心设计,确保防排烟系统万无一失。

3. 隔绝式通风

隔绝式通风是指避免污染较大的空气流入人防地下室,对人们的身体健康造成伤害,这种一般是在滤毒式通风失效的情况下才会采取的措施。隔绝式通风的方式只在地下防空室内部循环,完全与外部隔绝,因此在设计时必须要保证在一定的隔绝防护时间内,在防空地下室与外界空气完全隔绝状态下(即所有进、排风孔口均处于关闭状态),地下室内部的 CO_2 浓度在允许的范围内。

通风设计是地下人防工程设计中十分重要的环节,但是在方案设计阶段,很多都只是将通风专业内容一笔带过,在扩初设计阶段,仅用文字来表达,在施工设计阶段,往往由于设计深度不够,给地下人防工程通风留下先天性问题,严重影响其后期使用效果。地下人防工程通风设计主要存在如下问题:

(1)风量不足。根据《人民防空工程设计规范》(GB 50225—2005)的要求,平战结合的地下人防工程的新风量可以根据其不同的使用功能来具体确定,但是应该与地面上同类建筑物的通风标准一样,一般不得小于人均 30 m^3/h。然而,有的设计人员过度强调节能,减小造价,往往连最低标准都很难满足。比如,某人防地下室设计时按照换气次数来确定新风量,平均每人每小时的新风量只有 20 m^3/h。由于新风量明显不足,从而导致室内的有害气体超标,CO_2 浓度升高,空气质量差,就连在地下室施工的施工人员都不能正常工作。另外,有些虽然理论新风量满足要求,但是由于选用的防爆波活门与工程所需新风量不匹配,进风段风速过大,即使平时把活门全部打开也满足不了要求,造成实际新风量仍然不足。

(2)气流组织不合理。有的人防工程在设计时过度追求低造价,而将通风系统设计得相当简易,从而使得地下室通风远远不能满足实际需要,造成废弃风排不出去,送风也不顺畅。

(3)除尘消声被忽视。在通风设计时,除尘消声是最容易被忽视的,有的甚至都没有考虑,或者有的送风段设置了消声器,而回风段却遗漏了。另外,有的选择除尘器不计算阻力,根本就满足不了使用要求。

(4)新风系统造成二次污染。通大量的新风是除湿最为有效的方法之一,但是有的新风系统未设置旁通管,全部新风需要经过除湿设备,使通风阻力增大,并导致了二次污染,严重影响通风换气。

(5)进、排风口设置不合理。有的设计人员将进、排风口与地下人防工程的出入口合并布设,其实这样做会污染新风源;有的则将进风口与排风口设计得过近,从而导致刚刚排出来的废气又从进风口进入地下室。

以上这些在设计阶段遗留下来的问题会严重影响地下人防工程的通风效果,因此在平时就应该采取一些保护性通风措施,如提高新风质量、合理布置通风系统和调整合适的气流组织等,下面大致介绍一下这三种保护措施的要点。

(1)提高新风质量。提高新风质量的主要方法有三种:一是加大新风量;二是控制或消除室内污染;三是采取空气自净措施。加大新风量在地下人防工程中对改善人防工程内部环境是十分有利的,但是却增加了通风设备中的空气处理设备的负荷,在设计过程中这就会有些不经济,所以还是应当合理地控制新风量,一般每人每小时 30~40 m^3。另外,采取有效措施,消除空气污染。在空气过滤方面,要根据当地的空气污染指数合理选用空气过滤器,力求高效过滤,同时也便于维修更换。

(2)合理调整布置通风系统。地下人防工程通风系统的效果在很大程度上取决于其布置是否合理。对于有通风空调要求的通风系统,一般采用一次回风,设计通风量等于新风量加上回风量。新风跟回风混合后,经过处理再输送到室内,有时甚至还可以考虑二次回风。但是,设计人员必须注意两个问题:第一,尽量不要将吊顶或地沟作为回风道,因为这样容易将吊顶内装饰材料散发出来的有害气体或地沟中的潮湿霉变气体带入,从而影响新风质量;第二,系统布置时设置全新风系统,在春秋季节不得把没有经过任何处理的空气直接输入室内换气。

(3)调整设计合适的气流组织。对于大型地下人防工程来讲,其送回风口应该均匀布置,一般采用上送上回或者上送下回,尽可能地避免侧送侧回,而且送回风口应该采用直片式散流器,其气流射角应该不大于 40°,以便气流可以直达人员活动区。

综上所述,地下人防工程一般都是密闭的地下空间,容易积聚很多对人体有害的气体,通常会采用清洁式通风、滤毒式通风和隔绝式通风这三种方式来提高人防工程的通风性,平时也会通过提高新风质量、合理调整布置通风系统和设计合适的气流组织来完善保护通风措施[29-32]。

3.5　地下实验室的通风与环境控制

地下实验室(underground research laboratory)又称硬岩石地下实验室(hard rock laboratory)、地下研究设施(underground researchfacility)和岩石特征评价设施(rock characterization facility),是为开展可行性研究而模拟地下处置库建造的地下研究设施。利用废旧矿山、民用隧道改建或新开巷道,不做热实验并且不开展方法学实验,且与处置库场址没有直接空间联系的地下实验室称为普通地下实验室。而在选定的高水平放射性废物处置库场址上建造的、可开展热实验并具有方法学研究和场址评价双重作用的地下设施称为特定场址地下实验室。在其中获得的地质、水文、岩石、构造、核素迁移、工程屏障、工程建设、施工技术、示范处置等数据将直接服务于可行性研究[33]。

3.5.1　地下实验室通风系统设计

各类地下实验室有不同的功能和特点,它们对环境的要求也各不相同。一般情况下,地下实验室只要有自然通风且换气良好,必要时再配备机械通风即能满足实验要求,但对某些要求高精度的科学实验而言,如高纯金属分析、半导体材料分析、高纯试剂的提纯和制备以及大型精密仪器、电子计算机等科学实验,则需要在特定的环境下工作,以保证仪器的正常运转、实验的顺利进行及较高的分析质量。因此,在地下实验室新建、扩建或改建时,必须采取有效措施,力求创造一个适合实验所需的良好环境。

地下实验室通风系统设计是地下实验室设计中的重中之重,也是地下实验室建设成败的关键因素。美国采暖、制冷与空调工程师学会(American Society of Heating Refrigerating and Airconditioning Engineers,ASHRAE)规定地下实验室空调和通风设计参数包括:室内外温度和湿度要求;空气质量;设备和工艺热负荷(显热和潜热);内部负荷的预期增加;最小换气次数;进风和补风;排风设备类型;控制和报警;通风柜的尺寸和数量的调整可能;房间压差;设备和电源的备用。

1. 地下实验室内的温、湿度

地下实验室内的温、湿度应根据实验要求设计,普通的理化室采用普通的分体空调或多联机即可。精密仪器室对温、湿度有一定的要求,比如 ICP(电感耦合等离子体)、ICP-MS(电感耦合等离子体质谱仪)等。另有一些特殊的如纤维检验、纸品检测、纺织面料等对温、湿度都有更高的要求。在设计这类地下实验室时,需要依据标准针对性选材。纺织品和纺织原料检验的标准大气按《纺织业　调节与测试用标准大气》(ISO139 AMD 1—2011)和《纺织品　调湿和试验用标准大气》(GB/T 6529—2008)标准规定,温度 20℃±1℃,相对湿度 65%±2%;纸张、纸品和纸箱类商品检验的标准大气按照《纸浆、纸和纸板　温湿处理和试验的标准大气及其控制程序与试样温湿处理的步骤》(ISO 187—1990)和《纸、纸板和纸浆试样处理和试验的标准大气条件》(GB/T 10739—2002)标准规定,温度23℃±1℃,相对湿度50％±2％。除了常规温、湿度的恒温恒湿地下实验室,还有其他特殊的5～18℃低温、30～80℃高温、相对湿度小于40％低湿、相对湿度高于80％高湿等特殊要求的恒温恒湿地下实验室。

2. 室内洁净度

地下实验室建设前应根据微生物和生物医学地下实验室生物安全通用准则《实验室　生物安全通用要求》(GB 19489—2008)和《病原微生物地下实验室生物安全管理条例》(国务院令第424号)进行生物安全评估,确定地下实验室是否需要净化以及相应的净化等级。

3. 换气次数的选择

《化工采暖通风与空气调节设计规范》(HG/T 20698—2009)规定,化验室房间的最小换气量一般在6～8次/h。ASHRAE规定地下实验室内的整体换气次数应由下列因素综合决定:从局部排风设备或其他房间排风所排出的总风量;带走房间热负荷所需的制冷风量;最小换气次数需求。在实际使用情况下,地下实验室的最小换气次数应维持6～10次/h。

通常情况下,大于10次/h的房间换气次数被认为是合适的。但是,当地下实验室内拥有可能会产生高热负荷的分析设备,或房间内有较大量的局部排风时,可能需要相应地增大换气量。湿法化学室有通风柜,加热间有大量的加热炉。通风柜的计算方法参照《化工采暖通风和空气调节设计规范》(HG/T 20698—2009)中对轻、中度危害或有危险的有害物质,在室内顶棚有补风的情况下,通风柜的操作口最小吸风面速度为0.5 m/s的要求。对于通风柜的使用率,当通风柜的数量大于2个时,应该取60％～70％同时使用率。加热炉则是以维持炉内加热温度的热平衡法则来计算所需的排风量。根据以上所述,可以计算出总的安全通风量,然后与负荷计算的空调风量,以及最小换气次数10次/h计算所得的通风量进行比较,三者取最大值。

4. 送风与排风形式

地下实验室的通风设计首要解决的问题是安全性问题,其次还要考虑到为实验人员创造一个舒适的工作环境,解决温度、气流、噪声的问题,同时要保证最低的能源消耗,系统稳定,容易控制,易于操作管理。简而言之,就是要从安全、舒适、节能、可靠运行方面进行设计。

所谓通风,就是把室内的污浊空气直接或经净化后排至室外,并把新鲜空气补充进来,从而保持室内的空气条件,满足卫生标准和生产工艺的要求,我们把前者称为排风,后者称为送风。而通风柜可以简单理解成一个箱体和一个风机,产生于箱体中的气体被风机排出并被安全地排放到大气中。按照动力不同,通风系统可以分为自然通风和机械通风,机械通风又可分为全面通风和局部通风,全面通风是指在房间内整体进行通风换气的一种方式,局部通风是指通风的范围控制在有害物质形成较为集中的地方,或是工作人员经常活动的局部区域的通风方式,例如通风柜、万向排烟罩、原子吸收罩等。

《化工采暖通风与空气调节设计规范》(HG/T 20698—2009)规定,化验室的排风量较大时,应设置室外新风补风系统,并计入新风负荷。《科学实验建筑设计规范》(JGJ 91—1993)规定,每个排风装置宜设独立的排风系统。同一个地下实验室内的所有排风装置宜合用一个排风系统。工作时间连续使用排风系统的地下实验室应设置送风系统,送风量宜为排风量的70%,并应根据工艺要求对送风进行空气净化处理。对于采暖地区,冬季应对送风进行加热。送风气流不应破坏地下实验室排风装置的正常工作。另外,是否选择100%全新风送风系统,应作为地下实验室危险评估的一个重要部分。

地下实验室通风系统设计包含排风系统和补风系统两方面。地下实验室通风系统的设计应根据《工业建筑供暖通风与空气调节设计规范》(GB 50019—2015),《民用建筑供暖通风空气调节设计规范》(GB 50736—2012)等规范,而排风系统则需要通过实际地下实验室所需排风风量、管道长度、管道走向以及现场实际情况,依据流体力学进行综合分析计算及科学合理的设计,进而在设计上使地下实验室能达到安全、舒适、节能等目的。补风系统则应根据地下实验室的类型要求进行设计,以实现特定的地下实验室对房间压差的特殊要求。室内放置 N 台通风柜或根据客户要求需要对室内进行补风时,补风量一般为排风量的70%(门窗可补30%左右);补风系统应尽量靠近排毒柜,以免影响地下实验室内空调系统及采暖系统,而且补风还需进行预处理,方可送入地下实验室。补风的方式有多种:①通过室内空调补风;②在天花板上放置一段风管与室外相连,达到自然补风;③使用补风型通风柜;④在通风系统外安装补风系统。如果做补风系统,根据房间的密闭情况确定补风量,最大补风量为通风量的70%,最小为通风量的20%,主管道的风速可设为 8 m/s。

5. 房间压差

《化工采暖通风与空气调节设计规范》(HG/T 20698—2009)规定,化验室应保持相对负压。ASHRAE 规定,所有从化学地下实验室内排出的气体均须直接排出室外,不能循环利用。因此,除非化学地下实验室也有洁净要求否则均需保持其相对于相邻区域为负压。一般理化地下实验室要求保持微负压(−10~−5 Pa)状态;个别特殊的生物安全地下实验室则有压力梯度的要求,如标准的 PCR 地下实验室(又称基因扩增实验室)四个功能区的压力就是要求递减,试剂准备区(+5 Pa)→样品制备区(+0 Pa)→基因扩增区(−5 Pa)→产物分析区(−10 Pa)。这样的地下实验室在设计时需要通过送排风的控制来实现。

6. 控制系统

控制系统应该把上述几项综合起来,以满足整个地下实验室的房间压力、各房间压差、通风量、温度、湿度和各方面的安全控制要求,同时降低能耗。地下实验室内往往存在许多不利于人体健康的化学物质污染源,特别是有害气体,将其排除非常重要。但与此同时,往往会消耗大量的能源,因而地下实验室的通风控制系统的要求从早期定风量、双稳态、变风量系统,发展到最新的适应性控制系统。不能太过于奢望满足最为安全、舒适的环境,并且又希望是最节能的方式。只要能满足系统响应迅速并确保人身安全,以最高的精确性正确控制送排风的平衡和室内压力,提供最大的稳定性即可。尽量降低用户前期投入,同时减少用户在运行、能源消耗及维护等方面的费用。

7. 通风管路的材质要求

圆形风管通风效率高但直径不宜太大。由于北方冬季室内外温差较大,室外管道可选用玻璃钢产品,对于一般的地下实验室,若室内排放的气体没有腐蚀性,风管可以采用镀锌铁皮。

若地下实验室排放的废气有一定的腐蚀性,风管应采用耐腐蚀材料的 PVC、玻璃钢等;若通风系统废气含强酸(如盐酸、硝酸等),通风管道应该选用 PP 材质。对于没有或只有轻微腐蚀或客户要求的话,也可选用不锈钢风管。

如果要求对系统进行补风,可选用镀锌管进行补风,补风风机也可选用低噪声轴流风机。在特殊情况下,也可考虑软管连接(如铝箔管、塑料软管等)。

8. 消声减振

地下实验室内噪声应控制在 55 dB(A)。风机的噪声可以分为本身的机械噪声(此噪声主要由风扇质量不同引起)和风声(为主要噪声)。在风机功率不大的情况下,可通过在风机上方加防雨罩来消除风声;在使用大功率风机时,一般在风机进出口处加消声器来消除风声。机械噪声主要靠建隔音墙、小黑屋或在风机进出口处加软接头来解决。减振的主要方法为将风机底座做成减振底座并安装减振器或加装减振垫[34]。

3.5.2　地下实验室通风系统主要设备

(1) 排风罩

地下实验室常用的排风罩,主要有围挡式排风罩、侧吸罩和伞形罩三种形式。排风罩的排风量计算,取决于以下三个因素:①排风罩与有害气体散发点(即污染源)的距离;②有害气体散发点的控制风速,通常在考虑气流速度衰减的前提下,由散发点的控制风速反推排风罩内控制点应具有的吸入速度;③排风罩的罩口面积。因此,不同的排风罩,其排风量的计算公式也不同。排风罩布置的合理与否,直接影响着排风效果。根据排风罩气流速度的衰减特性和有害物的散发情况,排风罩的布置应注意以下几点:

(1) 尽量靠近有害物散发源。由排风罩排风量计算公式(3-20)可知,排风罩罩口到控制点的距离越近,排风量就越小。

(2) 应根据有害物的散发情况采用不同的排风罩。如对于一般散发污染物的仪器设备,可采用有围挡的排风罩;对于实验台面排风或槽口排风,可采用侧吸罩;对于加热槽,宜采用伞形罩。

(3) 排风罩要便于实验操作和设备的维护检修,否则即便排风罩设计效果较好,但由于影响实验操作,或者维护检修麻烦,还是不受使用者欢迎,甚至会被拆除弃用。

$$Q = 3\,600KPHv_x \tag{3-20}$$

式中　Q——排风罩排风量,m^3/h;

K——安全系数,通常可取 1.4;

P——罩口的周长(靠墙的边不计),m;

H——罩口至污染源的距离,m;

v_x——排风罩内控制点的吸入风速,m/s。

2. 通风柜

对于通风柜的具体要求如下:

(1) 通风柜宜采用标准设计产品。

(2) 设置空气调节的地下实验室宜采用节能型通风柜。

(3) 通风柜内衬板及工作台面,按使用性质不同应具有相应的耐腐蚀、耐火、耐高温及防水等性能,应采用盘式工作台面,并且应设杯式排水斗。通风柜外壳应具有耐腐蚀、耐火及防水等性能。

(4) 通风柜内的公用设施管线应暗敷,向柜内伸出的龙头配件应具有耐腐蚀及耐火性能。各种公用设施的开闭阀、电源插座及开关等应设于通风柜外壳上或柜体以外易操作处。

(5) 通风柜柜口窗扇以及其他玻璃配件应采用透明安全玻璃。

(6) 通风柜的选择及布置应与建筑标准单元组合设计紧密结合。

(7) 通风柜应贴邻或靠近管道井或管道走廊布置,并应避开主要人流及主要出入口。不设置空气调节的地下实验室,通风柜应远离外窗布置;设置空气调节的地下实验室,通风柜应远离室内送风口布置,当二者矛盾时,应调整室内送风口的位置。

3. 空气过滤器

在空气净化系统中,一般采用三级过滤方式,即粗效、中效、高效(或亚高效)空气过滤器,它们各有不同的用途。

(1) 粗效过滤器:采用金属框架,滤料一般采用粗、中孔泡沫塑料和无纺布,易于清洗更换,可反复使用。基本能滤掉粒径>5 μm 的尘粒,对粒径<0.3 μm 的尘粒,计数效率<20%;滤速为 0.4~1.2 m/s,初阻力≤29.4 Pa。通常装置在中、高效过滤器前,作预过滤使用,主要用以过滤新风中粒径在 10 μm 以上的沉降性微粒和各种异物。

(2) 中效过滤器:由金属框架、中细泡沫塑料、玻璃纤维、无纺布或其他材料作为滤料等构成。基本能滤掉粒径>1 μm 的尘粒,对粒径>0.3 μm 的尘粒,计数效率为 20%~90%,滤速为 0.14~0.25 m/s,初阻力≤98 Pa,可用以过滤粒径在 1.0~10 μm 的悬浮性微粒。为了避免高效过滤器因表面沉积而堵塞,因此中效过滤器可以作为 10 万级洁净室的终端过滤装置。但必须注意的是,含有强酸、强碱及丙酮等有机溶剂蒸气的空气,不能使用泡沫塑料作为滤料。

(3) 高效过滤器适用于工作温度<60℃,相对湿度<80%的空气调节系统,风量范围为500~33 000 m³/h,它是洁净地下实验室最为理想的终端过滤装置,能捕集粒径<1 μm 的尘粒(粒径 0.3~0.6 μm),计数效率>99.9%,滤速为 0.01~0.03 m/s,初阻力≤245 Pa。

4. 通风机

通风机一般分为离心式和轴流式两种。地下实验室使用通风机主要用于地下实验室的通风柜、排气罩以及其他方面的通风和换气。

1）离心式通风机

离心式通风机型号繁多,在地下实验室常用此类风机,风机常分为低压、中压、高压。在选用风机时,应关注其性能和特点,要求具有以下特点:①风量大,效率高;②运转平稳,噪声小;③结构完善,便于维护;④拆装方便。由于地下实验室通常会有对腐蚀性气体和毒气的通风排放,因此在选择风机时应考虑风机的材质。塑料离心式通风机和玻璃钢离心式通风机是现代地下实验室常用的风机机型。塑料离心式通风机的特点如下:①以硬质聚氯乙烯制造,具有良好的耐腐蚀性和绝缘性,适用于排送含酸、碱、盐等腐蚀性气体及有害气体的空气,不适用于排送芳香族碳氢化合物、脂肪族碳氢化合物的卤素衍生物酮类、混合空气的氮氧化合物及其他对硬质聚氯乙烯塑料有腐蚀性的气体介质。②对使用温度的要求较为严格,可耐极限温度120℃(理想使用温度范围80℃以下),安装位置宜远离热源。③强度次于金属风机,在运输、安装、操作、维修时应避免撞击。风机进出口处应加装铁网,以防杂物落入打碎风机。玻璃钢风机具有耐腐蚀、耐高温、防日晒雨淋等特点。

2）轴流式通风机

轴流式通风机也有低压、高压之分,常用于仓库、一般厂房。该风机的特点是结构简单紧凑、噪声较小,在规定转速下,风量风压稳定,运转平稳,使用安全可靠,易于安装。该类型风机由风轮、风壳、集风器三部分组成,风机为直接传动。叶轮由叶片、轮盘和毂组成;机壳由风筒、底座及支板组成,轮毂直接安装在电动机轴上。

5. 风机盘管机组

由集中安装在机房内的冷水机组和分散装在空调房内的风机盘管机组作为空调系统的末端装置,可组成一种半集中式的空调系统。每台风机盘管机组的风机是独立控制的,室内的负荷由机组内盘管承担。风机采用双进离心风机。风机盘管机组因通常多在湿工况下运行,所以装有排冷凝水的管路。机组采用单相电容驱动低噪声电动机,使用220 V电源,50 Hz交流电。机组设有高、中、低三级调速装置,能调整风量达到调节冷(热)量的要求。机组新风由单独通风系统供给。风机盘管机组的特点是:安装布置灵活,各房间可独立调节室温。当房间无人时,可以方便地关掉风机,而不影响其他房间,从而节省运行费用。房间之间的空气互不串通,盘管的风机可以变速。在冷量供给方面由使用者直接进行一定的调节。风机盘管机组分为立式和卧式两种,用户可按室内位置选定,同时每种形式均可根据室内装修要求做成明装,即吊装在天花板下、门窗上方或室内地面上;也可做成暗装,吊装在顶棚内或设置在窗台下。

6. 恒温恒湿设备

恒温恒湿设备又称恒温恒湿空调机组,是集中式空调的系统核心设备,一般是由压缩机、冷凝器、蒸发器、通风机、电加热器、电加湿器、过滤器以及电控元件装在同一箱体内组成的。各厂家生产有不同型号的恒温恒湿设备,其安装形式有分体式和整体立柜式。它们的主要特点是:

(1) 恒温恒湿参数范围,干球温度一般为(20~25)℃±1℃,相对湿度为(50%～80%)±10%.恒温恒湿设备均采用电接点温度计或电子继电器自动控制。

（2）制冷量大，通过自动或手动变化缸数进行能量调节，制冷量大小在 12 600～201 600 kJ/h 不等。

（3）机组大多由制冷段、处理段和风机段等组成，多采用高效率、低噪声、减振双吸并联离心机，并有侧送和顶送两种送风形式。

（4）具有合理的风量比，通过加入不同新风量和一二级联动阀即可调整。

（5）配有清洗方便的新风和回风过滤器，可满足净化要求。

（6）加热装置设有两种方式：蒸汽加热与电加热，可进行电热自动调节。

（7）有自动化控制设备，可实现自动控制和自动保护，保证机组的使用精度及安全经济运行。

7. 制冷机组

集中式空调系统用的制冷机组是空调系统中冷却、干燥空气（当用热泵时可加热空气）所必需的设备。空调制冷系统一般可分为三种形式：

（1）单体安装式，即活塞式制冷压缩机、冷凝器、蒸发器及各种辅助设备等，均系单体安装然后接通制冷管道，组成制冷系统，又称集中式配套制冷系统，常设置于较大型空调系统中。

（2）整体安装式，即制冷机、冷凝器、蒸发器及各种辅助设备由制造厂组装在共用底座上，或连供冷、供热及空气处理各部分均已组装在同一箱体内，形成整体安装的形式，只要按上进、出水管以及仪表柜和启动线路，即可投入运转。

（3）分离组装，即制冷机、冷凝器、蒸发器及各种辅助设备成部分分装、部分组合安装的形式。

这样安装形式多样化，适用性较灵活。空气调节用制冷系统一般采用单级压循环，其工作过程为：压缩机压缩后的高压气体制冷剂经由分离器后进入冷凝器，放热后（其热量由冷却水带走）冷凝成高压液体。通过节流阀节流降压后进入蒸发器，在蒸发器内吸热蒸发，蒸发后的低压蒸汽被压缩机吸入并再度压缩成高压气体制冷剂，从而完成一个制冷循环。空调系统常用的制冷剂有无机物氨和卤代烃氟利昂。

8. 空调器

空调器是一种调节室内温度、加速空气循环和过滤室内空气的装置。一般常将同一类型的去湿机、冷风机、恒温恒湿机以及房间空气调节器等统称为空调器。空调器按其部件组成方式，可分为整体式、组装式、散装式及大型集中式四种；按制冷的冷却方式，可分为水冷式和风冷式；按制冷量大小，可分为立柜式空调器（一般为 25 200 kJ/h）和房间空调器（一般为 6 300～25 200 kJ/h）。其中，房间空调器还有窗式和分体式之分。分体式空调器又可分为室内、室外两部分，压缩机和冷凝器放在室外，称室外机；蒸发器和风扇放在室内，称室内机。将此两部分用管子连通成一个封闭的制冷系统，这样既可使安装灵活简易，不影响窗户进光，又可使室内的噪声显著降低。分体式空调器的室内机，可根据房间的需要制成吊顶式、挂墙式或落地式。

9. 消声器

消声器有聚酯泡沫塑料管式、矿棉管式、片式、卡普隆管式、弧形声流式、阻抗复合式等多种形式,对中频及低频带噪声有良好的消声效果。消声器在空调系统中应尽量安装在靠近使用房间的位置。如必须安装在机房内时,则应对消声器外壳及消声器之后位于机房内的部分风管采取隔声处理。当系统为恒温系统时,消声器外壳则应与风管一样做保温处理[35]。

综上所述,地下实验室建设是一个系统工程,不同于一般的商业或办公环境设计,需要专业的团队系统作业,出具缜密的建设方案。

参考文献

[1] 环境保护部,国家质量监督检验检疫总局.轻型汽车污染物排放限值及测量方法(中国第五阶段):GB 18352.5—2013[S].北京:中国环境科学出版社,2013.

[2] 黄志甲,张旭,余卓平,等.汽车替代燃料发展战略的探讨[J].中国能源,2001,8:30-33.

[3] 邓顺熙.公路与长隧道空气污染影响分析方法[M].北京:科学出版社,2004.

[4] 中华人民共和国住房和城乡建设部.车库建筑设计规范:JGJ 100—2015[S].北京:中国建筑工业出版社,2015.

[5] 陈刚.地下车库通风量的确定与控制[J].暖通空调,2002,32(1):62-63.

[6] 中华人民共和国卫生部.工作场所有害因素职业接触限值第1部分:化学有害因素:GBZ2.1—2007[S].北京:人民卫生出版社,2007.

[7] KRARTI M, AYARI A. Ventilation for enclosed parking garages[J]. ASHRAE Journal, 2001, 43(2): 52-57.

[8] 葛凤华.地下停车库通风研究[D].吉林:吉林大学,2007.

[9] 苏晓峰.地下车库污染物扩散数值模拟与通风系统优化[D].重庆:重庆大学,2012.

[10] 孙永强,张旭,王军.多层车库风量需求特性与风口布置优化分析[J].暖通空调,2010,40(4):74-78.

[11] 中华人民共和国住房和城乡建设部,中华人民共和国国家质量监督检测检疫总局.民用建筑供暖通风与空气调节设计规范:GB 50736—2012[S].北京:中国建筑工业出版社,2012.

[12] 倪丹,王恩丞.敞开式地下汽车库自然通风[J].暖通空调,2013,43(12):131-134.

[13] 中华人民共和国公安部.汽车库、修车库、停车场设计防火规范:GB 50067—2014[S].北京:中国计划出版社,2014.

[14] 济南市政工程设计研究院.济南市中央商务区市政道路及地下综合管廊等基础设施建设项目(一期)设计资料[R].济南:济南市政工程设计研究院,2016.

[15] 单美群.城市地下交通联系隧道自然通风适用性研究[D].上海:同济大学,2015.

[16] 霍然,胡源,李元洲.建筑火灾安全工程导论[M].2版.合肥:中国科学技术大学出版社,2009.

[17] Guide for smoke management systems in malls, atria, and large areas [R]. National Fire Protection Association (NFPA), 2000.

[18] DU T, YANG D, PENG S, et al. A method for design of smoke control of urban traffic link tunnel (UTLT) using longitudinal ventilation[J]. Tunnelling and Underground Space Technology, 2015, 48: 35-42.

[19] 黄国东.人防工程通风优化设计策略探究[J].中小企业管理与科技(上旬刊),2016(3):105.

[20] 刘志强.人防工程通风设计小结[J].科技风,2011(5):143.

[21] 赵建辉.人防地下室战时通风系统设计问题探讨[J].江西建材,2016(18):59,64.

[22] 刘贵廷.人防地下车库通风的平战结合设计[J].暖通空调,2014,45(5):71-74.

[23] 张晓伟.浅谈平战结合人防地下室通风设计[J].山西建筑,2010(18):179-180.

[24] 曹颖,郝俊红.某公共建筑地下汽车库平战结合通风系统设计[J].建筑热能通风空调,2015,34(5):100-102.

[25] 龚永炎.浅谈具有人员掩蔽功能的人防工程防护通风设计[J].城市建筑,2014(4):14.

[26] 李豫.人防地下室平时战时通风防护的探讨[J].江西建材,2014(24):287.

[27] 王志飞.人防通风设计的几个常见问题探讨[J].暖通空调,2014,44(3):70-71.

[28] 钟发清.人防地下室通风设计若干问题的分析[J].广西城镇建设,2011(12):60-63.

[29] 杨威,曹军,许光伟,等.浅谈人防工程通风设计的问题及解决方法[J].华东科技,2015(1):106.

[30] 郑文国.人防地下室通风工程设计常见问题分析[J].暖通空调,2003,33(6):78-79.

[31] 杨盛旭,李刻铭,郭春信.对人防指挥工程通风问题的探讨[J].建筑热能通风空调2004,23(1):74-76.

[32] 刘贵廷.人防地下车库通风的平战结合设计[J].暖通空调,2014,44(5):71-74.

[33] 吴国光.地下建筑气流组织的数值模拟研究[D].哈尔滨:哈尔滨工程大学,2013.

[34] 李杰,黄德祥.地下商业建筑通风排烟探讨[J].消防科学与技术,2003(1):31-34.

[35] 宁竹之,沈寒放,王登高,等.地下建筑通风措施的空气质量评价与地下环境舒适带探讨[J].地下空间,1986,(1):33-38.

4　地铁车站的通风与环境控制

4.1 地铁车站的热湿负荷

地铁车站位于地下,其外墙和地板都与土层直接相邻,而土层具有较强的蓄热能力,土壤的吸、放湿规律也与地上建筑不同,故地铁车站的热湿负荷具有与普通民用建筑显著不同的特性和计算方法[1]。

4.1.1 地铁车站的热负荷特性

与普通的地面建筑不同,地铁车站及区间隧道通常都位于地下,与外界大气主要通过车站出入口、通风井相连通。同时,由于土壤蓄热,使地铁热环境具有以下特点:

(1)受外界天气变化(阳光、雨雪、风等)影响较地面楼宇小;外界气候变化及波动对地铁车站产生的影响具有一定的波幅衰减及时间延迟性。

(2)全年存在显著的内扰源(热源、湿源和尘源)。根据能量守恒原理地铁列车运行消耗的能量最终都将以热的形式散发到地铁环境中。一般地,地铁车站在全年时间中基本均为冷负荷,环控系统的主要任务是消除余热和余湿。同时,对于建设初期的地铁线路而言,其列车运行数量、车站设备负荷与乘客数量尚未达到远期设计的最大值,通常处于部分负荷或小负荷情况下。

(3)地铁车站内部热环境要经历一个长期的变化过程才能达到相对稳定的状态。从建成运行起,一般要经历"结露防湿"(1~2年,初期)与"升温"(5~15年,近期)这两个阶段后,才能达到"温度稳定"(远期)阶段。

(4)对于无站台屏蔽门的地铁车站而言,列车高速行驶会引起站台和隧道之间、站厅与外界之间大量的空气交换,因而对地铁车站内的环境会有重要影响。前者称为"活塞风",是隧道内通风换气的主要动力;后者称为"出入口进出风",是车站通风换气的重要方式。

(5)地铁车站是相对舒适的列车和多变的室外环境之间的过渡空间,乘客的衣着在地铁车站内不会发生大的变化,主要随着天气的变化而变化,所以地铁车站内的空调参数应当随天气变化而变化。由于乘客在车站内只作短暂停留,且停留期间人体的热舒适感觉来不及达到稳态,还是受先前所在环境的影响,因此并不严格要求热环境的热舒适性和稳定性[2-3]。

上述特点对地铁车站热环境的控制有利有弊,也使得地铁车站与常规地面建筑对于热环境的要求有所不同。地铁车站通常位于地下,是乘客往返地面与列车之间的过渡性场所,其人员流动性强,又不受太阳辐射影响,但受到列车运行影响,这使得一些负荷的影响因素复杂、理论计算烦琐[4]。一般而言,地铁车站的热负荷特性可以从热负荷来源及热负荷变化规律两方面体现。

从地铁车站热负荷来源来说,主要有围护结构负荷、人员散热负荷、设备及照明散热负荷(如照明、广告灯箱、自动售检票设备、扶梯、电梯等)、新风负荷、列车负荷、渗透风负荷等,天津某典型地铁车站的负荷比例如图4-1所示[5]。

其中,人员散热按照轻度劳动取值;设备及照明散热计算方法同常规暖通负荷计算方法;新风量除了满足人员卫生要求外,还在规范中要求考虑了不小于总送风量的10%,同时还应大于屏蔽门漏风量,故新风负荷占比随地铁车站规模一般在15%～40%之间变化。而围护结构负荷与地上建筑存在差异,地铁车站围护结构负荷主要包括车站外围护结构与土壤间传热及屏蔽门传热,土壤间传热为非稳态传热过程,其与地铁车站所处地质条件、埋深、纬度及建筑构造等因素有关,如不采用专用计算程序,可考虑采用国外地铁车站调研的已有数据,按照夏季吸热 $6.3～12.6\ W/m^2$ 指标进行计算。实际上,在地铁车站内部热环境长时间趋于稳定的漫长过程中,周围土壤向室内环境传热、传湿始终存在,且存在一定的变化。对于采用了屏蔽门的地铁车站,由于隧道侧温度高于站台侧,屏蔽门向站台的传热可以按一维稳态计算。此时土壤蓄热负荷占比较小,基本可以忽略。

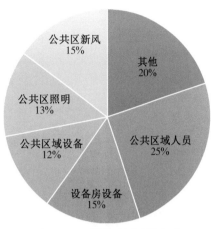

图 4-1 天津某典型地铁车站各项负荷占比

地铁车站相对于普通民用建筑来说,虽然减少了围护结构的太阳辐射得热,围护结构热传导负荷也相对较小,但是增加的列车的散热需要通过通风及空调系统承担。列车发热量主要构成如下[6]:

(1) 列车运行发热量:列车启动及加速发热量、运行发热量、弯道阻力发热量、列车制动发热量、电机损耗发热量等;

(2) 列车附属设备发热量:列车照明发热量、空气压缩机发热量、空调机发热量;

(3) 列车乘客发热量:列车内乘客发热量、站台乘客发热量。

上述热负荷部分可以通过隧道区间通风予以消除。对于加装了屏蔽门系统的地铁车站而言,大量的列车热负荷则都可以通过屏蔽门阻挡在隧道内,仅在列车停站开启屏蔽门时会进入站台区域,成为空调负荷。按照《浅谈地铁列车热负荷及计算》一文的案例计算,列车在隧道内发热量占60%,在站台区域发热量占40%[7]。

从地铁车站热负荷变化规律来看,首先与普通地上民用建筑相比,由于基本不受室外太阳辐射的影响,热负荷变化并非为某一天的单峰曲线,而是常常呈现出与早晚高峰一致的双峰或多峰曲线,主要原因如下:

(1) 人员散热负荷与人员总数量呈现直接相关关系,客流密集车站人员热负荷可占大系统总负荷的40%以上,因此早晚上下班高峰时人员数量急剧增加带来较高强度人体散热负荷。

(2) 热负荷同时还与当时室外空气焓值有关,因此《地铁设计规范》(GB 50157—2013)中规定"地铁车站公共区……夏季空调室外计算干球温度,应采用近20年夏季地铁晚高峰负荷时平均不保证30 h的干球温度;夏季空调室外计算湿球温度,应采用近20年夏季地铁晚高峰负荷时平均不保证30 h的湿球温度"。按照规范之后的条文说明中所述,《民用建筑供暖通风与空气调节设计规范》(GB 50736—2012)中每年不保证50 h的干球温度一般出现在12点至

14 点之间,此时并非地铁客运高峰,北京、上海及广州地铁统计数据表明此时客运负荷仅为晚高峰负荷的 50%～70%。所以,高峰时刻对应的室外空气焓值也将影响热负荷。

(3) 热负荷还受地铁车站周边综合因素影响,由于城市地铁车站选址考量因素多,并不能保证所有地铁车站周边商业、工业等条件一致,故随地铁车站周围人口、岗位构成、生活习惯、能否换乘等多方面因素影响,车站均有其自身特有的高峰分布规律,如文献《地铁车站公共区通风空调系统空调负荷计算》中,作者调研得到东莞某地铁车站在一天内具有 4 个高峰,所以热负荷计算估计时需要进行调研[8]。

地铁车站热负荷变化规律的另一特性是与地面建筑相比,空间环控设定参数要求稍低,但运行持续时间长。由于乘客从进站、候车到上车在地铁车站停留时间不会很长,《地铁设计规范》(GB 50157—2013)认为此时只需要满足暂时舒适要求即可。所以,在设计地铁车站空调系统时,站厅公共区域的空气计算温度应低于空调室外空气计算干球温度 2～3℃,且不应超过 30℃,站台公共区的空气计算温度应低于站厅 1～2℃,地铁车站及区间隧道可不设供暖系统。但是,地铁车站从早晨到夜间持续处于运行状态,《城市轨道交通运营管理规范》(GB/T 30012—2013)规定,运营单位应当确保全天运行时间不少于 15 h,相较于常规办公建筑的 8 h 运行模式,地铁车站内热负荷作用的持续时间大大延长,这将对地铁车站周围围护结构的蓄放热情况产生影响,因此需要第二天运行的机组启动来处理负荷[9]。

综上所述,地铁车站热负荷在围护结构负荷计算方法上不同于地上建筑,同时增加了列车产热这一特殊热源;而在热源作用时间上存在持续时间长、呈现双峰或多峰曲线分布等特征。以上特性都需要在暖通空调的工程设计中通过有针对性的设计予以满足,实现环控目标。

4.1.2 地铁车站的湿负荷特性

由于地铁车站位于地下,其湿负荷主要来源除了人员散湿外,还有车站围护结构或隧道内壁面渗水蒸发造成的湿负荷。

地铁车站湿负荷变化特征与人员数量变化规律密切相关,总体上与热负荷类似,都呈现与地铁车站高峰类似的变化规律,其分布影响因素可参考本书第 4.1.1 节相关内容。

对于围护结构带来的湿负荷,主要包括施工余水、贴壁衬砌渗漏水及离壁衬砌层外湿空气的渗透散湿等。其中,施工余水来源于地下建筑工程构筑物、混凝土搅拌、砖砌衬套等施工过程中参与水化反应后游离存在的水,一般可通过建筑物竣工后运行一定时间相应设备进行加热、通风、去湿等措施予以消除。衬砌渗漏水来源于建筑物周围岩石或土壤中的地下水,通过壁面衬砌的裂缝、施工缝、伸缩(沉降)缝等渗漏到结构内部,对此需要通过引水及防水堵漏措施予以消除。由于施工余水蒸发后,在衬砌层留下了微小的毛细管,岩石裂缝水及土壤中的水分通过毛细孔渗透到内壁面,散发到室内形成湿负荷,这部分湿负荷是地下建筑较长时间内存在的湿负荷,一般来说按照经验数据,单位面积散湿量可按 2 g/(m² · h)计算。衬砌层外湿空气渗透散湿则是当衬砌层外存在空间时,此处的空气由于土壤中水分蒸发变成了饱和状态的潮湿空气,当水蒸气分压力高于工程内部压力时,在压差作用下潮湿空气进入工程内部,对此可以按照经验值 0.5 g/(m² • h)的壁面散湿量估算[10]。

对于没有加装屏蔽门的地铁车站,还有一部分湿负荷将由列车活塞风带来,其主要由地铁区间隧道壁面向隧道内空气散湿,经由列车前进推动空气向地铁车站流动,从而成为地铁车站的湿负荷,故此项湿负荷与列车频次、壁面散湿量等因素有关。该湿负荷也将呈现周期性特征,列车每一次进站都将裹挟潮湿空气进入站台,即使加装了屏蔽门,也可通过开门的间隙渗透进入。

综上所述,地铁车站湿负荷特性主要有三点:①人体散热由于是主要湿源,故湿负荷变化与人员数量变化规律密切相关,同样随人流变化存在双峰或多峰分布;②由于地铁车站处于地下这一特殊环境,土壤中多种来源的水分容易渗透或蒸发进入室内成为湿负荷;③地铁周期性运行产生的活塞风将隧道内湿空气挤入车站形成周期性湿负荷。

4.2 地铁车站的污染物特征

4.2.1 地铁车站及车厢的空气品质要求

地铁车站是乘客短暂停留的区域,其内部环境质量直接影响乘客等候的舒适性。地铁车站环境较为密闭,污染物不易自主排除。车站人员密度变化较大,使得车站环境质量存在波动。此外,车辆进出站的过程中活塞风也会引起站台周边气流扰动,由此可能造成送风死角(形成局部污染物的滞留区)。同时,活塞风也会对站台人员的热舒适造成影响。

地铁车站内空气品质的好坏可以通过车站内污染物浓度和乘客的主观评价来反映,影响评价结果的因素主要有以下几个方面:首先,地铁车站内污染物的浓度不仅与车站使用的建筑材料、通风系统设计、车站运行特点等"内部"条件相关,也与地铁车站所处的地域、气候、室外空气环境等"外部"条件方面相关。其次,地铁车站内时刻变化的空气温湿度、通风状况、客流量、噪声、光照及振动等环境因素也会影响污染物的散发与传播,进而影响乘客的主观感受。再次,乘客自身生理和心理等方面的因素也会进一步影响其对地铁车站内空气品质的评价。上述各因素之间的主要关系,可用图 4-2 表示。最后,值得一提的是,地铁车厢作为连接乘客往返于两个或多个地铁车站的媒介,车厢内的空气品质也会影响乘客在整个地下交通空间中(地铁车站+地铁车厢)对空气品质的整体评价[11]。

目前,对于地铁车站内空气质量并没有相关的标准明确规定,主要依靠《公共场所卫生检验方法第 6 部分:

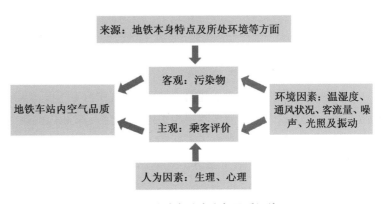

图 4-2　地铁车站内空气品质评价

卫生监测技术规范》(GB/T 18204.6—2013)、《公共交通等候室卫生标准》(GB 9672—1996)、《地铁设计规范》(GB 50157—2003)、《室内空气质量标准》(GB/T 18883—2002)等来规范地铁内和地铁站台的空气质量。表 4-1 是国内外地铁车站空气质量标准汇总。

表 4-1 地铁车站空气质量标准汇总

标准		TVOC /(mg·m⁻³)	PM₂.₅ /(mg·m⁻³)	CO₂ /%	CO	PM₁₀ /(mg·m⁻³)
公共交通工具卫生标准(GB 9673—1996)				0.15	10 mg/m³	0.25
地铁设计规范(GB 50157—2003)				0.15		0.25
室内空气质量标准(GB/T 18883—2002)		0.60 (8 h)		0.10 (24 h)	10 mg/m³ (1 h)	0.15 (24 h)
WHO/Europe		0.3		0.10	90 ppm(15 min) 50 ppm(30 min) 25 ppm(1 h) 10 ppm(8 h)	
ASHRAE Std 62.1—2007			0.015(1 a)		9 ppm(8 h)	0.05(1 a)
加拿大			0.1(1 h) 0.040(L)	0.35(L)	11 ppm(8 h) 25 ppm(1 h)	
中国香港地区(8 h)	卓越级	0.2		0.08	2 mg/m³	0.02
	良好级	0.6		0.10	10 mg/m³	0.18
新加坡				0.10(8 h)	9 ppm(8 h)	0.15
日本(建物卫生管理法)				0.10	10 ppm	0.15
澳大利亚(NHMRC)				0.08	9 ppm(8 h)	TSP 0.09(1 a)
瑞典		0.05~1.3		0.1	2 ppm	

4.2.2 主要污染源及污染水平

地铁车站作为一种地下建筑,其室内空气中存在 CO、CO₂、挥发性有机物、甲醛和细菌等污染物。由于我国目前尚未制定相关地铁站台及车厢内的空气质量标准来对其浓度限值,因此地铁内的空气质量也常处于不适宜人们长时间停留的水平。根据文献《上海地铁站台环境质量分析》(2009 年)结果显示,测试站台的 $PM_{1.0}$,$PM_{2.5}$ 与 PM_{10} 平均浓度分别达到了 234 $\mu g/m^3$,293 $\mu g/m^3$ 和 372 $\mu g/m^3$,颗粒物浓度超标较为严重[12]。其中,地铁人民广场站最严重,其 PM_{10} 的平均浓度达到了 825 $\mu g/m^3$,是《地铁设计规范》(GB 50157—2003)中限值的

3.3 倍,更是《室内空气质量标准》(GB/T 18883—2002)中限值的 5.5 倍。以下是主要污染物的污染源及特征分析。

1. CO

CO 主要来源是燃料的不完全燃烧,同时还伴随着外界 CO 的渗入。由于地铁和其他地面交通相比,存在通风不畅的问题,因此地铁车站内的 CO 不易排出。但由于地铁车站内部不存在燃烧现象,因此,CO 的浓度基本上与室外的浓度相近。

2. CO_2

CO_2 是地铁车厢内空气的主要污染物,主要来源是人体呼吸。地铁车厢内 CO_2 含量与人员密度呈正相关关系。CO_2 本身无毒无味,但是空气中 CO_2 含量超标会使人体中枢神经受刺激,乘客会出现疲劳、头晕、肌肉无力、呼吸困难等症状,严重时还会导致窒息。

目前,《地铁设计规范》(GB 50157—2003)中,对地铁车厢中 CO_2 浓度的要求是不得超过 0.15%,但是在高峰时间监测显示,当车厢内人员达到饱和状态时,车厢内 CO_2 浓度远远高于规范中规定的最高值。

客流密度大,通风系统运行不佳和新风量不足等原因都会导致大量 CO_2 难以排出,积聚在站台影响室内空气质量。地铁站台中的 CO_2 同样主要来源于人员的呼吸,其浓度与客流量和室内的通风状况直接相关。调查研究表明,地铁站台 CO_2 浓度与客流量呈正相关性[13]。

3. VOCs 和甲醛

VOCs 即挥发性有机化合物,其成分多出现于地铁车站所使用的内装饰材料中,如复合木板、塑料制品、人造地毯等。随着时间的推移,内装饰材料中的 VOCs 会缓慢释放到室内空气中,对人体健康造成巨大影响。

甲醛是生活中常见的室内污染物之一。地铁车站中的甲醛主要来源是车站在建设的时候,使用的建材、装饰材料、保温材料、涂料、油漆、人造板和黏合剂等释放出来的。

4. 可吸入颗粒物

在地铁环境中,颗粒物浓度过大是不可忽视的问题。在我国,考虑到地铁客流量大、人员密度高的特点,《地铁设计规范》(GB 50157—2003)中 PM_{10} 建议值为 25 $\mu g/m^3$,高于室内空气质量标准所规定的 15 $\mu g/m^3$。然而,上海某地铁线内 PM_{10} 的平均浓度范围为 116～975 $\mu g/m^3$,均值为$(372\pm209)\mu g/m^3$,严重超标。

地铁内颗粒物的主要来源包括:外界道路上机动车排放的尾气通过地铁空调的送风系统送入;地铁行进过程中车轮与铁轨摩擦产生的细颗粒物;地铁维护过程中产生的细颗粒物;地铁站台内由外界进入的粉尘等。其中 $PM_{2.5}$ 所占比例很大,约占 PM_{10} 的 75%,说明地铁站台内可吸入颗粒物中主要由粒径小于 2.5 μm 的细颗粒物组成,对乘客的身体健康形成较大威胁。有相关研究指出,客流量大时,也会导致颗粒物浓度普遍较大。因此,地铁站台内的通风系统空气过滤段的设计和运行应能满足大客流量的要求。研究发现,轨道交通系统空气颗粒物其毒性远大于周围环境中颗粒物的毒性,另外,其毒性可能与所吸附的有毒物质相关[14]。

ASHRAE 认为，地铁车站环境中细颗粒物比重偏大的原因主要与地铁的运营方式有关，车轮与铁轨的摩擦、封闭的运行轨道等都会导致细金属颗粒物的产生和聚集。如果通风系统设计不当或运行不良时，来自隧道和通风系统的颗粒物将悬浮于空气中难以排出室外，容易导致地铁环境中颗粒物浓度过高。而且，每当有列车驶入站台时，气溶胶检测仪的读数都会有一定的增加，说明隧道中含有大量颗粒物并且会随着列车进站而带入站台。为了阻止颗粒物从隧道自由进出站台，可以使用屏蔽门系统降低地铁车站内颗粒物的浓度。

此外，为了便于市民出行，地铁车站大多设置在人流大且与地面交通换乘方便的地方。同时，由于条件限制和城市景观要求等，使地铁车站新风井的设置位置较低，如图 4-3 所示，新风口处于 PM_{10} 的高质量浓度区，这也是地铁空调送风口 PM_{10} 较高的另一原因。有研究表明，空调送风中 PM_{10} 与隧道区间和站台呼吸带的 PM_{10} 呈正相关，车站空调送风的污染物来自新风井的室外新风和隧道风漏入，环境可吸入颗粒物的背景浓度较高，使空调送风的 PM_{10} 亦较高[15]。

图 4-3　地铁通风风亭

5. 氡

地铁工程中氡的来源与地面建筑中氡的来源大致相同，其内部空气中氡的来源主要考虑地铁工程围护结构外部的岩石、土壤和地下水，内部结构的建筑材料与装修材料等。

地质条件的不同影响着氡的浓度，铀含量较高的地区，氡及其子体的浓度也会随着升高，并且铀系的半衰期非常长，如果选址在铀、镭含量高的地质区，产生氡的危害是持续的，并且不容易根除。地铁车站空气中的氡浓度不仅和底层、建筑材料及水源等的含镭量有关，还和材质的物理性质（如孔隙率、孔隙大小等）、环境条件（温度、湿度、大气压等）、时间因素（季节、昼夜变化）以及室内的通风条件相关。全年各个阶段中，4—6 月和 7—9 月累积氡浓度明显低于 1—3 月和 10—12 月，氡浓度也可能随着环境温度的升高而降低，一般冬季高于夏季，通风条件差的高于通风条件好的[16]。

6. 微生物

地铁车站属于地下建筑，所处的环境大多阴暗潮湿，无法获得阳光强烈照射，易导致细菌和真菌的生长繁殖。一般而言，客流量大的地铁车站其微生物数量明显高于人流量相似的地面车站[17]，也明显高于客流量较低的地铁车站[17]。据有关研究统计，在一天中，地铁车站微生物数量分布的高峰时段对应了上下班高峰期，这也是地铁最为拥挤的时段。由于地铁车站内微生物污染很大程度上来源于人员的活动，因此将其空间划分为工作人员活动区及乘客活动区进行比较，分析发现工作人员活动区的真菌与细菌浓度普遍高于乘客活动区，且两区微生物浓度均高于室外水平。人体发菌量受很多因素的影响，如季节、衣着、运动幅度、性别等均会对人体发菌量有所影响。日本学者吉泽晋及其他学者均曾对人体发菌量进行了一些研究,结果如表 4-2 所列。

表 4-2　　　　　　　　　　　　　一些人体发菌量实验的研究结果总结

实验者	试验场所	发菌量/(粒·min^{-1})			
Riemersnider	实验柜内	日常着装　3 300~62 000			
		无菌服　1 820~6 500			
Bethune	小室内	动作	测定部位	男	女
		静立	上半身	63	60
			下半身	95	58
		活动	上半身	238	120
			下半身	590	280
正田、吉泽	小室内	静立　10~200			
		步行　600~1 700			
		跑步　900~2 500			

同时,地铁车站送风过程中的细菌和真菌来自室外及隧道的地面、土壤和空气的可能性较大。有调查发现,空调送风口与隧道区间真菌总数呈正相关。另外,空气中的可吸入颗粒物也可作为细菌和真菌的载体,室外颗粒物随气流进入室内,致使部分车站站厅、站台送风口的细菌总数、真菌总数和 PM_{10} 指标超标。

总体来说,影响地铁车站内空气质量的因素主要来自两个方面:一是车站内各种材料散发的空气污染物相互作用;二是空调系统的设计不合理,运行或维护不及时或不恰当。地铁车站内主要的污染源包括地铁内建筑材料、人体、空调设备等。建筑材料中保温材料和装饰材料挥发出的甲醛、苯等物质有致癌的危险;人体散发物主要是 CO_2,同时在气温较高的时候,人体出汗散发出的汗臭味也是不良气体的源头之一。同时,隧道内的灰尘、地铁运行中产生的 CO 等有害气体也是站内的重要污染物。这些污染物如果不能得到有效排除,对地铁车站内的空气质量将会产生不良影响;另外,空调系统若不及时清理,也极易滋生微生物和细菌,再加上人员流动性大,这些细菌会导致疾病迅速传播,对人体造成健康危害。表 4-3 是对地铁车站内各类污染物的来源及其危害的简单归纳。

表 4-3　　　　　　　　　　　　　地铁车站内污染物来源及危害

污染物	主要来源	危　害
CO	室外	有毒,与血红蛋白结合,造成血液缺氧
CO_2	室外、乘客呼吸	含量过多会导致呼吸困难,严重时甚至导致窒息
VOCs	室外、站台及车厢材料、涂料	种类繁多,浓度高时影响人体中枢神经系统和呼吸系统

续　表

污染物	主要来源	危害
甲醛	车厢涂料、车站内装饰材料	刺激性,引发人体不适症状;有毒性,破坏人体免疫力
可吸入颗粒物	室外、站台、地铁隧道、人员	致病化合物载体,含重金属,易进入人体呼吸道及肺部,伤害呼吸和心血管系统
氡	土壤、岩石、地下水、装饰材料	产生氡子体,损害皮肤,诱发皮肤癌,释放射线,破坏人体组织
微生物	室外、人员携带、空调系统	引发并传播疾病、影响身体健康,微生物活动会产生异味
异味	乘客、微生物新陈代谢	对黏膜有刺激性,引起人体不适

4.3　地铁车站的运营通风、空调设计

　　早期的地铁车站环境调控仅靠自然(活塞效应)通风,或在后期改造工程中安装机械式强制通风设备作为最终解决措施。尽管自然通风能够在一定程度上使地铁车站、隧道的热环境满足要求,但是活塞效应被利用的程度与地铁运行情况、土建结构均有密切关系[18]。早期,地铁客流量小、隧道阻塞比大、列车功率小、散热量少、轨道以单线单洞居多,这些因素都使得地铁车站内部有比较大的活塞风量,热湿负荷较小,因而大部分时间采用自然通风能够满足通风要求。

　　随着人口增长以及世界各大城市交通的日益拥挤,这就要求地铁系统以更高效的方式运行,主要包括提高车速、缩短同向行驶列车之间距离、提供更大的客运量。然而,机车功率与速度增加量的平方成正比关系,除非采用能量循环装置,否则列车运行时释放的能量都将转化为热能而最终排放到地铁车站中[19]。在大多数地铁系统中,地铁车厢内安装有空调器,这也造成了地铁产热量的大幅度增加,使得地铁线路内空气温度迅速上升、四周壁面温度也迅速升高。同时,双线、多线轨道形式逐渐增多,导致地铁隧道阻塞比变小,活塞风量减少,自然通风的作用也被削弱。此外,人们对地铁乘车环境舒适度的要求也越来越高,这就提高了对地铁环境控制的要求[20]。

　　地铁车站通风空调系统、隧道通风系统又称地铁环控系统。地铁环控系统可分为开式系统、闭式系统和屏蔽门系统。地铁中央空调主要流程如图4-4所示。

　　地铁环控系统应具备以下功能:

　　(1)当列车正常运行时,应保证地铁内部空气环境在规定的标准范围内;

　　(2)当列车阻塞在区间隧道内时,应保证对阻塞区间进行有效通风;

　　(3)当列车在区间隧道内发生火灾事故时,隧道应具备排烟、通风功能;

　　(4)当车站内发生火灾事故时,车站应具备排烟、通风功能。

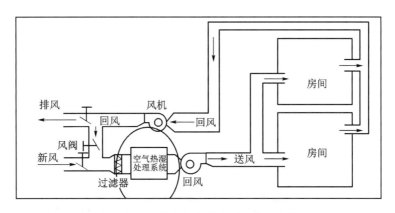

图 4-4　地铁中央空调主要流程示意图

4.3.1　地铁车站通风空调设计中的开式系统与闭式系统

开式系统分为带空调和不带空调两种方式。

不带空调的开式系统就是在地铁沿线车站与车站之间设置多座通风井,借助列车在隧道内运行所产生的"活塞效应"或采用机械通风的方法,使地铁内空气与外界空气相互连通,利用外界空气冷却车站和区间隧道。其多用于当地最热月平均温度低于 25℃ 且客运量很小的地铁系统,即室外空气的焓值始终低于地铁内空气的焓值,才可能利用通风的方法维持地铁环境内一定的温湿度标准。

带空调的开式系统在地铁沿线车站与车站之间设置通风井,车站内有空气调节。正常运行时,所有通风井全部开启,让外界空气和隧道内空气进行交换。按通风井设置的数量,又分为双风井和三风井。双风井的设置形式与闭式环控系统完全相似,不同点在于风井的风门在正常情况下是开启的,允许外界空气进入隧道,其风门仅仅用于堵塞或发生事故时上下隧道通风的切换。三风井类似于双风井开式环控系统,不同的是在车站与车站之间(约在区间隧道中点附近)多设置一口风井,该中间风井的机房位于地面层。

闭式系统指地铁内部基本与外界空气不连通,仅在车站两端设置端头活塞风井,以保证闭式系统在开式与闭式运行工况之间切换。闭式系统多用于当地最热月平均温度高于 25℃,客运量较大,高峰时间每小时的列车运行对数和每列车的车辆数的乘积大于 180 的地铁系统。车站内采用空调系统,在车站两端设置新风井和排风井,保证空调系统进排风畅通无阻。车站空调系统采用焓值控制,在闭式与开式工况之间转换运行。当外界空气焓值大于空调回风焓值时,采用最小新风量运行;当外界空气焓值小于空调回风焓值且高于空调送风焓值时,启动全新风机,采用全新风运行;当外界空气干球温度低于空调送风温度时,在开式工况下采用全通风运行。区间隧道依靠列车离站时产生的"活塞效应",将一部分车站内空调冷风带入隧道,从而降低区间隧道内的空气温度[21]。

4.3.2　采用屏蔽门系统的车站通风空调设计

地铁环控系统由最早期的开式、闭式系统逐渐发展到现在的屏蔽门系统,而屏蔽门系统正逐渐得到大家的认可,尤其在气候炎热的高纬度地区,屏蔽门系统节能效果明显[22]。

屏蔽门系统是指在车站站台上设置与列车车门联动启闭的屏蔽门,将站台与轨道隔开,车站内的通风空调系统相对独立运行。空调季节,车站空调系统为少量新风或全新风状态运行;非空调季节,车站空调系统为全通风状态运行。

目前,各国设置的屏蔽门系统主要有敞开式和全封闭式两种类型,如图 4-5 和图 4-6所示①。

图 4-5　敞开式屏蔽门　　　　　　　　　图 4-6　全封闭式屏蔽门

敞开式屏蔽门有利于站台和区间的通风和排烟,对于气候较为凉爽的城市而言,其地铁站台会选择这样的屏蔽门形式,如英国地铁、巴黎 14 号线无人驾驶系统等[23]。

全封闭式屏蔽门安装在站台侧面,从地板到顶棚全部封闭起来。这不仅能增强乘客的候车安全,而且对于采用空调系统作为主要环控手段的地铁车站而言,具有明显的节能作用。韩国地铁、新加坡地铁均选用全封闭式屏蔽门,且韩国允许电子虚拟商店进驻地铁车站,通过充分利用屏蔽门空间,为其增添了附加功能,从而不再过于单一,又增强了趣味性。国内地铁屏蔽,除了南京地铁的某些站点采用了半高式的屏蔽门外几乎都采用了全封闭式屏蔽门[24]。

屏蔽门系统将地铁环境分成两个区,地铁的通风空调系统也相应地被分成两个部分,因而其运行方案也将与通常的开式系统不同。由于季节变换、列车运行密度和客流量的变化,地铁车站内产生的热量、湿量和所需的新风量也是变化的。因此,在不同情况下,需要将地铁车站通风空调系统以不同的方式来运行。在夏季,地铁车站的站台公共区与停车区域之间设置一道屏蔽门,可把大量的列车产热量阻挡在屏蔽门之外,从而能显著降低地铁车站公共区的空调负荷。一般来讲,屏蔽门系统的夏季空调负荷大约只占不设置站台屏蔽门系统的空调负荷的三分之一,从这个角度来说,屏蔽门系统减小了空调设备的容量,降低了初投资,同时,夏季空

---

① 图片来源:http://www.fangda.com/zdhxt/sybannernr/1884.html。

调的运行费用也大大降低[25]。

4.3.3　地铁车站区间活塞风及自然通风的利用

地铁车站区间活塞风是指当列车在隧道内行驶时,列车正面的空气受压,形成正压,列车后面的空气稀薄,形成负压,由此产生空气的流动。由于隧道对空气的束缚作用以及空气与隧道壁面和列车表面的摩擦作用,原先占据着列车空间的空气不能像在隧道外那样及时、顺畅地扩散,而是形成一股特定方向的气流在隧道内穿行,就好像活塞在汽缸内做往复运动,因此这股气流又被称为活塞风,如图 4-7 所示。

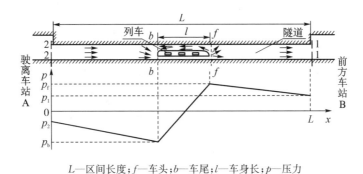

L—区间长度;f—车头;b—车尾;l—车身长;p—压力

图 4-7　地铁列车在区间隧道内运行过程中的压力分布[26]

地铁活塞风的大小与列车在隧道内的阻塞比、列车行驶速度、列车行驶时所受的空气阻力、空气与隧道壁面间的摩擦力等因素有关。

活塞风速较大的过渡季,区间隧道气温与壁温之差小于夏季和冬季,区间隧道气温和壁温在高峰时段要高于非高峰时段。活塞风井温度场受室外气温影响显著,非高峰时段温度较高;分流风井平均温度高于吸风风井;迂回风道的平均温度在高峰时段高于非高峰时段[27]。站台层紧靠区间隧道,受活塞风影响较大,列车匀速运行时,站台风速不变;列车变速运行时,站台风速随车速和列车位置变化。列车进站时,站台升温明显,且高峰时段的平均温度高于非高峰时段。站厅层速度场和温度场受活塞风影响较小。站厅风速在进站车况下变化相对明显,温度随车况变化的趋势与站台层及室外温度有关。根据客流量、行车对数和室外温度影响的相对强弱,站厅温度呈现出高峰时段或非高峰时段较高这两种趋势。活塞风对楼梯速度场和温度场影响显著,楼梯速度场和温度场随时段的变化规律与楼梯类型有关。出入口也受活塞风的影响较大,而相比于车站其他单元,出入口温度场受室外气温影响最明显。

活塞风对地铁环控影响复杂,活塞风通过站台和出入口引起地铁能耗的变化,是地铁能耗的重要影响因素。一方面,活塞风有利于地铁区间隧道的通风,尤其对于过渡季的开式系统和屏蔽门系统,可以有效地与外界进行热量交换,节约风机的能耗,而夏季闭式系统中也可以利用活塞风携带一部分车站空调冷风进入隧道,从而冷却隧道内的空气,保证车辆空调设备的正常运转;另一方面,活塞风在列车进站和出站过程中,将隧道内热量带入站台,通过出入口带入室外空气,对地铁车站环控会造成不利影响,增加环控系统能耗,这一点尤其在夏季闭式系统中较为明显。而统一将闭式系统改成屏蔽门系统,虽然可以减少活塞风引起的站台冷量损耗,但又有可能导致区间隧道内温度过高,过渡季和冬季车站新风不足,空气品质下降等问题。因此,有效控制和利用活塞风是非常重要的[28]。

对于闭式系统而言,减少活塞风对各单元速度场影响程度的措施有:降低列车车速、阻塞比、车长、行车对数以及活塞风井面积,或增大车站规模。增强过渡季活塞风对各单元温度场降温效果的措施有:降低列车车速、阻塞比、行车对数、室外温升,或增加车长、活塞风井面积。

通过在地铁区间隧道内靠近地铁列车驶出一侧增设活塞风井,并根据室外气象条件以及隧道内地铁列车的运营状况,科学合理地控制活塞风井风阀的开/闭,可实现对活塞风在不同季节的有效利用与控制[26]。当地铁列车未经过活塞风井前,地铁列车车头前方隧道内均为正压区,隧道内大量的废热空气可通过前方的活塞风井排至室外大气中;当地铁列车车头越过活塞风井后,地铁列车车身及车尾处于负压区,活塞风井由向大气排风逐渐转为向地铁隧道内送风,从而引入大量室外温度较低的空气,抵消隧道内热负荷。因此,如果在隧道内合理设置并设计活塞风井,即可有效利用活塞风将一部分地铁列车运行过程中产生的牵引废热通过活塞风井排向室外大气,并引入一部分室外冷却空气,达到控制地铁热环境的节能目的;同时,也可利用活塞风井泄压,减少活塞风压力对前方车站造成的不舒适性影响。

复合式屏蔽门系统(Conmbined Platfrom Screen Doors,CPSD)是一种在传统固定屏蔽门或滑动屏蔽门上部设置带可控风阀的通风口的屏蔽门系统。北京城建设计总院李国庆、张春生通过分析屏蔽门系统在实际应用中的利弊,并结合城市轨道交通对屏蔽门的新要求,首先提出了带风口的多功能屏蔽门的新构思[29]。在空调季节,屏蔽门上的通风口关闭,系统采用传统屏蔽门系统制式运行,不仅可以有效阻隔轨行区与站台空气流动,减少车站空调负荷的同时提高乘客候车舒适性,还可以减小空调机组装机容量,节约机房面积,减少初投资;在非空调季节,屏蔽门风口开启,系统采用开式运行,使隧道区域至地面人员出入口形成流动通道,活塞风随列车进出车站的同时扰动站台空气,从而为车站引入新鲜空气,以减少车站大系统设备的运行时间,达到节能目的。与传统屏蔽门相比,复合式屏蔽门的优势在于其在过渡季节可靠自然通风来维持地铁环境,节约了通风能耗;而与安全门相比,夏季地铁车站空调只需负责车站公共区,隧道内可靠自然通风或机械通风控制,使最高温度不超过40℃即可,从而大大降低了空调能耗。因此,整合了屏蔽门系统与闭式系统节能优势的复合式屏蔽门系统,适用于多种气候分区,实现全年节能运行[30-34]。

4.4 地铁车站的防排烟设计与人员逃生

地铁作为现代城市交通系统的重要组成部分,以其特有的运量大、速度快、安全性好等优点在城市经济生活中发挥着重要作用,成为大都市的交通主动脉。国外一些大城市经过100多年的建设,已形成较为完善的服务网络。随着我国经济的快速发展和城市交通问题的日益严重,轨道交通成为交通发展的必然趋势。目前,上海、北京、广州等城市已形成相当规模的轨道线网。以上海的地铁系统为例,截至 2018 年 3 月,上海共开通轨道交通线路 16 条(1～13号线、16～17 号线、浦江线),上海轨道交通全网络运营线路总长 673 km(地铁644 km＋磁浮29 km),车站数 395 座(地铁 393 座＋磁浮 2 座),换乘车站 53 座,并有 5 条线路延伸规划、4条线路新建计划。

但是,当地铁在带给人们出行便捷的同时,也存在诸多不安全因素。国内轨道交通建设的蓬勃发展,已将地铁运营安全问题提到了一个前所未有的高度。现代地铁系统在建设和运营期间可能发生的灾害主要有自然灾害(包括水淹、台风、地震、雷击、滑坡等)与人为灾害(包括火灾、爆炸、工程事故、行车事故等),从全世界地铁多年的事故统计数据来看,其中发生频率最高、发生后造成危害损失最大的是火灾事故,如表 4-4 所列[35]。

表 4-4   20 世纪 90 年代以来世界各国发生的典型地铁火灾事故

时间	火灾地点	起火原因	伤亡损失
1990.07	中国四川铁路隧道	列车油罐爆炸起火	4 人死亡 20 人受伤
1991.04	瑞士苏黎世地铁	列车电线短路,停车后与另一列地铁列车相撞后起火	58 人重伤
1991.08	美国纽约地铁	列车脱轨	5 人死亡,155 人受伤
1995.04	韩国大邱地铁	施工时煤气泄漏发生爆炸	103 人死亡,230 人受伤
1995.10	阿塞拜疆巴库地铁	列车电器设备故障	558 人死亡,269 人受伤
2000.02	美国纽约地铁	不详	各种通信线路中断
2000.11	奥地利萨尔茨堡地铁	电暖空调过热时,保护装置失灵	155 人死亡,18 人受伤
2001.08	巴西圣保罗地铁	不详	1 人死亡,27 人受伤
2003.1	英国伦敦地铁	列车撞上月台引发火灾	32 人受伤
2003.02	韩国大邱地铁(图 4-8)	精神疾病患者纵火	198 人死亡,146 人受伤
2004.02	俄罗斯莫斯科地铁	自杀式恐怖袭击	50 人死亡,100 多人受伤
2005.07	英国伦敦地铁	连环爆炸	52 人死亡,700 人受伤
2006.08	西班牙巴伦比亚地铁	列车超速致脱轨	41 人死亡,47 人受伤

依据国内外相关研究成果可以得出如下结论:影响地铁车站火灾烟气扩散的主要因素有环境因素、人为因素、物品因素、设备因素及管理因素等 5 大方面[36]。

1. 环境因素

地铁车站不是一个独立的环境,它还可能与地下商城相连或是与地面商场构成一体。这些关联的场所一旦发生火灾,地铁车站也会被波及,就需要采取应急行动。由于地铁处于地下,空气含氧量低,湿度大,因此地铁的运营设备比地面建筑物的要复杂得多。除了需要抵抗自然灾害因素影响,还要考虑社会环境。社会环境危险因素主要是指恐怖组织、社会不法分子对地铁的威胁,地铁车站所在区域的治安等。

图 4-8 韩国大邱地铁纵火案现场图①

2. 人为因素

可以将地铁车站内的人员分成工作人员以及乘客这两类进行讨论。从工作人员的角度来说,火灾发生前,工作人员对危险源的判断能力不足,巡查、安检、对设备物品的检查监测等工作不到位,管理人员渎职、玩忽职守等都会导致无法及时发现危险源的情况发生;另外,火灾发生时,工作人员的心理素质、身体素质、具备的知识和技能、救护能力(自救及互救)等也会直接影响火灾事故的严重性。从乘客的角度来说,这里指的是除了恐怖组织和社会不法分子之外的一般乘客,最重要的是要遵守地铁乘坐守则,不管是有意还是无意的违规行为,如违规携带易燃易爆物、在禁止吸烟区吸烟、违规堆放杂物等,都会危及自己和他人的生命安全。

3. 物品因素

地铁车站内的商铺、广告板、垃圾桶、车站及车厢内所使用的装饰材料等均是危险源,且是地铁车站固有的危险源。除此之外,乘客穿的衣物、随身携带的塑料制品、纸制品以及违规携带的易燃易爆物等,这些可视为移动式的危险源。

1987 年 11 月 18 日,伦敦国王十字地铁车站发生火灾,如图 4-9 所示。该地铁车站自动扶梯起火的原因很有可能是一根被丢弃的火柴。当时伦敦地铁里是可以吸烟的,少数人的恶习却是致命的,这场火灾最终导致 31 人被活活烧死,12 人严重烧伤。这起火灾事故是伦敦地铁自 1975

图 4-9 伦敦国王十字地铁车站火灾现场照片②

---

① 图片来源:百度百科 韩国大邱地铁纵火案 https://baike. baidu. com/item/%E9%9F%A9%E5%9B%BD%E5%A4%A7%E9%82%B1%E5%9C%B0%E9%93%81%E7%BA%B5%E7%81%AB%E6%A1%88/7895054? fr=aladdin。

② 图片来源:维基百科 伦敦国王十字火灾 https://en. wikipedia. org/wiki/King's_Cross_fire。

年以来最严重的事故。事故发生后,政府颁布了地铁禁烟令,对安全规范也进行了彻底的修改:在车站中安装了烟雾探测器,设了监控室,木制的升降梯改为金属升降梯等。

4. 设备因素

设备因素大致可以分为三类:①运转设备,即与地铁列车运作息息相关的设备,包括机车、轨道、车站指挥控制设备等;②服务设备,即电梯、扶梯、通风、空调等设备;③应急设备。设备的首要危险因素是在设备的设计阶段是否达到功能和安全使用的要求。其次是设备投入使用后,随着设备的老化,故障在所难免,设备的安全隐患是长期存在的。对此,相关技术、操作人员是否定期对设备进行清洁、维护、保养工作。最后,应急设备是火灾发生后使用的,在火灾发生前只能依靠人对地铁车站的考量来配备应急装置,而技术人员难免会从安全、经济的角度看问题,这就有可能存在应急设备不足的问题或是由于工作人员的疏忽或是不以为意导致应急设备无法应急而带来严重的后果。

1987 年 4 月 20 日,俄罗斯莫斯科地铁发生火灾(图 4-10),起火原因是电路短路。当晚 8 点左右,往来于汽车工厂站和巴维列茨基站的一列列车的尾部车厢起火。幸运的是无人员伤亡,但造成了巨大的财产损失。巴维列茨基区南部也因此遭受重创,之后进行了大规模重建。本次火灾事故促成了自动消防系统"尖顶"的建立。到 1994 年为止,莫斯科所有地铁列车都配备了这套系统。

图 4-10 俄罗斯莫斯科地铁火灾①

5. 管理因素

管理的意义在于通过管理因素的改变来改变系统行为从而达到更高层次的安全系统状态。在火灾预防阶段,管理包括对以上各项危险因素的管理。安全管理方面最迫切的问题就是法规执行、员工工作完成得不到位,对人、设备、物品、环境的管理机制、事故预防以及紧急预案的制定不够完善,对工作人员的培训和面向乘客的安全宣传力度不够。

由国内外一些统计研究可以发现,地铁事故中地铁失火事件发生的频率较高,由各种原因引起的火灾事件占 66%[37]。图 4-11 显示了国际地铁事故原因占比图。地铁火灾事故中对人造成危险的往往是烟气和有毒气体,会让人窒息或中毒而亡。因此,有必要对地铁车站发

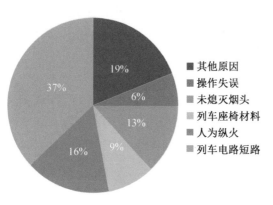

图 4-11 国际地铁事故原因占比图

■ 其他原因
■ 操作失误
■ 未熄灭烟头
■ 列车座椅材料
■ 人为纵火
■ 列车电路短路

① 图片来源:央视网 http://news.cntv.cn/2013/06/08/ARTI1370679596194819.shtml。

生火灾时的烟气扩散规律以及人员逃生进行深入的研究,为烟气的控制、人员逃生、火灾扑救提供一定的依据[38]。

4.4.1　地铁车站的烟气传播规律与防排烟设计

1. 烟气传播规律

从以往发生的事故来看,由于地铁车站人流密度高、地下空间的相对封闭,地铁车站一旦发生火灾,造成的损失往往是惨重的。同时,火灾事故的人员伤亡也会给经济增长和社会进步带来负面影响。因此,加强地铁火灾防治、人员疏散、应急救援等系列课题的研究,提高地铁系统的安全性、完善应急救援机制,是我国地铁建设形势的需求,对加强我国地铁系统安全运输管理,提高地铁系统紧急防护能力具有重大现实意义[39]。

地铁车站火灾的危害主要是热量、烟气和缺氧,其中以烟气所造成的人员伤害比例最大。阿塞拜疆巴库地铁火灾、韩国大邱地铁火灾的调查结果均表明,大部分人员伤亡主要是因为吸入了高温、有毒气体而造成的。

烟气是物质在燃烧反应过程中由热分解生成的含有大量热量的气态、液态和固态物质与空气的混合物。它是由极小的炭黑粒子完全燃烧或不完全燃烧的灰分及可燃物的其他燃烧分解产物所组成。在火灾现场,烟气对人员的侵袭主要体现在如下几方面:

1) 烟气毒性

当烟气中含有的 CO,HCN,SO_2,NO_2 等有毒气体达到一定浓度时,就会使人中毒,更严重者让人窒息死亡。国际卫生组织(World Health Organization,WHO)认定,对人体产生有害生理作用的浓度界限为:CO 0.15％~0.20％,CO_2 5.0％~6.7％。在此浓度范围内,可逗留时间为 30~60 min。另外,集中的有毒气体之间相互作用,可能会使毒性增强。

2) 烟气减光性

烟气中的小微粒对光有衰减作用,会降低火场内的能见度,从而影响疏散指示标志的照明强度以及人员行走速度。要能看清疏散标志,能见度必须达到 15 m;要使人能平稳行走,能见度需在 7 m 以上。所以,为了保障火灾发生时现场人员的安全疏散和消防作业的正常开展,最低能见度必须保证在 7~15 m 之间[40]。

3) 高温和热辐射

热烟气产生的温度和热辐射对人的影响也很明显,加上地铁车站相对密闭,火灾烟气无法立刻排放出来,因而很容易导致地铁车站内部温度上升。向避难所疏散的人一般都会受到辐射热的影响。如果人体受辐射热的程度在 2.0 kW/m² 左右(该值相当于晴天时阳光直射时的 2 倍),则可以忍受很长时间。但是一旦达到 3.0 kW/m²,则人体的耐受时间可能不足几秒钟。昂德鲁斯给出单一温度下的人员耐受时间:140℃下为 5 min,115℃下为 20 min,70℃下为 60 min。而根据中华人民共和国公安部行业标准《建筑物性能化防火设计通则》,人体对烟气层等火灾环境的辐射热的耐受极限为 2.5 kW/m²,即相当于上部烟气层的温度为 180~200℃。人体对辐射热的耐受极限如表 4-5 所列。

表 4-5 人体对辐射热的耐受极限

热辐射强度	$<2.5\ kW/m^2$	$2.5\ kW/m^2$	$>2.5\ kW/m^2$
忍受时间	>5 min	30 s	4 s

由此可见,在火灾中,及时引导并排出火灾产生的高温烟气,对于保障火场现场的人员疏散具有重大意义。因此,了解和掌握地铁车站内火灾烟气流动的传播规律及其扩散特点成为地铁车站防排烟设计的重要基础。

烟气的流动扩散速度与烟气的温度和流动方向有关。烟气在水平方向的扩散流动速度,火灾初期阶段一般为 0.3 m/s,猛烈阶段为 0.5~3 m/s。烟气在垂直方向的扩散流动速度较快,通常为 3~4 m/s[41]。

地铁车站与地面建筑不同,它只有地下空间,建筑出入口少,客流量大,人员不易疏散。当地铁车站内发生火灾时,烟气流动由于受到站台周围壁面的限制,将会在地铁站台内产生一定的烟气蓄积,由于缺乏与外界相连的通道,热量不容易排出,易造成火源附近温度较高,从而可能对车站结构造成破坏。地铁车站内的通风条件不佳,将导致火灾燃烧时供氧不充分,产生大量不完全燃烧气体如 CO, NO_x 等,对人员的危害更大。

由于地铁车站通常是狭长形的多层结构,各层之间存在着一定的高度差,因此火灾烟气的流动既有距离较长的水平方向流动,又有竖直方向上的流动。如果没有启动烟气控制措施或者烟气控制效果不理想,当烟气降到挡烟垂壁以下时,会继续水平地向相邻防烟分区和通过楼梯口通道竖直地向起火层的上层蔓延,最终烟气将在热浮力的驱动下充满起火层及其以上的各层空间[42]。在烟气自然流动的情况下,站厅两侧的出入口会影响到站厅烟气的流动情况。地铁车站与地面的出入口既是烟气流向地面的通道,同时也是空气流入地铁车站的通道。地铁车站的出入口对于火灾烟气存在着竞争现象,其结果是一侧的出入口成为烟气流出的通道,而另一侧则成为空气流入站厅的通道。流入站厅层的烟气沿顶棚流动至地铁车站出入口后,流向地面。

影响地铁车站内烟气流动的主要驱动力有地铁车站内外温差引起的烟囱效应、热烟气的浮力、膨胀力和空气阻力等。

2. 地铁车站防排烟设计

地铁车站内控制火灾烟气蔓延的主要途径有防烟和排烟。防烟是采用具有一定耐火性能的物体或材料把烟气阻挡在某些限定区域,比如采用挡烟垂壁进行防烟分区的划分和在楼梯口设置一定高度的挡烟垂壁,阻挡烟气向上层蔓延。排烟则是使烟气沿着排烟竖井或管道排到建筑外,使之不对人体产生不利的影响。地铁车站内的排烟有自然排烟和机械排烟两种形式。自然排烟适用于烟气具有足够大的浮力、可以克服其他阻碍烟气流动的驱动力的区域。通常广泛采用的是机械排烟,虽然这种方法需要增加很多设备并会增加地铁车站的运营成本,但却能有效克服自然排烟的局限性[43]。

烟气在蔓延过程中会不断将周围的新鲜空气卷吸到烟气层中,使烟气总量逐渐增加。因此,理论上防烟与排烟装置的位置离起火点越近,越有助于控制烟气的蔓延。地铁车站内部空间结构非常复杂,在不同的功能区域可采用不同的防排烟方式或几种方法结合。

1) 挡烟垂壁

固体壁面是一种被动式防烟方式,它们能使离火源较远的空间不受或少受烟气的影响。固体壁面挡烟可以单独使用,同时也是加压防烟的基本条件,二者需要配合使用。

地铁车站公共区内的固体壁面挡烟主要设置在站厅和站台顶部以及楼梯口通道下边缘处。《地铁设计规范》(GB 50157—2013)规定,防烟分区可采取挡烟垂壁等措施,下垂高度不应小于 500 mm[44]。图 4-12 为某地铁车站楼梯口下边缘以透明材料制成的挡烟垂壁。

图 4-12 某地铁车站挡烟垂壁

2) 送风防烟

当地铁车站的站台层内发生火灾时,最基本的烟气控制策略是站台层开启机械排烟设备,同时站厅层进行机械送风,在站台与站厅连接处形成向下的空气流动,将火灾烟气控制在起火站台层内。地铁车站在进行防排烟设计时,站台与站厅连接处应保持一定的风速,如果风速过小则无法阻止火灾烟气进入站厅层,如果风速过大则会对地铁车站内的防排烟系统提出更高的要求,从而增加地铁车站的建设成本。当所有火灾烟气正好被控制在站台层时,站台与站厅连接处的风速就称为临界风速。临界风速是地铁车站防排烟设计中的一个关键参数[45]。

《地铁设计规范》(GB 50157—2013)规定,当地铁车站站台发生火灾时,应保证站厅到站台的楼梯和扶梯处具有不小于 1.5 m/s 的向下气流。

3) 机械排烟

机械排烟是利用风机造成的空气流动进行强制排烟。机械排烟需要建立一个较复杂的系统,包括由挡烟壁面围成的蓄烟区、排烟管道、排烟风机等。为了有效排烟,应当对系统的形式做出合理的设计。对于地铁车站这种地下建筑,必须采用机械排烟,因为这些建筑中的烟气容易与空气掺混和弥散,不用强制性的排烟手段难以彻底清除烟气。机械排烟是控制烟气蔓延最有效的方法。排烟风机必须有足够大的排烟速率,以减缓烟气在建筑内的沉降,使之不会在人员有效安全的疏散时间之内达到对人体有危害的浓度。研究表明,在火灾过程中,良好的机械排烟系统能排出大部分烟气和 80% 以上的热量,从而使空间内的烟气浓度和温度大大降低[46]。

地铁车站内均设有通风与空调系统,但因其断面尺寸较大,布置起来就很困难,若再单独设置一套防排烟系统,就需要再增加面积和空间。为了节约宝贵的地下空间,地铁车站通风与空调系统大多兼顾了防排烟的功能。地铁车站公共区一般采用通风与空调兼排烟系统,在正常工况下,地铁车站公共区气流组织形式一般是岛式站台、车站站厅层、站台层公共区采用两侧由上向下送风,中间上部回排风的两送一回排或两送两回排形式。送风管分设在站厅和站台上方两侧,风口朝下均匀送风,回排风管设在车站中间上部,风口均匀排风。侧式站台车站站厅层公共区气流组织与岛式站台相同,站台层公共区则分别采用一送一回排形式,均匀送风、均匀回排风[47]。

当地铁车站站台层公共区发生火灾,则关闭站台层送风系统和站厅层回排风系统,启动部分组合式空调机组向站厅送风,由站台层回排风系统排除烟雾经通风井至地面,使站台层形成负压,楼梯口形成向下气流,便于人员安全疏散至站厅层,再到地面。

当地铁车站站厅层公共区发生火灾,则关闭站厅层送风系统和站台层回排风系统,启动部分组合式空调机组向站台送风,由站厅层回排风系统排除烟雾经通风井至地面,使站厅层形成负压,烟雾不致扩散到站台层,新风经出入口从室外进入站厅,便于人员从车站出入口疏散至地面。

烟气控制的一条重要原则是设法保持烟气体积最小,应当尽量避免烟气发生大范围的扩散和长距离的流动。例如,当烟气沿地铁车站的顶棚流动很长距离,其温度将会迅速降低,烟气将向地面沉降。因此,排烟口应当有合理的分布和数量。为了充分排烟,机械排烟口最好浸没在烟气层之中。如果能够在离火源较近的区域安装排烟口,其排烟效果最好[48]。排烟口应当保持足够的流通面积,就是说要具有一定的数量,且每个排烟口有适当的面积。排烟口的面积过小将造成流动阻力过大,通常其有效流通面积可根据排烟口处的气体流速不大于 10 m/s 设计。排烟口数量适当多些且分布在各个有烟气的区域将有助于增强排烟效果。在有些情况下,排烟口的形状对排烟也有较大影响。

补风口指输送新鲜空气的入口,为了减少新鲜空气与烟气层的混合,补风口应当安排在离烟气层较远的地方。如果补风口位置与排烟口的距离过近,例如补风口在排烟风机正下方,空气将被直接抽到上部并排出去,造成"空气流通短路",从而达不到有效排烟的目的。当补风口的高度较高时,例如在地铁车站内采用起火防烟分区排烟,相邻防烟分区送风,如果烟气蔓延到相邻防烟分区,补充的新鲜空气将直接吹入烟气层之中,从而加剧它们之间的掺混,也会影响排烟效果[49]。

如果地铁站台安装了全封闭式屏蔽门,当在站台端部附近发生火灾时,将无法形成空气对流,容易造成烟气在端部蓄积,即使提高排烟风机功率,也无法对这些"盲区"有任何作用。因此,在地铁通风排烟系统设计中,需根据地铁车站公共区的结构特点,布置排烟口与送风口的位置、数量和大小,并且在有条件的情况下,根据烟气的流动与蓄积状况启动不同位置的排烟口和送风口[50]。

4.4.2 地铁车站的人员疏散与逃生

地铁是现代城市交通系统的重要组成部分,地铁车站的人员疏散能力对保障地铁运营和乘客生命安全至关重要。由于火灾事故具有突发性和不可预料性,一旦发生就极易造成人员心理上的恐慌。不同的人,其心理和行为反应是不一样的。恐慌主要表现为害怕、言行错乱、判断力和意志力下降、盲目从众等。在火灾发生的不同时间段,人的心理和行为反应也不一样[51]。图 4-13 为火灾发生时人员反应过程[52]。

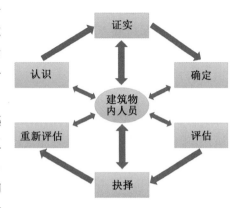

图 4-13　火灾发生时人员反应过程

首先是察觉火灾线索。通过视觉、听觉、嗅觉、感觉或是火灾报警系统以及火灾环境中人员之间的相互交流与警告等方式觉察到火灾迹象。在这个过程中,年龄、性别、对建筑物的熟悉程度、受教育程度、信息和经验等都会对人员的行为反应产生影响。在该时间段内,人们易产生回避心理,认为能够保护自己,在心理上否认自己处于不利环境。心理是行为的基础,行为是心理的延伸,回避心理越强的人,火灾反应时间越长。

其次是确认火灾事故。通过认识、证实、确定、评估、抉择和重新评估这六步来确认火灾事故。认识的过程也是察觉的过程,带有滞后性,在模糊火灾线索阶段人们往往不能意识到其潜在危险性,"乐观"地认为威胁不存在。当人员警觉到火灾发生时,急切地从他人那里或亲自探求一些额外信息来证实该火灾线索,在未确定受到严重威胁时总是怀有侥幸,认为威胁是轻微的。当威胁变得严重时,人们希望得到更多的信息证明确实发生了严重的问题。确定过程通常被认为是人们试图将有关火灾觉察和各种前后有关的变化信息联系起来的过程。在确定初期的模糊线索前,个人容易产生紧张和焦虑情绪,在通过确认后,人们总是试图量化所面临的威胁,比如确认闻到了多少烟味,感觉到了多少热或者所处的环境能避免多大的火灾威胁。

评估过程可以描述为个人对火灾威胁反应所需要的认识和心理活动。通过对诸如火灾环境、他人的行为反应、自身处境、疏散通道和灭火设施等综合考虑,评估火灾对于个人安全的危险程度,并设计灭火或逃离方式。在评估过程中,处于危险中的个人非常关注其他人的行为和与其他人交流,趋向于往人多的方向逃生,群体行为代替了个体行为,结果表现为集体的适应或不适应。人员对环境的熟悉程度在评估过程中也起到很大的作用,在熟悉的环境中凭借经验可减少焦虑,而对环境不熟悉的人更易慌张混乱。

抉择过程包含个人利用初期行为反应的机制,需要达到在评估过程中形成的正确的行为反应策略。这种对火灾威胁觉察的公开行为反应将导致成功、部分成功或失败。若反应策略失败,个人立即进行另一个重新评估的抉择过程[53]。若做出的行动导致成功,个人的焦急和紧张情绪会有所减轻。重新评估和重新抉择的过程是个人最紧张的过程,因为前一个适应威胁形势的试图行为失败了。这种情况下人员选择余地变小,心理压力加大,连续的失败使之更加沮丧,焦虑感增加,成功的可能性更小。总之,在距离安全目的地较远、认知水平较低、女性从众心理较强的情况下,容易形成个体间互动,从而产生群体不适应行为,加长疏散时间,给疏散带来困难。距离安全目的地越远,惊慌和恐惧心理越重,而这种心理极易在灾难突发时使受灾者无所适从,从而产生从众心理或其他强烈心理反应,进而产生盲从、超越等不适应行为,加长疏散时间。另外,个体认知水平可缓解个体紧张心理,使人员生理和心理在灾难发生时趋于正常水平,从而产生适应性行为。从觉察火灾事故到确认,这当中经历了一系列心理和生理的过程,随着火灾的发展,人员的心理反应也在不断变化,恐慌与从众是两个典型的心理反应特征。全面掌握紧急情况下人员的心理特征,对于采取有效的应急措施、舒缓人员紧张心理具有重大意义。所以,组织火灾疏散演练,如图 4-14 所示,对民众在遇到真实火灾时做出正确的抉择是有积极作用的。

图 4-14　重庆地铁火灾疏散演练①

　　火灾发生后,建筑物中人员能否安全疏散,不仅与建筑物的结构和火灾的发展有关,而且与建筑物内人员的特征有关。一般来说,建筑物发生火灾后,将建筑物内人员尽快疏散到楼外的安全区域是最为保险的措施。而人员能否安全疏散取决于必需安全疏散时间(RSET)与可用安全疏散时间(ASET)的相对大小。必需安全疏散时间(RSET)是指人员疏散到安全场所所需的时间。可用安全疏散时间(ASET)是指火灾发展到对人员构成危险所需的时间。影响ASET 的主要因素有烟气层高度、对流热、烟气毒性和能见度等。如果 RSET 小于 ASET,即人员在火灾危险状态来临之前可以疏散到安全区域,则认为人员可以安全疏散,该建筑的疏散设计是合适的,即人员安全疏散分析的安全性判定标准为:ASET 必须大于 RSET。

　　火灾过程大体可分为起火、火灾增大、充分发展、火势减弱、熄灭等五个阶段,从对人的影响来说主要关注前几个阶段[54]。在此过程中,探测到火灾并给出报警的时刻和火灾状态对人构成危险的时刻都具有重要意义。人员疏散一般会经历觉察火灾、行动准备、逃生行动、到达安全地带等阶段。为了保证人员安全疏散,必须使所有人员疏散完毕的时间小于火灾到达危险状态的时间。人员安全疏散时间线如图 4-15 所示。

---

　　① 新华网:http://www.chinanews.com/tp/hd2011/2014/08-22/395198.shtml。

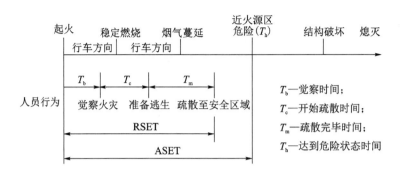

图 4-15　火灾发展与人员疏散时间线

影响地铁车站人员安全疏散的因素主要包括环境因素、生理因素以及心理因素。目前,我国《地铁设计规范》(GB 50157—2013)主要从以下几个方面对地铁车站的疏散设计进行了规定:

(1) 疏散时间及疏散人数。地铁车站站台公共区的楼梯、自动扶梯、出入口通道(图 4-16),应满足当发生火灾时,在 6 min 内将远期或客流控制期超高峰小时内一列进站列车所载的乘客及站台上的候车人员全部撤离站台到达安全区的要求。

(2) 疏散设施及其通行能力。人行楼梯和自动扶梯的总量布置除了应满足上下乘客的需要外,还应按站台层的事故疏散时间不大于 6 min 的要求进行验算。消防专用梯及垂直电梯不计入事故疏散用。供疏散使用的楼梯及自动扶梯,其疏散能力均按正常情况下的 90% 计算。地铁车站内乘客通过各部位的最大通行能力,宜符合表 4-6 的规定。

表 4-6　　　　　　　　　　地铁车站各部位最大通行能力

部位		通行状况	通行率/(人·h⁻¹)
1 m 宽楼梯		下行	4 200
		上行	3 700
		双向混行	3 200
1 m 宽通道		单向	5 000
		双向混行	4 000
1 m 宽自动扶梯		输送速度 0.5 m/s	8 100
		输送速度 0.65 m/s	≤9 600
人工售票			1 200
自动售票机			300
人工检票口			2 600
自动检票机	三杆式	磁卡	1 500
		非接触 IC 卡	1 800
	门扉式	磁卡	1 800
		非接触 IC 卡	2 100

图 4-16　自动扶梯、楼梯、直梯

（3）疏散时间计算及说明。为评估地铁车站的客流疏散能力,需准确计算突发情况下地铁车站人员疏散时间。人员疏散时间的经验公式计算主要是基于实际疏散观测试验及经验总结得出的人员逃生所需时间公式,最早由日本的 Togawa 教授提出[55]:

$$t = \frac{N_a}{\omega C} + \frac{K_s}{V} \tag{4-1}$$

式中　N_a——疏散人数总和,人;

　　　K_s——最后一道门与疏散队列之首的距离,m;

　　　ω——有效宽度,m;

　　　C——通过疏散门的单位流量,人/(m·min);

　　　V——人群的疏散速度,m/min。

考虑到影响人员疏散的主要因素包括客流量、出口及楼扶梯通行能力、人流穿行距离、人流密度等。日本 Togawa 公式是目前应用较为广泛的经验公式,考虑了客流量、出口通行能力、人流穿行距离等对人员疏散的影响,但对人流密度未作考虑。

目前,我国现行《地铁设计规范》(GB 50157—2013)中,关于地铁车站的人员疏散时间计算公式[式(4-2)]未考虑人员的生理及心理因素,并且在环境因素中仅考虑疏散总人数、人员反应时间、楼扶梯通行能力这三个因素,忽略了车站建筑特征因素。因而,不管楼扶梯在站台层如何布置,地铁车站人员疏散时间不变。

$$T = 1 + \frac{Q_1 + Q_2}{0.9[A_1(N-1) + A_2 B]} \tag{4-2}$$

式中　Q_1——远期或客流控制期中超高峰小时一列进站列车的最大客流断面流量,人;

　　　Q_2——远期或客流控制期中超高峰小时站台上的最大候车乘客,人;

　　　A_1——一台自动扶梯的通行能力,人/(min·m);

　　　A_2——疏散楼梯的通行能力,人/(min·m);

　　　N——自动扶梯数量;

　　　B——疏散楼梯的总宽度,m,每组楼梯的宽度应按 0.55 m 的整数倍计算。

需要说明的是,为体现以人为本的思想,在投入使用的站台层至站厅层之间增加自动扶梯数量,如此在事故疏散中则必须计入自动扶梯,如仅靠人行楼梯,车站规模就需要扩大很多。故要求自动扶梯的负荷供电必须由原来的二级提升到一级。同时,下行自动扶梯能改为上行(高架车站上行改为下行)。计算中应考虑 1 台自动扶梯损坏不能运行的概率,$(N-1)$ 台自动扶梯和人行楼梯通行能力按 0.9 系数折减。

4.4.3　地铁车站区间隧道的烟气传播规律与防排烟设计

地铁车站区间隧道通风系统的设计,主要是为了在正常情况下,能为隧道内提供足够的新鲜空气,保证列车正常运行,并限制污染物在可接受的浓度范围内。当发生火灾等突发情况时,隧道通风系统能控制或排除烟气及有毒气体,为人员疏散或救援提供无烟环境。

目前,常用的有三种类型的机械通风排烟系统,即纵向通风系统,半横向通风系统和全横向通风系统。而通风系统模式的选取要考虑许多复杂因素,如安全可靠性、通风效果、排烟效率、建设投资金额、运营管理和运行费用等。综合来说,全横向通风系统造价高、技术难度大,目前大部分应用在长度较短的公路隧道中;半横向通风系统是全横向通风和纵向通风系统的折中,但应用于地铁区间隧道的案例还是较少;纵向通风系统因为其技术难度低、投资造价及运营费用低等优点,目前在轨道交通区间隧道中应用最为广泛。

烟气逆流是隧道火灾在纵向通风系统作用下的一种特殊烟气蔓延现象,抑制烟气逆流的临界风速是隧道火灾烟气控制的关键。纵向风速应满足能抑制烟气向上游发生逆向流动,临界风速是刚好使烟气逆流长度为零的纵向风速。当隧道内的纵向风速大于临界风速时,可以确保火源上游没有烟气,从而防止火灾烟气对上游受阻车辆和人员造成危害,同时也为消防队员开展救援行动提供扑救的安全通道。临界风速涉及很多因素,如火灾规模、隧道的坡度及断面几何形状等,其中以火灾规模的影响最大[56]。

目前,《地铁设计规范》(GB 50157—2013)中对于区间隧道防排烟有以下规定[44]:

(1) 连续长度大于 300 m 的区间隧道应设置机械防排烟设施;连续长度大于 60 m,但小于 300 m 的区间隧道宜采用自然排烟,当无条件采用自然排烟时,应设置机械排烟。

(2) 当区间隧道发生火灾时,应背着乘客主要疏散方向排烟,迎着乘客疏散方向送新风。

(3) 区间隧道火灾的排烟量应按单洞区间隧道断面的排烟流速不小于 2 m/s 且高于计算的临界风速来计算,但排烟流速不得大于 11 m/s。

(4) 区间隧道采用自然排烟时,排烟口应设置在上部,其有效排烟面积不应小于顶部投影面积的 5%,排烟口的位置与最远排烟点的水平距离不应超过 30 m。

(5) 列车阻塞在区间隧道内时的送排风量,应按区间隧道断面风速不小于 2 m/s 计算,并应按控制列车顶部最不利点的隧道温度低于 45℃ 校核确定,但风速不得大于 11 m/s。

参考文献

[1] 郑晋丽. 地铁环控研究和冷源分析[D]. 上海:同济大学,1994.

［2］李高潮,雷凯荣.浅谈地铁列车热负荷及计算[J].建筑工程技术与设计,2014(13):805.

［3］李俊.基于现场实测的地铁车站空调负荷计算方法研究[D].北京:清华大学,2009.

［4］窦同江.地铁环境控制系统的研究[D].上海:上海交通大学,2005.

［5］张梅,庄旻娟,燕达,等.某地铁站负荷模拟计算案例分析[J].建筑热能通风空调,2010,29(1):64-68.

［6］北京市规划委员会.地铁设计规范:GB 50157—2013[S].北京:中国建筑工业出版社,2013.

［7］何绍明.浅谈地铁车站空调负荷特性[J].暖通空调,2007,37(8):125-127.

［8］高慧翔,吴炜,刘伊江.地铁车站公共区通风空调系统空调负荷计算[J].暖通空调,2015,45(7):28-32.

［9］中华人民共和国交通运输部.城市轨道交通运营管理规范:GB/T 30012—2013[S].北京:中国标准出版社,2013.

［10］耿世彬,郭海林.地下建筑湿负荷计算[J].暖通空调,2002,32(6):70-71.

［11］武在天.影响地铁车厢内空气品质的因素分析[J].工业,2016(12):51.

［12］叶晓江,连之伟,蒋淳潇,等.上海地铁站台环境质量分析[J].建筑热能通风空调,2009,28(5):61-63.

［13］罗燕萍,韩瑶,李晓锋,等.闭式地铁系统内部CO_2浓度模拟研究[J].暖通空调,2016,46(6):37-43.

［14］李丽.上海市轨道交通系统空气质量调查及其影响因素研究[D].上海:复旦大学,2011.

［15］王芳,赵丽,于莹莹,等.广州地铁车站公共场所集中空调通风系统卫生影响因素分析[J].环境卫生学杂志,2014(1):25-28.

［16］朱晓翔,周程,徐萍.南京市地铁车站氡浓度水平的初步调查[J].环境监测管理与技术,2012,24(1):29-31.

［17］郑离妮,林荣斌,罗洁漫.地铁集中空调通风系统送风系统卫生学情况与分析[J].科技传播,2015,7(21):144-145.

［18］齐江浩.地铁活塞风特性及车站通风空调负荷能耗研究[D].西安:西安建筑科技大学,2016.

［19］李涛.活塞风对地铁站内环境的影响[D].天津:天津大学,2005.

［20］王英辉,涂光备,邹同华.基于通用CFD的地铁车站热环境模拟系统的开发与应用[C].国暖通空调专业委员会空调模拟分析学组学术交流会.2004.

［21］边志美.地铁屏蔽门、闭式和开式系统环控能耗分析研究[D].上海:同济大学,2007.

［22］吴炜,彭金龙,刘伊江,等.地铁屏蔽门系统车站公共区空调设计探讨[J].制冷与空调,2010,10(6):94-101.

［23］孙文洁,张宇红.地铁屏蔽门的情感化设计研究[J].包装工程,2015(4):68-71.

［24］施仲衡,张弥,王新杰,等.地下铁道设计与施工[M].西安:陕西科学技术出版社,1997.

［25］朱颖心,秦绪忠,江亿.站台屏蔽门在地铁热环境控制中的经济分析[J].建筑科学,1997,4:42-46.

［26］任明亮,陈超,郭强,等.地铁活塞风的分析计算与有效利用[J].上海交通大学学报,2008,42(8):1376-1380.

［27］王丽慧,吴喜平,宋洁,等.地铁区间隧道速度场温度场特性研究[J].制冷学报,2010,31(3):55-62.

［28］王丽慧.地铁活塞风与地铁环控节能[D].上海:同济大学,2007.

［29］陈瑶.复合式屏蔽门地铁车站自然通风特性研究[D].成都:西南交通大学,2013.

［30］张玉洁,肖益民.全封闭式屏蔽门地铁车站自然通风特性研究[C]//2015年全国通风技术学术年会论文集.成都,2015:278-282.

［31］尹奎超,由世俊,董书芸,等.北方地铁活塞风有效利用研究[C]//全国暖通空调制冷2008年学术年会论

文集. 重庆, 2008.

[32] 豆鹏亮. 地铁活塞风与新型屏蔽门环控系统的数值研究[D]. 上海：东华大学, 2013.

[33] 齐江浩, 赵蕾, 王君, 等. 地铁隧道活塞风实测及特征分析[J]. 铁道科学与工程学报, 2016, 13(4)：740-747.

[34] 沈翔, 吴喜平, 董志周. 地铁活塞风特性的测试研究[J]. 暖通空调, 2005, 35(3)：103-106.

[35] 张莉. 基于地铁火灾仿真的人员疏散研究[D]. 上海：同济大学, 2008.

[36] 邱庆瑞. 多层地铁站火灾烟气扩散与控制技术研究[D]. 广州：华南理工大学, 2017.

[37] 李强, 史一锋. 地铁突发事件人群疏散对策研究[J]. 甘肃科技, 2014, 30(6)：65-66.

[38] 周银. 地铁站台火灾烟气扩散的数值模拟与人员疏散研究[D]. 西安：西安科技大学, 2006.

[39] 张苏敏. 地铁火灾事故的预防及应对措施[J]. 上海铁道科技, 2004(6)：25-26.

[40] 段晓彬, 陈宏敏. 地铁火灾人员疏散特点与相关应急措施[J]. 城市建设理论研究(电子版), 2011(33).

[41] 赵霞. 火灾中的烟气危害及防火设计对策分析[J]. 工程建设与设计, 2011(9)：103-105.

[42] 钟委. 地铁站火灾烟气流动特性及控制方法研究[D]. 合肥：中国科学技术大学, 2007.

[43] 孙路. 地铁车站公共区防排烟问题探讨[C]//全国公共建筑及设施安全通风与空调技术交流会. 北京, 2005.

[44] 北京市规划委员会. 地铁设计规范：GB 50157—2013[S]. 北京：中国建筑工业出版社, 2014.

[45] 杨超琼. 多层地铁车站通风排烟控制与安全评估[D]. 长沙：中南大学, 2011.

[46] 罗娜. 基于地铁交错车站的大空间建筑火灾防排烟技术研究[D]. 西安：西安建筑科技大学, 2015.

[47] 孙路. 带屏蔽门的地铁站通风兼排烟系统问题探讨[J]. 铁道标准设计, 2006(7)：95-96.

[48] 郝鑫鹏. 地铁站台火灾烟气流动与机械排烟模式[D]. 西安：西安建筑科技大学, 2012.

[49] 于洪. 地铁车站通风排烟系统的构成及火灾工况运行模式[J]. 建筑科学, 2010(5)：47-49.

[50] 李立明. 隧道火灾烟气的温度特征与纵向通风控制研究[D]. 合肥：中国科学技术大学, 2012.

[51] 梁慧娜. 地铁突发火灾时乘客应急疏散行为影响因素研究[J]. 商品与质量, 2016(42)：185.

[52] 宁旭春. 论城市地铁火灾与应急救援体制建设[J]. 城市建设理论研究(电子版), 2015(29)：548-549.

[53] 章志钢. 元胞自动机在人员疏散过程中的研究[D]. 上海：上海大学, 2008.

[54] 姚斌, 刘乃安, 李元洲. 论性能化防火分析中的安全疏散时间判据[J]. 火灾科学, 2003(2)：79-83.

[55] TOGAWA K. Study on fire escapes basing on the observation of multitude currents[R]. Report of the building research institute, Ministry of Construction, Japan, 1955.

[56] 翁庙成, 余龙星, 刘方. 地铁区间隧道的烟气逆流长度与临界风速[J]. 华南理工大学学报(自然科学版), 2014, 42(6)：121-128.

5 城市公路隧道的污染物浓度分布规律与限值

5.1 公路隧道的污染物与设计限值

我国《公路隧道通风设计细则》(JTG/T D70/2-02—2014)(以下简称《细则》)[1]标准的发布,明确了公路隧道通风的一般原则,即:

(1)公路隧道通风设计的安全标准,应以稀释机动车排放的烟尘为主,必要时可考虑隧道内机动车带来的粉尘污染;

(2)公路隧道通风设计的卫生标准,应以稀释机动车排放的 CO 为主,必要时可考虑稀释 NO_2;

(3)公路隧道通风设计的舒适性标准,应以稀释机动车带来的异味为主,必要时可考虑稀释富余热量。

在此之前,国内外公路隧道通风标准在对污染物的认识上经历了一个逐步深入的历程。

5.1.1 CO 设计浓度的发展历史

在相当长的一段时间内,公路隧道通风的主要对象就仅限于 CO、烟雾和空气中的异味。如我国交通部隧道通风设计标准《公路隧道通风照明设计规范》(JTJ 026.1—1999)[2]中未将 NO_x 作为考虑对象,这点与 PIARC 1983 年的报告和日本规范《公路隧道通风技术基准》(1985 版)一致。在隧道通风设计中,通常将 CO 浓度控制在一定的安全限度内,这是最主要的设计指标之一,即 CO 的设计浓度。自 19 世纪 20 年代以来,国内外隧道的 CO 设计浓度不断经历着变化,且不尽相同。

世界上第一条设置机械通风系统的公路隧道是 1927 年通车的美国纽约 Holland 隧道。当时采用的 CO 设计浓度是 400 ppm(在 25 ℃,760 mmHg 状态下),且未明确最大允许暴露时间。这一隧道通风设计标准一直沿用至 20 世纪 40 年代。

20 世纪 60 年代初期,考虑到柴油发动机货车和大客车尾气排放对隧道内能见度的影响,美国将 CO 设计浓度限值定在 200~250 ppm(事故时仍沿用 400 ppm),以增加风量,解决烟雾导致的能见度问题。自此,CO 设计浓度不再是卫生标准,而变成行车安全标准。直至 1975 年,PIARC 在日本、法国等国家的研究基础上,提出了一套稀释柴油车烟雾的计算方法后,CO 设计浓度不再作为行车安全标准。

与此同时,1975 年美国环境保护局(Environmental Protection Agency, EPA)对公路项目进行环境影响回顾和研究后,颁布了一个环境标准补充文件(导则):对于低海拔公路隧道,如果暴露时间不超过 1 h,CO 浓度限值采用 125 ppm,之后该值被广泛用作低海拔高度(即海拔低于 1 500 m)的公路隧道设计标准值,同时该值也被美国联邦公路局(Federal Highway Administration, FHWA)所采用[3]。

直到 1989 年,在公路隧道设计中才开始考虑人在隧道污染环境中暴露时间长短的问题,FHWA 和 EPA 联合颁布了一个根据暴露时间对应的 CO 浓度限值的修订导则,同时废止了 1975 年制定的导则。在新修订的导则中,当暴露时间为 15 min 时,CO 允许浓度为 120 ppm;对于暴露时间大于 15 min 的情况,新导则提出了更严格的限值标准,如 30 min 为 65 ppm[3]。

与美国一样,PIARC 推荐的公路隧道内污染物浓度限值也经历了不断修正的过程。1971 年,PIARC 推荐:公路隧道在正常运营状态下,CO 允许浓度为 150 ppm。1983 年, PIARC 推荐:公路隧道正常运行时,CO 的设计浓度为 150 ppm;阻塞运行时,CO 的设计浓度为 250 ppm[3]。

1987 年,PIARC 第十八届大会隧道营运技术委员会报告赋予了 CO 设计浓度新的目的,即稀释空气中的异味——"无异味(odour free)",自此 CO 设计浓度脱离卫生标准的含义,变成了舒适性标准。1991 年,PIARC 推荐:当暴露时间为 15 min 时,CO 允许浓度为 125 ppm。1995 年,PIARC 推荐:公路隧道正常运行时,CO 的稀释浓度标准为 100 ppm;阻塞运行时, CO 的稀释浓度标准为 150 ppm;当隧道内 CO 浓度达到 250 ppm 时,应关闭隧道。PIARC 在 2004 年发布的报告中,对设计年为 2010 年的不同工况下的 CO 稀释浓度标准又比 1995 年的推荐值降低 10~50 ppm[4]。

我国对公路隧道环境污染物浓度设计限值的研究工作起步较晚。1985 年,交通部颁布《公路养护技术规范》(JTJ 073—1985),规定公路隧道内的 CO 浓度标准为 100 ppm。当时的 CO 设计限值与发达国家标准接近。1990 年,中国行业标准《公路隧道设计规范》(JTJ 026— 1990)规定:公路隧道正常运营时,CO 浓度限值为 150 ppm;发生事故时,短时间(15 min)内 CO 浓度标准为 250 ppm。

1999 年,交通部颁布规范《公路隧道通风照明设计规范》(JTJ 026.1—1999)(以下简称《规范》)。《规范》不赞同以卫生标准的名义去满足舒适性要求的办法。《规范》也进一步解释了对 CO 进行稀释的目的是保证卫生条件;对烟雾进行稀释的目的是保证行车安全;对异味进行稀释的目的是提高隧道内行车的舒适性。《规范》根据 May 氏曲线的结论[5]:当 COHb 浓度为 10% 时,只会引起轻度头痛,且不留后遗症。考虑到保险余量,规范制定者采用 5% 的 COHb 浓度确定 CO 的稀释标准。《规范》中对公路隧道内 CO 设计浓度规定限值为:采用全横向通风方式与半横向通风方式时,当隧道长度不大于 1 km 时,CO 设计浓度取 250 ppm,隧道长度大于 3 km 时,CO 设计浓度取 200 ppm;采用纵向通风方式时,对隧道长度不大于 1 km 时和大于 3 km 时,CO 设计浓度相应各提高 50 ppm;交通阻滞段的平均 CO 设计浓度取为 300 ppm,经历时间不超过 20 min。《规范》内的 CO 设计浓度限值相比国外 CO 设计浓度规定限值明显偏高。

PIARC 的隧道营运技术委员会在 2004 年发布的报告"Road Tunnel: Vehicle Emissions and Air Demand For Ventilantion"(以下简称《报告》)中对公路隧道 CO 设计浓度做出了更为严格的规定,如表 5-1 所列。《报告》在 2012 年推出了更新版[4],对 CO 设计浓度沿用了 2010 设计年份的数值。

表 5-1　　　　　　　PIARC《报告》中对公路隧道 CO 设计浓度限值的规定

交通状况	CO 设计浓度 /ppm	
	设计年份	
	1995	2010
正常高峰交通(50～100 km/h)	100	70
日常阻塞或各车道为停滞状态	100	70
异常阻塞或停滞状态	150	100
运营隧道内的计划养护作业	30	20
关闭隧道(不用于通风设计)	250	200

纵观国内外公路隧道 CO 设计浓度发展趋势不难发现,我国公路隧道的 CO 设计浓度限值经历了由小到大的发展过程,与国际上公路隧道 CO 设计浓度限值不断下调的发展过程恰好相反。这一现象直至新版《公路隧道通风设计细则》(JTG/T D70/2-02—2014)(以下简称《细则》)的发布才被改变。2014 版《细则》对 CO 设计浓度限值进行了合理调整。《规范》与《细则》在正常运营条件下纵向通风隧道、半横向通风隧道和横向通风隧道的 CO 设计浓度限值的对比见表 5-2。一般可以认为,隧道正常运营车速为 50 km/h,交通阻滞工况时隧道内各车道均以怠速行驶,平均车速为 10 km/h。

表 5-2　　　　　　　不同通风方式下正常运营公路隧道 CO 设计浓度限值的规定

隧道长度	≤1 000 m		≥3 000 m	
限值来源	《规范》(1999)	《细则》(2014)	《规范》(1999)	《细则》(2014)
纵向通风	300 ppm		250 ppm	
半横向通风	250 ppm	150 ppm	200 ppm	100 ppm
横向通风				

注:公路隧道长度在 1 000～3 000 m 的以插值法取值。此外,《细则》对阻滞工况下的 CO 设计浓度规定为,阻滞段的平均 CO 设计浓度按 150 ppm 取值,经历时间不超过 20 min。

由表 5-2 可见,《细则》(2014)相比《规范》(1999)做了以下两点改进:①在 CO 设计浓度的要求上进行了较大幅度的提高,从原先 200～300 ppm 的浓度限值调整为 100～150 ppm。一方面说明我国对公路隧道内卫生条件的要求提高了;另一方面,因为机动车污染物控制水平的提高导致污染物排放浓度的降低。②《细则》不再区分公路隧道通风模式,仅按照公路隧道长度来对 CO 设计浓度进行规定。

值得一提的是,上海市工程建设规范《道路隧道设计标准》(DG/TJ 08—2033—2017)[6](以下简称《地标》)中对 CO 设计浓度的限值和《报告》保持了一致,即如表 5-1 中设计年份为 2010 年的所列数值。

5.1.2　烟尘的设计浓度

在公路隧道正常运营过程中,机动车在相对封闭的环境中排放各类污染物并不断累积,使隧道内部污染物浓度远高于大气环境中的污染物浓度,以烟雾为代表的颗粒相污染物直接威胁司乘人员、维修人员的健康卫生安全;另一方面,机动车在长隧道的通行过程中排放细微颗粒物不断累积形成烟雾,直接阻碍驾驶员的行车视距,致使司乘人员始终有一种不安的压抑感,驾驶员在注意力高度集中情况下易产生精神疲劳,从而导致交通效率降低、车流阻塞,甚至引发交通事故、造成事故火灾等。因此,烟尘设计浓度通常作为公路隧道通风设计的安全标准加以限定。

机动车是公路隧道内有害气体和烟尘的主要排放源。随着柴油车数量的不断增加,柴油车的烟雾排放影响隧道内其他机动车行车安全这一情况成为隧道需风量计算主要考虑的问题之一[7]。烟尘设计浓度也逐渐成为一个关键问题。所谓烟尘设计浓度,即烟尘对空气的污染程度,在各个国家和组织的发展历程中,它逐渐被赋予了不同的定义。1975 年,PIARC 的隧道营运技术委员会在日本、法国等国家的研究基础上,提出了一套稀释柴油车烟雾的计算方法,通过建立烟雾排放量与消光系数之间的关系,从而得到稀释烟雾需风量。由于受当时测量技术水平的限制,对烟雾基准排放量的取值是通过检测隧道内某断面的透光度并利用扩散模型方法计算得到的。烟雾基准排放量取值实际是一种间接性的经验指标方法,缺乏理论基础,因此受到诸多质疑[8]。由于这种方法需考虑的影响因素太多,计算模型复杂,目前的测试条件难以得到准确的结果,因此国内在这方面尚没有进行试验研究。我国现行隧道通风标准的推荐限值是对于日本 1985 年标准[9]的实测限值的修正。随着机动车排放技术的发展,机动车污染物的排放量和排放颗粒物的化学组成均发生了很大变化,PIARC 推荐的烟雾基准排放量在1987—2000 年间有很大变化,这 13 年中降幅达到 37.5%,年平均降幅 2.9%[1, 10]。尽管如此,21世纪以来 PIARC 的推荐烟雾基准排放量仍不能满足柴油车排放技术的持续发展变化。2004 年PIARC《报告》中采用了消光系数与颗粒物质量浓度关联式,该方法引入了机动车颗粒物排放因子和非排放性颗粒物排放因子,直观说明了颗粒物浓度与消光系数之间的关系。但由于采用的是实验关联式[4],对于公路隧道内污染物如何影响能见度,以及各种污染物影响能见度的水平依然未知,因而对于采用实验关联式计算公路隧道能见度这一方法的适用范围仍然存在疑问。

目前,我国的烟尘设计浓度是通过测定污染空气 100 m 距离的烟尘光线透过率来确定,也称为 100 m 透过率,为隧道内能见度指标。日本道路协会《道路隧道技术标准(通风换气篇)及其解说》(2001 年 10 月)称其为"煤烟设计浓度"和 100 m 透过率,以百分比表示。PIARC 在2012 版《报告》中沿用了 2004 版《报告》用"烟尘设计浓度 K"来表达能见度的限值,见表 5-3。

表 5-3　　　　　　　　　PIARC 2012 版《报告》中烟尘设计浓度的限值

交通状况	能见度	
	烟尘设计浓度 $K/\times10^{-3}\,m^{-1}$	透过率 S(100 m 范围内)/%
正常高峰交通(车速 50~100 km/h)	5	60
日常阻塞或各车道为停滞状态	7	50
较少阻塞和停滞状态	9	40
计划进行运营中的隧道内养护作业	3	75
关闭隧道	12	30

我国 2014 版《细则》中,分别采用显色指数 33≤Ra≤60、相关色温 2 000～3 000 K 的钠光源和显色指数 Ra≥65、相关色温 3 300～6 000 K 的荧光灯、LED 灯等光源对烟尘设计浓度 K 的取值进行了规定,分别见表 5-4 和表 5-5。

表 5-4　《公路隧道通风设计细则》(JTG/T D70/2-02—2014)烟尘设计浓度(钠光源)

设计速度 v_t/(km·h^{-1})	≥90	60≤v_t<90	50≤v_t<60	30≤v_t<50	v_t<30
烟尘设计浓度 K/m^{-1}	0.006 5	0.007 0	0.007 5	0.009 0	0.012 0*

注:* 此工况下应采取交通管制或关闭隧道等措施。

表 5-5　《公路隧道通风设计细则》(JTG/T D70/2-02—2014)烟尘设计浓度(荧光灯、LED 灯等光源)

设计速度 v_t/(km·h^{-1})	≥90	60≤v_t<90	50≤v_t<60	30≤v_t<50	v_t<30
烟尘设计浓度 K/m^{-1}	0.005 0	0.006 5	0.007 0	0.007 5	0.012 0*

注:* 此工况下应采取交通管制或关闭隧道等措施。

不同交通状态下,烟尘设计浓度 K 对应的隧道内环境控制状况如表 5-6 所列。

表 5-6　烟尘设计浓度 K 对应的隧道内环境控制状况

烟尘设计浓度 K 的范围 /m^{-1}	隧道内环境控制状况
0.005 0～0.003 0	空气清洁,能见度可达数百米
0.007 0～0.007 5	空气中有轻雾
0.009 0	空气成雾状
0.012 0(限制值)	空气令人很不舒服,但尚有安全停车视距要求的能见度

5.1.3　NO$_x$ 的设计浓度

上海《地标》对烟尘设计浓度的规定同样和《报告》保持了一致,即如表 5-3 所列。

公路隧道内的 NO$_2$ 同样主要来自其内部行驶的机动车所排放的尾气。NO$_2$ 是一种红棕色刺激性有毒气体,其毒性主要表现为对眼睛的刺激和对呼吸机能的影响。NO$_2$ 深入下呼吸道会引发支气管扩张症,甚至中毒性肺炎和肺水肿。损坏心、肝、肾的功能和造血组织,严重时可导致死亡。NO$_2$ 的毒性要比 NO 强 5 倍,对人体的危害与暴露接触的程度有关。NO$_2$ 对人体健康的影响有很大差异性。一般情况下,当 NO$_2$ 浓度超过 4 000 μg/m^3 时才会对健康的人产生影响,低于 2 000 μg/m^3 时基本没有影响,但对于敏感人群而言,NO$_2$ 浓度高于 190 μg/m^3 时就会对其产生影响[11]。

《环境空气质量标准》(GB 3095—2012)中对 NO$_2$ 的浓度限值要求很严格,按此标准中的分类,城市隧道洞口附近多为商业交通居民混合区,即属于二类区①。表 5-7 为我国标准(二

---

① 《环境空气质量标准》(GB 3095—2012)中划分的环境空气质量二类区为城镇规划中确定的居住区、商业交通居民混合区、文化区、一般工业区和农村地区。

类区)和世界卫生组织(WHO)对环境空气中 NO_2 浓度限值的要求。

表 5-7　　　　　　　　　　　环境空气中 NO_2 浓度限值　　　　　　　单位：$\mu g/m^3$

国家/组织	年平均	24 小时平均	1 小时平均
中国	40	80	200
WHO	21～26	—	110

除了危害人体健康，NO_x 还是形成光化学烟雾的主要因素之一。碳氢化合物(HC)和 NO_x 在强烈的阳光照射下会生成臭氧(O_3)和过氧酰基硝酸盐(PAN)，即浅蓝色的光化学烟雾，它是一种强刺激性有害气体的二次污染物，对人体的危害要比原始污染物大百倍，会造成眼睛和咽喉疼痛、咳喘、恶寒、呼吸困难、麻木痉挛以及意识丧失等[11]。1943 年发生在洛杉矶与 1970 年发生在日本千叶和东京的公害事件，就是典型的案例。

尽管 NO_2 毒性很大，但是长期以来公路隧道内 NO_2 设计浓度一直没有得到与 CO 相同的关注程度。2012 版 PIARC《报告》建议以 1 ppm 作为任意时刻公路隧道内 NO_2 平均浓度的限值，我国 2014 版《细则》也推荐以 1 ppm 作为 20 min 内公路隧道 NO_2 平均浓度的限值。

5.2　公路隧道通风方式及其主要特点

5.2.1　公路隧道主要的通风方式

公路隧道中污染物的放散、传播及分布规律与隧道通风方式密切相关，本节先介绍目前公路隧道主要通风方式的选择。

当双向交通隧道符合式[5-1(a)]或单向交通隧道符合式[5-1(b)]时，应设置机械通风系统。

$$L \cdot N \geqslant 6 \times 10^5 \qquad [5-1(a)]$$

$$L \cdot N \geqslant 2 \times 10^6 \qquad [5-1(b)]$$

式中　L——隧道长度，m；

　　　N——设计小时交通流，veh/h。

参照我国 2014 版《细则》，公路隧道的机械通风方式可按表 5-8 分类。

表 5-8　　　　　　　　　　　公路隧道机械通风方式分类

纵向通风方式	半横向通风方式	全横向通风方式	组合通风方式
(1) 全射流 (2) 集中送入式 (3) 通风井送排式 (4) 通风井排出式 (5) 吸尘式	(1) 送风式 (2) 排风式 (3) 平导压入式	(1) 顶送吸排式 (2) 底送顶排式 (3) 顶送底排式 (4) 侧送侧排式	(1) 纵向组合式 (2) 纵向+半横向组合式 (3) 纵向+集中排烟组合式

根据公路隧道条件，可以采用一种或多种通风方式组合的形式构成更合理的通风方式。目前，我国公路隧道运营通风以各种纵向通风方式及其组合形式为主。

5.2.2 纵向通风的主要特点

参照我国 2014 版《细则》,公路隧道纵向通风方式的主要特点如表 5-9 所列。

表 5-9 公路隧道纵向通风方式的主要特点(以单向交通为例)

基本特征	通风风流沿隧道纵向流动			
代表形式	全射流	集中送入式	通风井送排式	通风井排出式
形式特征	由射流风机群升压	由喷流送风升压	洞口两端进风、中部集中排风	由喷流送风升压
通风系统简图				
压力分布简图				
风速分布简图				
浓度分布简图				
运营通风适用长度	5 000 m 以内	3 000 m 左右	5 000 m 左右	不受限制
交通风利用	很好	很好	部分较好	很好
噪声	较大	洞口噪声较大	较小	较小
火灾处理	排烟不便	排烟不便	排烟较不便	排烟较不便
工程造价	低	一般	一般	一般
管理与维护	不便	方便	方便	方便
分期实施	易	不易	不易	不易
技术难度	不难	一般	一般	稍难
运营费用	低	一般	一般	一般
洞口环保	不利	不利	有利	一般

5.2.3 半横向和全横向通风的主要特点

参照我国 2014 版《细则》,公路隧道半横向和全横向通风方式的主要特点如表 5-10 所列。

表 5-10　　公路隧道半横向和全横向通风方式的主要特点(以单向交通为例)

通风方式	半横向通风		全横向通风
基本特征	由隧道通风道送风或排风	由洞口沿隧道纵向排风或抽风	分别设有送、排风道,通风风流在隧道内作横向流动
代表形式	送风半横向式	排风半横向式	
形式特征	由送风道送风	由排风道排风	
通风系统简图			
压力分布简图			
风速分布简图			
浓度分布简图			
运营通风适用长度	3 000～5 000 m	3 000 m 左右	不受限制
交通风利用	较好	不好	不好
噪声	噪声小	噪声小	噪声小
火灾处理	排烟方便	排烟方便	能有效排烟
工程造价	较高	较高	高
管理与维护	一般	一般	一般
分期实施	难	难	难
技术难度	稍难	稍难	难
运营费用	较高	较高	高
洞口环保	一般	有利	有利

5.3　公路隧道污染物浓度分布规律及计算

5.3.1　纵向通风的污染物浓度分布规律的计算

以射流风机式纵向通风为例,该通风方式在隧道内设置风机,产生的压力使新鲜空气通过隧道口或送风通风井进入隧道。沿隧道纵向流动的气流可以将受污染的空气通过隧道出口或排风通风井排出隧道。在空气流过隧道的过程中,机动车污染物不断排放,而没有新鲜空气进入,导致沿程隧道轴线方向污染物浓度不断升高,并且在靠近出口处达到最高。

纵向通风的隧道通风方式,对于单向交通等截面隧道(下文若无说明均为单向交通等截面隧道)仅在排风通风井(若有)和隧道出口排出污染气体。此外,若在隧道出口处设置静电除尘装置,也可在不引入新风的前提下降低排出气体的污染物浓度。故若按污染物浓度分布规律分类,大致可分为无通风井纵向通风隧道和有通风井纵向通风隧道,本文以二者的代表射流风机式纵向通风隧道和通风井送排与射流风机组合的纵向通风方式为研究对象。

1. 射流风机式纵向通风隧道 CO 浓度分布特性

做如下假设:

(1)隧道为单向交通等截面隧道,长为 L(m)。

(2)以 CO 为代表性污染物。

(3)隧道在正常运营时,车速 v(km/h)恒定,交通量单位长度 CO 排放量 g_{CO}[(mg/s)/m]为定值。在急速运营下,隧道内阻滞段与正常段车速分别恒定,隧道内机动车总数保持定值,故交通量单位长度 CO 排放量 g_{CO}[(mg/s)/m]仍为定值。

(4)忽略隧道内 CO 的扩散作用。

(5)隧道所有断面机动车污染物均与空气混合均匀,且忽略机动车排放对隧道通风量体积的影响。

(6)忽略隧道温升和坡度对 CO 浓度分布的影响。

以行车方向为横坐标轴,以隧道入口为坐标原点,则隧道内坐标为 x 处($0 < x \leqslant L$)由机动车排放的 CO 浓度 C_{CO} 可用式(5-2)计算[12]:

$$C_{CO}(x) = \frac{g_{CO}x}{q_j} = \frac{g_{CO}}{q_j}x \tag{5-2}$$

式中,q_j 为纵向通风的通风量,m^3/s。

隧道内空气按定压理想混合气体处理,根据道尔顿分压定律:

$$x_{CO} = \frac{C_{CO}}{\rho} = \frac{P'_{CO}}{P_{mix}} \tag{5-3}$$

式中　x_{CO}——CO 体积分数;

　　　ρ——CO 密度,mg/m^3;

　　　P'_{CO}——隧道内坐标为 x 处由机动车排放产生的 CO 分压力,mmHg;

　　　P_{mix}——混合气体总压力,mmHg。

又 $x = vt/60$,则吸入的 CO 分压力(P_{ICO})可表示为

$$P_{ICO} = P_{ICO(0)} + P'_{CO} = P_{ICO(0)} + \frac{v \cdot g_{CO} \cdot P_{mix}}{60\rho q_j}t \tag{5-4}$$

式中　P_{ICO}——吸入的 CO 分压力，mmHg；

　　　$P_{ICO(0)}$——隧道入口处 CO 初始分压力，mmHg。

令 $G = \dfrac{g_{CO} \cdot P_{mix}}{\rho q_j}$，则式(5-4)可化简为

$$P_{ICO} = P_{ICO(0)} + \frac{G \cdot v}{60} t \tag{5-5}$$

式(5-5)可用于计算纵向通风隧道 CO 浓度限值。详见 5.4.2 节式(5-41)，下同。

2. 通风井送排与射流风机组合的纵向通风隧道 CO 浓度分布特性

通风井送排与射流风机组合纵向通风如图 5-1 所示。

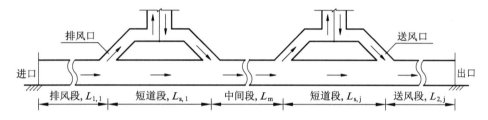

图 5-1　通风井送排与射流风机组合纵向通风示意图

若通风井数量为 n（$n \geqslant 1$），隧道由每个通风井排风口前后的排风段 $L_{1,d}$（$d = 1, 2, \cdots, n$，下同）、送风段 $L_{2,d}$ 连接组成，且中间段 $L_{m,d} = L_{1,d-1} + L_{2,d}$。假定按设计要求所有短道段 $L_{s,d}$ 风流均与行车方向一致，即均为顺流[13]。为简化计算，纵向通风与通风井风流的分流、合流均仅发生在短道段的首尾两点。

隧道内坐标为 x 处（$0 \leqslant x < L_{1,1}$）机动车排放的 CO 浓度 C_{CO} 可用式(5-6)计算，为简化表达式，以 $C_{CO1,n}(x)$，$C_{COs,n}(x)$，$C_{CO2,n}(x)$ 分别代表第 n 个通风井的排风段、短道段、送风段在 x 坐标点处机动车排放的 CO 浓度，以 $C_{CO1,n}$，$C_{COs,n}$，$C_{CO2,n}$ 分别代表该段坐标最大值处的 CO 浓度。P_{ICO} 在各段上的命名规则同理，并令 $\Delta L_{a,b,c,x}$ 为坐标在 x 处至其所处排风段或短道段或送风段段首的长度。即 $\Delta L_{a,b,c,x} = x - \left(\sum\limits_{i=1}^{a} L_{1,i} + \sum\limits_{i=1}^{b} L_{s,i} + \sum\limits_{i=1}^{c} L_{2,i} \right)$，$a, b, c$ 分别为自隧道入口至坐标 x 处含有的完整的排风段、短道段、送风段的数量。则有

$$C_{CO1,1}(x) = \frac{g_{CO}}{q_j} x = \frac{g_{CO}}{q_j} \Delta L_{0,0,0,x} \tag{5-6}$$

P_{ICO} 可表示为

$$P_{ICO1,1}(x) = P_{ICO(0)} + G \cdot \Delta L_{0,0,0,x} \tag{5-7}$$

式中，$P_{ICO(0)}$ 为隧道外背景 CO 分压力，mmHg。凡通风井送风均按此 CO 分压力计算。

引入分流系数 k_d（第 d 个排风口排出 CO 流量占隧道第 $d-1$ 个排风段风量的比例），在

$x = L_{1,1}$ 处发生分流,隧道内坐标为 x 处$(L_{1,1} \leqslant x < (L_{1,1} + L_{s,1}))$机动车排放的 CO 浓度 C_{CO}可用式(5-8)计算:

$$
\begin{aligned}
C_{CO\,s,1}(x) &= \frac{(1-k_1)g_{CO} \cdot L_{1,1} + g_{CO}(x - L_{1,1})}{q_j(1-k_1)} \\
&= \frac{g_{CO}}{q_j}L_{1,1} + \frac{g_{CO}(x - L_{1,1})}{q_j(1-k_1)} \\
&= C_{CO\,1,1} + \frac{g_{CO}(x - L_{1,1})}{q_j(1-k_1)} \\
&= C_{CO\,1,1} + \frac{g_{CO}}{q_j} \cdot \frac{\Delta L_{1,0,0,x}}{(1-k_1)}
\end{aligned} \tag{5-8}
$$

P_{ICO}可表示为

$$
P_{ICO\,s,1}(x) = P_{ICO\,1,1} + \frac{G}{(1-k_1)}\Delta L_{1,0,0,x} \tag{5-9}
$$

在 $x = L_{1,1} + L_{s,1}$ 处发生合流,当$(L_{1,1} + L_{s,1}) \leqslant x < (L_{1,1} + L_{s,1} + L_{2,1})$ 时,C_{CO} 可用式(5-10)计算:

$$
\begin{aligned}
C_{CO\,2,1}(x) &= \frac{(1-k_1)g_{CO} \cdot L_{1,1} + g_{CO} \cdot L_{s,1} + g_{CO}(x - L_{1,1} - L_{s,1})}{q_j} \\
&= (1-k_1)C_{CO\,s,1} + \frac{g_{CO}(x - L_{1,1} - L_{s,1})}{q_j} \\
&= (1-k_1)C_{CO\,s,1} + \frac{g_{CO}}{q_j}\Delta L_{1,1,0,x}
\end{aligned} \tag{5-10}
$$

此时,P_{ICO}可表示为

$$
P_{ICO\,2,1}(x) = (1-k_1)P_{ICO\,s,1} + k_1 P_{ICO(0)} + G \cdot \Delta L_{1,1,0,x} \tag{5-11}
$$

在 $x = L_{1,1} + L_{s,1} + L_{2,1}$ 处,C_{CO} 可用式(5-12)计算:

$$
\begin{aligned}
C_{CO\,1,2}(x) &= C_{CO\,2,1} + \frac{g_{CO}(x - L_{1,1} - L_{s,1} - L_{2,1})}{q_j} \\
&= C_{CO\,2,1} + \frac{g_{CO}}{q_j}\Delta L_{1,1,1,x}
\end{aligned} \tag{5-12}
$$

此时,P_{ICO}可表示为

$$
P_{ICO\,1,2}(x) = P_{ICO\,2,1} + G \cdot \Delta L_{1,1,1,x} \tag{5-13}
$$

在 $x = L_{1,1} + L_{s,1} + L_{m,1}$ 处再次发生分流,当$(L_{1,1} + L_{s,1} + L_{m,1}) \leqslant x < (L_{1,1} + L_{s,1} + L_{m,1} + L_{1,2})$ 时,C_{CO} 可用式(5-14)计算:

$$C_{\mathrm{CO\,s,2}}(x) = \frac{1-k_1}{1-k_2}C_{\mathrm{CO\,1,2}} + \frac{g_{\mathrm{CO}}(x-L_{1,1}-L_{\mathrm{s,1}}-L_{\mathrm{m,1}})}{q_{\mathrm{j}}(1-k_2)} \tag{5-14}$$

$$= \frac{1-k_1}{1-k_2}C_{\mathrm{CO\,1,2}} + \frac{g_{\mathrm{CO}}}{q_{\mathrm{j}}(1-k_2)}\Delta L_{2,1,1,x}$$

此时，P_{ICO}可表示为

$$P_{\mathrm{ICO\,s,2}}(x) = \frac{1-k_1}{1-k_2}P_{\mathrm{ICO\,1,2}} + \frac{G}{1-k_2}\Delta L_{2,1,1,x} \tag{5-15}$$

在 $x = L_{1,1}+L_{\mathrm{s,1}}+L_{\mathrm{m,1}}+L_{\mathrm{s,2}}$ 处再次发生合流，当$(L_{1,1}+L_{\mathrm{s,1}}+L_{\mathrm{m,1}}+L_{\mathrm{s,2}}) \leqslant x < (L_{1,1}+L_{\mathrm{s,1}}+L_{\mathrm{m,1}}+L_{\mathrm{s,2}}+L_{\mathrm{s,2}})$ 时，C_{CO} 可用式(5-16)计算：

$$C_{\mathrm{CO\,2,2}}(x) = (1-k_2)C_{\mathrm{CO\,s,2}} + \frac{g_{\mathrm{CO}}}{q_{\mathrm{j}}}\Delta L_{2,2,1,x} \tag{5-16}$$

此时，P_{ICO}可表示为

$$P_{\mathrm{ICO\,2,2}}(x) = (1-k_2)P_{\mathrm{ICO\,s,2}} + k_2 P_{\mathrm{ICO(0)}} + G \cdot \Delta L_{2,2,1,x} \tag{5-17}$$

依此类推可得，当 $n=1$ 时，隧道各段 C_{CO} 可用式(5-18)表示：

$$\begin{cases} C_{\mathrm{CO\,1,1}}(x) = \dfrac{g_{\mathrm{CO}}}{q_{\mathrm{j}}}x = \dfrac{g_{\mathrm{CO}}}{q_{\mathrm{j}}}\Delta L_{0,0,0,x} \\ C_{\mathrm{CO\,s,1}}(x) = C_{\mathrm{CO\,1,1}} + \dfrac{g_{\mathrm{CO}}}{q_{\mathrm{j}}} \cdot \dfrac{\Delta L_{1,0,0,x}}{(1-k_1)} \\ C_{\mathrm{CO\,2,1}}(x) = (1-k_1)C_{\mathrm{CO\,s,1}} + \dfrac{g_{\mathrm{CO}}}{q_{\mathrm{j}}}\Delta L_{1,1,0,x} \end{cases} \tag{5-18}$$

当 $n \geqslant 2$ 时，隧道各段 C_{CO} 可用式(5-19)表示：

$$\begin{cases} C_{\mathrm{CO\,1,n}}(x) = C_{\mathrm{CO\,2,n-1}} + \dfrac{g_{\mathrm{CO}}}{q_{\mathrm{j}}}\Delta L_{n-1,n-1,n-1,x} \\ C_{\mathrm{CO\,s,n}}(x) = \dfrac{1-k_{n-1}}{1-k_n}C_{\mathrm{CO\,1,n}} + \dfrac{g_{\mathrm{CO}}}{q_{\mathrm{j}}(1-k_n)} \cdot \Delta L_{n,n-1,n-1,x} \\ C_{\mathrm{CO\,2,n}}(x) = (1-k_n)C_{\mathrm{CO\,s,n}} + \dfrac{g_{\mathrm{CO}}}{q_{\mathrm{j}}}\Delta L_{n,n,n-1,x} \end{cases} \tag{5-19}$$

以 CO 分压力表示，当 $n=1$ 时，隧道各段 P_{ICO} 可用式(5-20)表示：

$$\begin{cases} P_{\mathrm{ICO\,1,1}}(x) = P_{\mathrm{ICO(0)}} + G \cdot \Delta L_{0,0,0,x} \\ P_{\mathrm{ICO\,s,1}}(x) = P_{\mathrm{ICO\,1,1}} + \dfrac{G}{(1-k_1)}\Delta L_{1,0,0,x} \\ P_{\mathrm{ICO\,2,1}}(x) = (1-k_1)P_{\mathrm{ICO\,s,1}} + k_1 \cdot P_{\mathrm{ICO(0)}} + G \cdot \Delta L_{1,1,0,x} \end{cases} \tag{5-20}$$

当 $n \geqslant 2$ 时,隧道各段 P_{ICO} 可用式(5-21)表示:

$$
\begin{cases}
P_{ICO1,n}(x) = P_{ICO2,n-1} + G \cdot \Delta L_{n-1,n-1,n-1,x} \\
P_{ICOs,n}(x) = \dfrac{1-k_{n-1}}{1-k_n} P_{ICO1,n} + \dfrac{G}{1-k_n} \Delta L_{n,n-1,n-1,x} \\
P_{ICO2,n}(x) = (1-k_n) P_{ICOs,n} + k_n \cdot P_{ICO(0)} + G \cdot \Delta L_{n,n,n-1,x}
\end{cases}
\tag{5-21}
$$

隧道气流浓度 C 可用需风量 Q_{req} 与设计风量 Q_r 之比表示。若隧道仅含一个送排风通风井,其通风井底部处 C_2 和隧道出口处内侧 C_3 值分别可用式[5-22(a)]和式[5-22(b)]表示:

$$
C_2 = \frac{Q_{req1,1}}{Q_{r1,1}}
\tag{[5-22(a)]}
$$

$$
C_3 = \frac{Q_{req2,1}}{Q_{r1,1} - Q_e - Q_{req1,1} + \dfrac{Q_e \cdot Q_{req1,1}}{Q_{r1,1}} + Q_b}
\tag{[5-22(b)]}
$$

式中 $Q_{req1,1}$, $Q_{req2,1}$——排风段、送风段需风量;

$Q_{r1,1}$, $Q_{r2,1}$——排风段、送风段设计通风量,此处 $Q_{r1,1} = Q_{r2,1}$;

Q_e, Q_b——通风井排风量及送风量,通常 $Q_e = Q_b$[14]。

需要指出的是,假定需保证每段隧道内空气品质一定,则令多个通风井的每一段浓度相等,即此处 $C_2 = C_3$,可得:

$$
\frac{Q_{req1,1}}{Q_{r1,1}} = \frac{Q_{req2,1}}{Q_{r1,1} - Q_e - Q_{req1,1} + \dfrac{Q_e \cdot Q_{req1,1}}{Q_{r1,1}} + Q_b}
\tag{5-23}
$$

其中, $Q_{r1,1} = Q_e + Q_{s,1}$,可推得:

$$
Q_{r1,1}^2 (Q_{req1,1} - Q_{req2,1}) = Q_{req1,1}^2 \cdot Q_s
\tag{5-24}
$$

因 $Q_e > 0$,则 $Q_{req1,1} - Q_{req2,1} > 0$,故需 $Q_{req1,1} > Q_{req2,1}$。由于背景浓度 $P_{CIO(0)}$ 的存在,通常较难实现。进一步推导,若确保每段隧道在通风井排风口入口处浓度一致,即

$$
P_{ICO1,1}(x) = P_{ICO1,2}(x) = \cdots = P_{ICO1,n}(x)
\tag{5-25}
$$

以两个通风井的隧道为例,即取 $P_{ICO1,1}(x) = P_{ICO1,2}(x)$,则

$$
P_{ICO(0)} + G \cdot \Delta L_{0,0,0,x} = (1-k_1) \left[P_{ICO(0)} + G \cdot \Delta L_{0,0,0,x} + \frac{G}{(1-k_1)} \Delta L_{1,0,0,x} \right]
$$
$$
+ k_1 \cdot P_{ICO(0)} + G \cdot (\Delta L_{1,1,0,x} + \Delta L_{1,1,1,x})
$$

$$
\tag{5-26}
$$

假定两个通风井均分隧道内除短道外的长度,则

$$\Delta L_{0,0,0,x} = \Delta L_{1,1,0,x} + \Delta L_{1,1,1,x} \tag{5-27}$$

故有：

$$G \cdot \Delta L_{0,0,0,x} + \frac{G}{(1-k_1)} \Delta L_{1,0,0,x} = 0 \tag{5-28}$$

因 G 或 $\Delta L_{0,0,x}$ 不为 0，故式(5-28)等式不成立。

本书仅采用以分流系数为控制量进行计算，而不采用气流浓度的概念进行计算。

5.3.2　半横向通风的污染物浓度分布规律的计算

半横向通风分为送风型半横向通风和排风型半横向通风。在路面下侧设置风道送风，在洞口处排风，称之为送风型半横向通风；在洞口处引风，从路面的上方设置风管排风，称之为排风型半横向通风。

无论何种通风方式，车道内风速为零且左右风向相逆的一点称作中性点。中性点可位于车道内或隧道两端（车道延长线）。中性点至隧道出入口段的气流区分别称为顺流段和逆流段。设隧道长为 L，以隧道入口为坐标原点，隧道入口至中性点的距离为 l。

1. 送风型半横向通风隧道 CO 浓度分布特性

送风型半横向通风隧道内机动车排放的 CO 浓度分布与中性点位置有关。假设隧道单位长度送风量 q_b $[(m^3/s)/m]$ 为定值。

1）中性点位于隧道两端内

如图 5-2 所示，图中虚线表示中性点所处断面（下同）。隧道内坐标为 x 处（$0 < x \leqslant L$）机动车排放的 CO 浓度 C_{CO} 可用式(5-29)计算[15]：

$$C_{CO} = \frac{g_{CO}x}{q_b x} = \frac{g_{CO}}{q_b} = \text{const} \tag{5-29}$$

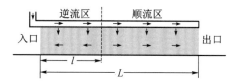

图 5-2　中性点位于隧道两端内

2）中性点位于隧道入口延长线

如图 5-3 所示，隧道内坐标为 x 处（$0 \leqslant x \leqslant L$）机动车排放的 CO 浓度 C_{CO} 可用式(5-30)计算：

$$C_{CO} = \frac{g_{CO}x}{q_b(x+l)} = \frac{g_{CO}}{q_b(1+l/x)} \tag{5-30}$$

又 $x = vt/60$，隧道全程为顺风段，则 P_{ICO} 可表示为

$$P_{\text{ICO}} = P_{\text{ICO(0)}} + P'_{\text{CO}} = P_{\text{ICO(0)}} + \frac{g_{\text{CO}} \cdot P_{\text{mix}}}{\rho q_{\text{b}} \left(1 + \dfrac{60l}{vt}\right)} \tag{5-31}$$

式中，$P_{\text{ICO(0)}}$ 为隧道背景(入口)CO 分压力，mmHg。

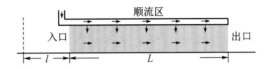

图 5-3　中性点位于隧道入口延长线

3) 中性点位于隧道出口延长线

如图 5-4 所示，隧道内坐标为 x 处 $(0 \leqslant x \leqslant L)$ 机动车排放的 CO 浓度 C_{CO} 可用式(5-32)计算：

$$C_{\text{CO}} = \frac{g_{\text{CO}}(L-x)}{q_{\text{b}}(L+l-x)} = \frac{g_{\text{CO}}}{q_{\text{b}} \left[1 + \dfrac{l}{(L-x)}\right]} \tag{5-32}$$

隧道全程为逆风段，则 P_{ICO} 可表示为

$$P_{\text{ICO}} = P_{\text{ICO(e)}} + \frac{g_{\text{CO}} \cdot P_{\text{mix}}}{\rho q_{\text{b}} \left[1 + \dfrac{l}{\left(L - \dfrac{vt}{60}\right)}\right]} \tag{5-33}$$

式中，$P_{\text{ICO(e)}}$ 为隧道背景(出口)CO 分压力，mmHg。

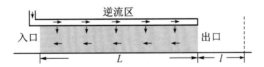

图 5-4　中性点位于隧道出口延长线

2. 排风型半横向通风隧道 CO 浓度分布特性

假定隧道单位长度排风量 $q_{\text{e}}[(\text{m}^3/\text{s})/\text{m}]$ 为定值。排风型半横向通风隧道中性点位于隧道两端内。隧道内坐标为 x 处 $(0 \leqslant x \leqslant L)$ 机动车排放的 CO 浓度 C_{CO} 可用式(5-34)计算：

$$\begin{cases} C_{\text{CO}} = \dfrac{g_{\text{CO}}}{q_{\text{e}}} \ln \dfrac{l}{l-x} & (0 \leqslant x < l) \\[3mm] C_{\text{CO}} = \dfrac{g_{\text{CO}}}{q_{\text{e}}} \ln \dfrac{L-l}{x-l} & (l < x \leqslant L) \end{cases} \tag{5-34}$$

则 P_{ICO} 可表示为

$$\begin{cases} P_{ICO} = P_{ICO(0)} + \dfrac{g_{CO} \cdot P_{mix}}{\rho q_e} \ln \dfrac{l}{l - \dfrac{vt}{60}} & \left(0 \leqslant t < \dfrac{60l}{v}\right) \\ P_{ICO} = P_{ICO(e)} + \dfrac{g_{CO} \cdot P_{mix}}{\rho q_e} \ln \dfrac{L - l}{\dfrac{vt}{60} - l} & \left(\dfrac{60l}{v} < t \leqslant \dfrac{60L}{v}\right) \end{cases} \tag{5-35}$$

5.3.3 全横向通风的污染物浓度分布规律的计算

全横向通风是指在隧道内设置送风管道和排风管道,由于污浊空气比新鲜空气稍热,会在隧道断面的上部,所以在公路的下面设置送风管道,在公路上方设置排风管道,将污浊空气排走。横向通风隧道压力均匀,通常无纵向风速,故隧道全程 CO 浓度较为平均,其值可用式(5-36)表示。

$$C_{CO} = \frac{g_{CO}}{q_b} = 常数 \tag{5-36}$$

5.3.4 温升对污染物浓度分布规律的影响

以 CO 为例,根据理想气体状态方程,图 5-5 给出以 25℃为基准的 CO 体积变化率。

由图 5-5 可知,在 10~40℃范围内,CO 体积变化率小于 5%。故通常在隧道工程中,可以忽略隧道内部温升对 CO 浓度分布的影响。

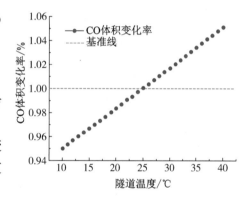

图 5-5　温升对 CO 气体体积的影响

5.4　公路隧道内 CO 浓度限值的讨论

5.4.1　CO 浓度与 CFK 方程

现有规范对公路隧道内 CO 浓度限值的一个主要依据是 May 氏曲线的结论:人体血液中碳氧血红蛋白(COHb)饱和度超过 10%后,就会引起不同程度的症状:饱和度为 10%~20%时,将会引起轻度头痛;饱和度达到 20%~30%时,将引起剧烈头痛。May 氏实验给出的是在不同的环境 CO 浓度下,人体活动状态、经历时间与 COHb 浓度、人体症状的关系。当前国内外有大量文献给出在不同的 COHb 浓度和暴露时间下对应的人体症状。

Coburn 等[16]建立了在一定的且较低的环境 CO 浓度下人体暴露时间与人体内 COHb 浓度的微分形式的关系式,即通常所说的 CFK 方程(Coburn-Forster-Kane Equation,或剂量-反应方程)。Coburn 等人在建立 CFK 方程时进行的假设之一是认为 O_2Hb 浓度是定值,不随时间而变化。世界卫生组织(WHO)进行过一系列的实验研究,验证了应用 CFK 方程计算血液中的 COHb 具有一定的可靠性。此后,不少学者对 CFK 方程进行了改进,使得 CFK 方程与隧道工程的结合更为紧密。

在建立 CFK 方程之前,Coburn 等[16]进行了如下假设:

(1) 人体内 CO 储量与血液中 COHb 始终保持平衡;

(2) 肺泡中 CO 分压力一致;

(3) 不考虑肺气体中的 CO 含量交换;

(4) 人体吸入与呼出气体速率相等;

(5) CO 只通过肺进行交换。

人体内 CO 储量随时间的变化率可用式(5-37)表示:

$$\frac{dCO}{dt} = \dot{V}_{CO} - D_L(\bar{P}_{CCO} - P_{ACO}) \tag{5-37}$$

式中　CO——人体内 CO 含量,mL(干燥状态下标准温度和压力 Standard Temperature and Pressure, Dry:STPD);

　　　t——人体暴露时间,min;

　　　$\dot{V}_{CO}$——人体 CO 产生率,mL(STPD)/min;

　　　D_L——肺部扩散系数,mL/(min・mmHg);

　　　$\bar{P}_{CCO}$——肺部毛细血管中 CO 与 COHb 达到平衡时的 CO 平均分压力,mmHg;

　　　P_{ACO}——肺泡中 CO 分压力,mmHg。

式(5-37)中最后一项为 CO 通过肺膜的损失量,其值也等于吸入与呼出的 CO 分压力之差,即用式(5-38)表示:

$$\frac{dCO}{dt} = \dot{V}_{CO} - \frac{\dot{V}_A(P_{ACO} - P_{ICO})}{P_B - P_{H_2O}} \tag{5-38}$$

式中　$\dot{V}_A$——肺泡换气率,mL(STPD)/min;

　　　P_B——大气压力,mmHg;

　　　P_{H_2O}——水蒸气压力,mmHg。

如果红细胞中假定维持化学平衡,引入 Haldane 关系式可计算肺部毛细血管平衡时 CO 分压力:

$$\bar{P}_{CCO} = \frac{[COHb]\,\bar{P}_{C_{O_2}}}{[O_2Hb]M} \tag{5-39}$$

式中　$[COHb],[O_2Hb]$——单位体积血液中的 COHb 和 O_2Hb 含量,mL/mL(STPD);

　　　$\bar{P}_{C_{O_2}}$——肺部毛细血管中与 COHb 达到平衡时的平均 O_2 分压力,mmHg;

　　　M——Haldane 常数,表示 Hb 对 CO 的亲和力与对 O_2 的亲和力的比值。

式(5-37)—式(5-39)联立,并假定除[COHb]和 t 外均为定值,得到:

$$\frac{dCO}{dt} = \dot{V}_{CO} - \frac{[COHb]\,\bar{P}_{C_{O_2}}}{[O_2Hb]M} \times \frac{1}{\dfrac{1}{D_L} + \dfrac{P_B - P_{H_2O}}{\dot{V}_A}} + \frac{P_{ICO}}{\dfrac{1}{D_L} + \dfrac{P_B - P_{H_2O}}{\dot{V}_A}} \tag{5-40}$$

式(5-40)即 CFK 方程的一般形式。

5.4.2　改进的 CFK 方程与参数取值

CFK 方程中假设仅 COHb 为变量,本书 5.3 节已经推导了不同通风方式下公路隧道内变量 P_{ICO} 的表达形式,基于此改进了 CFK 方程。考虑增加 P_{ICO} 为变量的 CFK 微分方程为一阶线性非齐次方程,其形式较复杂,不利于工程中使用。如若再考虑增加其他变量因素,很有可能加剧方程的复杂性,对求解方程解析解也将带来较大的难度。

经推导可得出 CFK 方程的差分方程来计算公路隧道 CO 设计浓度[12, 15, 17]:

$$[COHb]_{t+\Delta t} = [COHb]_t + \alpha \cdot \Delta t \qquad (5-41)$$

式中,$\alpha = \dfrac{\dot{V}_{CO}}{V_b} + \dfrac{\left[P_{ICO} - \dfrac{[COHb]_t \bar{P}_{CO_2}}{M([O_2Hb]_{max} - [COHb]_t)} \right]}{V_b \left(\dfrac{1}{D_L} + \dfrac{P_B - P_{H_2O}}{\dot{V}_A} \right)}$。

将公路隧道不同通风方式下 P_{ICO} 的表达式(见本书第 5.3 节)代入式(5-41)后进行数值迭代计算即可求得在一定的环境 CO 浓度背景下任意时刻血液中 COHb 数值,在一定的 COHb 值下反算 CO 环境浓度限值。本处,COHb 浓度值分别选取 1.0%,2.0%,2.5%,3.0%,5.0% 作为 CO 浓度限值计算标准。

若以[COHb]表示,需进行如下转换:

$$[COHb]\% = \dfrac{100 \times [COHb]mL/mL}{[O_2Hb_{max}]} \qquad (5-42)$$

故以上各浓度限值在计算中以血液体积比例来表示,即转化为 0.004 mL/mL,0.005 mL/mL,0.006 mL/mL,0.010 mL/mL,0.020 mL/mL。

对于人体血液中 COHb 浓度初始值的确定,根据文献[17]的研究,[COHb]与[O_2Hb]存在以下关系:

$$[O_2Hb]_t = [O_2Hb]_{max} - [COHb]_t \qquad (5-43)$$

式中　$[COHb]_t$, $[O_2Hb]_t$——t 时刻单位体积血液中的 COHb 和 O_2Hb 含量,mL/mL;

$\quad\quad [O_2Hb]_{max}$——正常情况下血液中的 O_2Hb 含量,约为 0.20 mL/mL。

正常人体血液中 COHb 占血红蛋白含量的 0.1%～0.7%,通常可采用 COHb 占血红蛋白含量的 0.8% 作为人体血液中 COHb 的初始值。零时刻即初始状态下以血液体积比例来表示的人体血液中 COHb 浓度值$[COHb]_0$ 为 0.0016 mL/mL。

基于《环境空气质量标准》(GB 3095—2012),隧道入口处 CO 初始浓度取为 4 mg/m³,其他部分参数取值见表 5-11。

表 5-11   部分针对改进的 CFK 方程的计算参数取值

参数	取值	参数	取值
$\bar{P}_{CO_2}$	100 mmHg	P_B	760 mmHg
M	218	P_{H_2O}	47 mmHg
D_L	30 mL/(min·mmHg)	$\dot{V}_A$	6 000 mL/min
V_b	5 500 mL	$\dot{V}_{CO}$	0.007 mL/min

5.4.3 隧道 CO 设计浓度的讨论

以射流风机式纵向通风隧道为例讨论 CO 设计浓度及其影响因素。典型的射流风机纵向通风隧道沿程 CO 浓度分布如图 5-6 所示。图 5-6 给出了当隧道长度为 5 km,运营车速为 50 km/h 时,不同 COHb 浓度指标对应的沿程 CO 浓度分布。

对于射流风机式纵向通风隧道而言,基于累积效应在隧道近出口处 CO 浓度达到最高值。显而易见,从卫生与安全角度出发,限定隧道近出口处的 CO 浓度无论对于设计阶段还是运营阶段都具有积极意义。

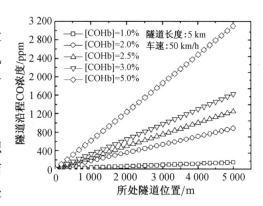

图 5-6 射流风机式纵向通风隧道沿程 CO 浓度分布

1. 隧道长度对 CO 浓度限值的影响

图 5-7 给出了公路隧道在正常运营工况下,车速为 50 km/h 时(从安全角度出发,取较低的正常运营工况进行计算),隧道长度自 1～20 km 近出口处 CO 浓度限值,纵坐标采用对数坐标以突出在较低 CO 浓度范围内不同 COHb 浓度对应的限值变化趋势。

现行《细则》和《报告》(上海《地标》取值与《报告》一致)分别给出的 CO 浓度限值与 5 条曲线仅有 2 个交点(x_1 和 x_2)。若按[COHb]=2.0% 或更大值取值时,按《细则》或《报告》取值的长度在 20 km 以下的射流风机式纵向通风隧道均满足卫生要求。

当[COHb]=1.0% 时,CO 浓度限值与《细则》和《报告》给出的限值存在交点。实际上,短期暴露的等效 COHb 浓度值均接近 1.0%,因而讨论[COHb]=1.0% 更具参考价值。在该条件下,仅当隧道长度小于 7.6 km 时,《规范》限值满足卫生要求。CFK 方程的计算结果并不十分支持《细则》对于判定 CO 浓度限值长度分界点 1.0 km 和 3.0 km 的选取。对于《报告》中给出的 CO 浓度限值,当隧

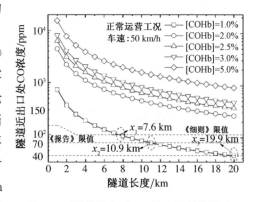

图 5-7 隧道长度对 CO 浓度限值的影响

道长度小于 10.9 km 时,《报告》(取设计年份 2010 年)限值满足卫生要求。此外,若将 CO 浓度限定为 40 ppm(约 46 mg/m³),隧道长度在 19.9 km 之内 CO 浓度均将在安全范围之内,故在较高的卫生要求下,40 ppm 一般可作为限值的下限。总体来讲,《细则》除卫生要求整体低于《报告》(即上海《地标》)外,目前《报告》相比《细则》对长距离公路隧道的适用性也较好。

进一步分析基于不同[COHb]值计算得到的结果差异,以图 5-7 中[COHb]=5.0% 与 1.0% 两组 CO 浓度分布数据为例进行比较,其近出口处 CO 浓度的倍数近似等于[COHb]= 5.0% 与[COHb]₀的差值与[COHb]=1.0% 与[COHb]₀的差值的倍数。由于进行严格的数学推导存在一定的难度,给出表 5-12,用于隧道近出口处参数的比较。

表 5-12 隧道近出口处参数的比较

隧道长度/ km	隧道近出口处参数					
	[COHb]/%	CO 浓度/ ppm	[COHb]/%	CO 浓度/ ppm	[COHb]增量 之比	CO 浓度 之比
0.5	2.0	8 802.9	1.0	1 469.6	6	6.0
	2.5	12 469.6			8.5	8.5
	3.0	16 136.2			11	11.0
	5.0	30 803			21	21.0
1	2.0	4 409.4		737.7	6	6.0
	2.5	6 245.3			8.5	8.5
	3.0	8 081.2			11	11.0
	5.0	15 425.0			21	20.9
10	2.0	449.1		77.9	6	5.8
	2.5	634.7			8.5	8.1
	3.0	820.3			11	10.5
	5.0	1 562.9			21	20.1
20	2.0	228.7		41.2	6	5.6
	2.5	322.6			8.5	7.8
	3.0	416.6			11	10.1
	5.0	792.2			21	19.2

由表 5-12 可知,隧道近出口处 CO 浓度之比近似为[COHb]增量之比,且当隧道长度越短时比例越接近。

2. 车速对 CO 浓度限值的影响

图 5-8 给出了运营车速为 50~100 km/h 时,不同隧道长度指标对应的隧道近出口处 CO 浓度分布,其中[COHb]取 1.0%。

在一定的隧道长度下,随着车速的增加隧道近出口处CO浓度几乎成线性增长。车速变化对短隧道CO浓度限值影响较大,但短隧道所需CO浓度限值在隧道正常运营车速范围内整体要求较低(即作为限值的CO质量浓度值较高)。

3. CO浓度限值计算式及其拟合过程

对图5-7即隧道长度对CO浓度限值的影响进行数据拟合。令δ_{CO}为隧道CO浓度限值,则对于长度为L,运营车速为v且以[COHb]浓度为卫生限值的射流风机式纵向通风隧道其CO浓度限值δ_{CO}(L,v,[COHb])即为隧道近出口处CO浓度限值。

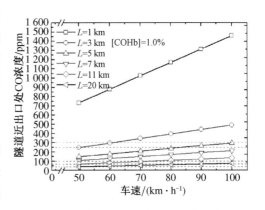

图5-8 车速对CO浓度限值的影响

在$L = 1 \sim 20$ km,$v = 50 \sim 100$ km/h内,以$L = 1$ km数据为基准,引入[COHb]修正,δ_{CO}可表示为

$$
\begin{aligned}
\delta_{CO}(L, v, [COHb]) &= \delta_{CO}(L, v, 1.0\%) \cdot \frac{[COHb] - 0.8\%}{1.0\% - 0.8\%} \\
&= \frac{\delta_{CO}(1, v, 1.0\%)}{L} \cdot \frac{[COHb] - 0.8\%}{0.2\%}
\end{aligned}
\tag{5-44}
$$

当L一定,随着v增加,隧道CO浓度限值δ_{CO}几乎呈线性增长,引入速度修正后,δ_{CO}可表示为

$$
\begin{aligned}
\delta_{CO}(L, v, [COHb]) &= \frac{\delta_{CO}(1, v, 1.0\%)}{L} \cdot \frac{[COHb] - 0.8\%}{0.2\%} \\
&= \frac{\delta_{CO}(1, 50, 1.0\%)}{L} \frac{v}{50} \cdot \frac{[COHb] - 0.8\%}{0.2\%} \\
&= \frac{737}{L} \cdot \frac{v}{50} \cdot \frac{[COHb] - 0.8\%}{0.2\%} (ppm) \\
&= \frac{844}{L} \cdot \frac{v}{50} \cdot \frac{[COHb] - 0.8\%}{0.2\%} (mg/m^3)
\end{aligned}
\tag{5-45}
$$

式(5-45)即为射流风机式纵向通风隧道正常运营工况CO浓度限值拟合计算式。CO浓度限值除适用于设计阶段外,也适用于运营阶段。目前,对于短距离隧道,无论《细则》还是《报告》的CO浓度限值均已远低于式(5-45)的计算结果,这从一个侧面反映了:从卫生角度出发,短距离隧道的卫生设计需求并不如长距离隧道突显。但在应对公路隧道事故通风上,式(5-45)给出的计算值可作为参考值进行考量。

参考文献

［1］中华人民共和国交通运输部.公路隧道通风设计细则：JTG/T D70-2-02—2014［S］.北京：人民交通出版社股份有限公司，2014.

［2］中华人民共和国交通部.公路隧道通风照明设计规范：JTJ 026.1—1999［S］.北京：人民交通出版社，2000.

［3］邓顺熙,谢永利,袁雪戡.特长公路隧道CO浓度设计限值的研究［J］.中国公路学报. 2003，16：69-72.

［4］PIARC. Road Tunnel：Vehicle Emissions and Air Demand for Ventilation［R］.PIARC：France，2012.

［5］苏立勇.公路隧道通风设计问题分析［J］.现代隧道技术,2005，42：26-30.

［6］上海市隧道工程轨道交通设计研究院.道路隧道设计标准：DG/TJ 08—2033—2017［S］.上海：同济大学出版社,2017.

［7］HAERTER A，AAERTER S. 道路隧道风量和通风设计的新见解［J］.诸葛海，译.隧道译丛,1986，2：5-14.

［8］吕康成,伍毅敏.特长公路隧道通风设计若干问题与对策［J］.现代隧道技术,2006，43(6)：35-39.

［9］日本道路协会,道路公团设计要领(换气编)［M］.东京：丸善株式会社,1985.

［10］涂耘.公路隧道通风烟雾基准排放量折减取值的分析［J］.公路交通技术,2004(2)：75-77.

［11］杨飏.氮氧化物减排技术与烟气脱硝工程［M］.北京：冶金工业出版社,2007.

［12］叶蔚,张旭.纵向通风隧道正常运营CO浓度限值计算［J］.同济大学学报：自然科学版,2013，41(6)：882-888.

［13］吕康成,伍毅敏.隧道排送组合纵向通风计算公式的建立［C］//公路隧道运营管理与安全国际学术会议论文集.重庆,2006.

［14］王晓雯,蒋树屏.公路长隧道纵向组合通风计算方法及应用［J］.中国公路学报. 1996,9：62-71.

［15］叶蔚,张旭.横向通风隧道正常运营CO浓度限值计算［J］.同济大学学报(自然科学版),2012，40(10)：1536-1541.

［16］COBURN R，FORSTER R，KANE P. Considerations of the physiological variables that determine the blood carboxyhemoglobin concentration in man［J］. Journal of clinical investigation，1965，44(11)：1899-1910.

［17］陈文艺.公路隧道空气质量模拟与控制［D］.西安：长安大学,2006.

6 城市公路隧道的通风技术发展

6.1 公路隧道需风量的计算方法

隧道通风的需风量一般按两种不同工况分别计算,一种是针对正常工况运营通风;另一种是火灾工况下的排烟通风。本章内容主要针对隧道运营通风的需风量计算方法,计算需风量主要用以选择通风机的设备容量。如果计算需风量太大将导致通风设备配置过量,增加隧道通风系统的初期投资及运行费用,需风量偏小将导致不能合理地稀释隧道内汽车尾气的污染物和烟尘浓度,无法保障行车的舒适性及驾驶员的可见度。目前,我国道路隧道通风的设计依据分别是《公路隧道通风设计细则》(JTG/T D70/2-02—2014)(以下简称《细则》)[1]及世界道路协会 PIARC 于 2012 发布的报告[2]提供的计算方法。

6.1.1 稀释 CO 的需风量

下面分别给出我国《细则》和 PIARC 报告中稀释 CO 的需风量的计算方法。

1. 我国标准规定的稀释 CO 的需风量计算方法

按照《细则》中规定,城市地下交通联络通道中 CO 排放量计算公式为

$$Q_{CO} = \frac{1}{3.6 \times 10^6} \cdot q_{co} \cdot f_a \cdot f_d \cdot f_h \cdot f_{iv} \cdot L \cdot \sum_{m=1}^{n}(N_m \cdot f_m) \tag{6-1}$$

式中　Q_{co}——公路隧道 CO 排放量,m³/s;

　　　q_{co}——CO 基准排放量,m³/(veh·km),正常工况下取 0.007 m³/(veh·km),阻滞工况时,2000 年的机动车尾气排放有害气体中 CO 的基准排放量取 0.015 m³/(veh·km),且阻滞段计算长度不宜大于 1 000 m;

　　　f_a——考虑 CO 的车况系数,一级公路取 1.0,二、三、四级公路取 1.1~1.2;

　　　f_d——车密度系数,见表 6-1;

　　　f_h——考虑 CO 的海拔高度系数;

　　　f_{iv}——考虑 CO 的纵坡-车速系数,具体数值见表 6-2;

　　　L——公路隧道长度,m;

　　　f_m——考虑 CO 的车型系数,柴油车和小客车取 1.0,旅行车和轻型货车取 2.5,中型货车取 5.0,大型客车和拖挂车取 7.0;

　　　n——车型类别数;

　　　N_m——相应车型的设计交通量,veh/h。

表 6-1 和表 6-2 分别为式(6-1)中的车密度系数表和考虑 CO 的纵坡-车速系数表。

表 6-1　　　　　　　　　　　　车密度系数 f_d

工况车速/(km·h⁻¹)	100	80	70	60	50	40	30	20	10
f_d	0.6	0.75	0.85	1	1.2	1.5	2	3	6

表 6-2   考虑 CO 的纵坡-车速系数 f_{iv}

工况车速 /(km·h⁻¹)	隧道行车方向纵坡 i/%								
	−4	−3	−2	−1	0	1	2	3	4
100	1.2	1.2	1.2	1.2	1.2	1.4	1.4	1.4	1.4
80	1.0	1.0	1.0	1.0	1.0	1.0	1.2	1.2	1.2
70	1.0	1.0	1.0	1.0	1.0	1.0	1.0	1.2	1.2
60	1.0	1.0	1.0	1.0	1.0	1.0	1.0	1.0	1.2
50	1.0	1.0	1.0	1.0	1.0	1.0	1.0	1.0	1.0
40	1.0	1.0	1.0	1.0	1.0	1.0	1.0	1.0	1.0
30	0.8	0.8	0.8	0.8	0.8	1.0	1.0	1.0	1.0
20	0.8	0.8	0.8	0.8	0.8	1.0	1.0	1.0	1.0
10	0.8	0.8	0.8	0.8	0.8	0.8	0.8	0.8	0.8

稀释 CO 的需风量计算公式为

$$Q_{req(co)} = \frac{Q_{co}}{\delta} \cdot \frac{p_0}{p} \cdot \frac{T}{T_0} \times 10^6 \tag{6-2}$$

式中 $Q_{req(co)}$——公路隧道稀释 CO 的需风量,m^3/s;

Q_{co}——公路隧道 CO 排放量,m^3/s;

δ——CO 设计浓度,ppm,见本书 5.1.1 节;

p_0——标准大气压,kPa;

p——公路隧道设计气压,kPa;

T_0——标准气温,K,取 273 K;

T——地下交通联络通道夏季的设计气温,K,取 303 K。

采用《细则》计算公路隧道需风量,需要考虑系数 f_d, f_{iv}以及隧道的设计交通量。车速和隧道坡度的影响体现在因子 f_d与 f_{iv}上,《细则》中给出的 CO 基准排放量 0.007 $m^3/(veh \cdot km)$是以 2000 年为起点,计算中应考虑 2%的年递减率。

2. PIARC 报告提供的稀释 CO 的需风量计算方法

PIARC 报告中公路隧道需风量在常温常压下的计算公式为

$$V = \sum (n_{veh}Q) \frac{0.001\ 25}{C_{adm} - C_{amb}} \tag{6-3}$$

式中 V——公路隧道需风量,m^3/h;

n_{veh}——公路隧道内的车辆数,veh;

Q——CO 排放因子,g/(h·veh);

C_{adm}——CO 允许排放浓度,ppm,日常交通阻塞状态时取 70 ppm,严重阻塞状态时取 100 ppm;

C_{amb}——CO 环境浓度,ppm,可取 1~5 ppm。

以 2007 年为基准的中国汽车 CO 排放因子如表 6-3 所列。

表 6-3　　　　　　　　　中国汽车 CO 排放因子(2007 年)　　　　　单位:g/(h·veh)

工况车速 /(km·h⁻¹)	隧道行车方向纵坡 i/%						
	−6	−4	−2	0	2	4	6
0	31.7	31.7	31.7	31.7	31.7	31.7	31.7
10	37.3	40.1	43.6	47.1	52.4	59.3	70.5
20	42.9	48.5	55.5	62.4	73.0	86.9	109.3
30	43.1	51.7	62.6	76.6	94.2	115.4	154.5
40	43.2	54.9	71.1	94.5	124.6	166.1	219.9
50	42.5	56.9	78.3	109.3	153.6	219.2	304.7
60	41.4	57.5	83.1	121.3	181.3	269.3	408.2
70	40.4	57.4	86.3	133.9	213.2	325.5	531.7
80	40.4	57.9	89.7	150.3	255.6	409.2	679.7
90	41.8	60.3	96.3	172.3	313.8	546.9	858.9
100	44.5	65.9	108.9	200.1	392.2	760.3	1 077.0
110	48.0	75.2	129.1	233.8	495.9	1 052.0	1 339.4
120	51.2	87.7	156.1	277.2	634.9	1 313.0	1 691.9
130	52.9	101.4	184.7	341.7	829.1	1 588.7	2 097.6

采用 PIARC 报告计算隧道需风量时,需要计算出隧道内的车辆数。隧道坡度和车速的影响都体现在基准 CO 排放因子中,PIARC 报告中给出的是 2007 年的基准值,在计算中需考虑 2% 的年递减率。

综上所述,稀释 CO 的需风量的分析是公路隧道通风设计的基础,对公路隧道运营的空气质量有重要影响。目前,主要有我国的《细则》和 PIARC 报告这两种方法对公路隧道稀释 CO 的需风量进行分析计算,确定合理的隧道需风量。

6.1.2　稀释烟尘的需风量

1. 我国标准规定的稀释烟尘的需风量计算方法

类似稀释 CO 的需风量计算方法,《细则》中给出的烟尘排放量按式(6-4)计算:

$$Q_{VI} = \frac{1}{3.6 \times 10^6} \cdot q_{VI} \cdot f_{a(VI)} \cdot f_d \cdot f_{h(VI)} \cdot f_{iv(VI)} \cdot L \cdot \sum_{m=1}^{n_D} (N_m \cdot f_{m(VI)}) \tag{6-4}$$

式中　Q_{VI}——公路隧道烟尘排放量，m^2/s；

　　q_{VI}——设计目标年份的烟尘基准排放量，$m^2/(veh \cdot km)$，2000 年的机动车尾气排放有害气体中烟尘的基准排放量取 2.0 $m^2/(veh \cdot km)$；

　　$f_{a(VI)}$——考虑烟尘的车况系数，一级公路取 1.0，二、三、四级公路取 1.2～1.5；

　　$f_{h(VI)}$——考虑烟尘的海拔高度系数；

　　$f_{iv(VI)}$——考虑烟尘的纵坡-车速系数，具体数值见表 6-4；

　　$f_{m(VI)}$——考虑烟尘的柴油车车型系数，小客车、轻型货车为 0.4，中型货车为 1.0，重型货车和大型客车为 1.5，拖挂车和集装箱车为 3.0；

　　n_D——柴油车车型类别数；

　　f_d——车密度系数，见表 6-1；

　　L——隧道长度，m；

　　N_m——相应车型的设计交通量，veh/h。

表 6-4　　　　　　　　　　　　考虑烟尘的纵坡-车速系数 $f_{iv(VI)}$

工况车速 /(km·h⁻¹)	隧道行车方向纵坡 i/%								
	−4	−3	−2	−1	0	1	2	3	4
80	0.30	0.40	0.55	0.80	1.30	2.60	3.70	4.40	—
70	0.30	0.40	0.55	0.80	1.10	1.80	3.10	3.90	—
60	0.30	0.40	0.55	0.75	1.00	1.45	2.20	2.95	3.70
50	0.30	0.40	0.55	0.75	1.00	1.45	2.20	2.95	3.70
40	0.30	0.40	0.55	0.70	0.85	1.10	1.45	2.20	2.95
30	0.30	0.40	0.50	0.60	0.72	0.90	1.10	1.45	2.00
10～20	0.30	0.36	0.40	0.50	0.60	0.72	0.85	1.03	1.25

稀释烟尘的需风量计算公式为

$$Q_{req(VI)} = \frac{Q_{VI}}{K} \tag{6-5}$$

式中　$Q_{req(VI)}$——公路隧道稀释烟尘的需风量，m^3/s；

　　K——烟尘设计浓度，m^{-1}，见本书 5.1.2 节；

　　Q_{VI}——公路隧道烟尘排放量，m^2/s。

需要说明的是，烟尘浓度与经历时间没有关系，即使经历时间很短，也要满足确保视距（能见度）的要求。采用纵向通风方式时，稀释烟尘的需风量计算是按隧道出口或通风井排风口的"点浓度"来进行的。

2. PIARC 报告提供的稀释烟尘的需风量计算方法

PIARC 报告中烟尘排放量按式(6-6)进行计算：

$$Q = q(v, i) \cdot f_h \cdot f_t \cdot f_e \cdot f_M + q_{ne}(v) \tag{6-6}$$

式中 $q(v,i)$——基础排放因子,$\text{m}^2/(\text{h}\cdot\text{veh})$;

  f_h——海拔因子;

  f_t——时间因子,取值见表6-5;

  f_e——其他相关因子;

  f_M——重型车辆的质量因子;

  $q_\text{ne}(v)$——无废气颗粒物排放因子,$\text{m}^2/(\text{h}\cdot\text{veh})$,取值见表6-6。

表6-5   按欧洲综合排放标准的车辆年份修正系数(烟尘)

车辆类型	年份		
	2021	2031	2041
小货车	0.266	0.13	0.13
大、重型车辆	0.306	0.16	0.16

表6-6   无废气颗粒物排放因子   单位:$\text{m}^2/(\text{h}\cdot\text{veh})$

车辆类型	速度		
	60 km/h	40 km/h	20 km/h
小客车、小货车	7.9	5.3	2.6
大客车、大货车	29.3	19.6	9.8

稀释烟尘的需风量按式(6-7)进行计算:

$$V = Q/K \tag{6-7}$$

式中 V——公路隧道需风量,m^3/h;

  Q——公路隧道内烟尘排放量,m^2/h;

  K——烟尘设计浓度,m^{-1}。

6.1.3 换气次数的需风量

1. 我国标准规定的换气次数的需风量计算方法

《细则》中要求,公路隧道空间的最小换气频率不应低于3次/h,且对于采用纵向通风的隧道而言,隧道换气风速不应低于1.5 m/s。

具体来说,公路隧道换气次数的需风量可按式(6-8)计算:

$$Q_\text{req(ac)} = \frac{A_\text{r} n_\text{s} L}{3\,600} \tag{6-8}$$

式中 $Q_\text{req(ac)}$——公路隧道换气次数需风量,m^3/s;

  A_r——公路隧道净空断面积,m^2;

  n_s——公路隧道最小换气频率,即不应低于3次/h;

L——公路隧道长度,m。

$$Q_{\text{req(ac)}} = v_{\text{ac}} A_{\text{r}} \tag{6-9}$$

式中　$Q_{\text{req(ac)}}$——公路隧道换气次数的需风量,m^3/s;

　　　A_{r}——公路隧道净空断面积,m^2;

　　　v_{ac}——隧道换气风速,不应低于 1.5 m/s。

采用纵向通风的隧道,换气次数的需风量应按式(6-8)和式(6-9)计算,并取其大者作为最早隧道空间不间断换气的需风量。

2. PIARC 报告提供的换气次数的需风量计算方法

根据 PIARC 于 2012 年发布的报告,公路隧道空间的不间断换气次数宜根据需风量的设计方法[如式(6-8)和式(6-9)]进行计算;当交通量较小时,宜采用不低于 4 次/h 的换气次数。对于采用纵向通风的公路隧道,隧道内的换气风速不宜小于 1.0～1.5 m/s。

6.2　公路隧道主要阻力和动力的计算

本节介绍的是除风机动力外,公路隧道中其他主要阻力和动力的计算方法。

6.2.1　公路隧道自然通风力和交通通风力

公路隧道自然风引起的压差主要由隧道洞口间的气压坡度差、隧道内外温度差引起的热压差以及洞外季风吹入洞口时产生的“风墙式”压差构成。在实际公路隧道中,因时间和自然风风速、风向的变化使得这种自然通风力的大小和方向会经常变动。因此,从安全的角度考虑,通风设计中通常视自然风向与交通方向逆向,即作为阻力考虑。但当确定自然风作用引起的洞内风速常年与隧道通风方向一致时,即不开启机械通风设备或启用少量风机就能达到隧道通风的效果,宜作为隧道通风动力考虑[3]。

自然通风力应按式(6-10)考虑。当自然通风力为阻力时,取“+”;当自然通风力为动力时,取“-”。

$$\Delta p_{\text{m}} = \pm \left(1 + \xi_{\text{e}} + \lambda_{\text{r}} \frac{L}{D_{\text{r}}}\right) \cdot \frac{\rho}{2} \cdot v_{\text{n}}^2 \tag{6-10}$$

式中　Δp_{m}——公路隧道内自然通风力,N/m^2;

　　　v_{n}——自然风作用引起的洞内风速,m/s;

　　　ξ_{e}——公路隧道入口局部阻力系数;

　　　λ_{r}——公路隧道沿程阻力系数;

　　　L——公路隧道长度,m;

　　　D_{r}——公路隧道断面当量直径,m;

　　　ρ——空气密度,kg/m^3。

在单向交通情况下,交通通风力作为通风的一种动力。工况车速是指设计速度下按 10 km/h 为一档划分的车速。当工况车速小于设计车速时,车辆成为洞内气流的局部阻力,如 交通堵塞或慢速行驶时,交通通风作为阻力考虑,否则会产生通风能力不足的问题。在双向交 通情况下,无法完全利用汽车产生的活塞风,为了避免发生通风能力不足的问题,交通通风力 一般作为阻力考虑。

单洞双向交通隧道交通通风力可按式(6-11)计算:

$$\Delta p_t = \frac{A_m}{A_r} \cdot \frac{\rho}{2} \cdot n_+ \cdot (v_{t(+)} - v_r)^2 - \frac{A_m}{A_r} \cdot \frac{\rho}{2} \cdot n_- \cdot (v_{t(-)} + v_r)^2 \qquad (6\text{-}11)$$

式中 Δp_t——交通通风力,N/m²;

n_+——公路隧道内与 v_r 同向的车辆数,$n_+ = \dfrac{N_+ \cdot L}{3\,600 \cdot v_{t(+)}}$;

n_-——公路隧道内与 v_r 反向的车辆数,$n_- = \dfrac{N_- \cdot L}{3\,600 \cdot v_{t(-)}}$;

A_r——公路隧道净空断面积,m²;

ρ——空气密度,kg/m³;

L——公路隧道长度,m;

N_+——公路隧道内与 v_r 同向的设计高峰小时交通量,veh/h;

N_-——公路隧道内与 v_r 反向的设计高峰小时交通量,veh/h;

v_r——公路隧道设计风速,m/s;

$v_{t(+)}$——与 v_r 同向的各工况车速,m/s;

$v_{t(-)}$——与 v_r 反向的各工况车速,m/s;

A_m——汽车等效阻抗面积,m²。

单向交通隧道交通通风力可按式(6-12)计算。当 $v_t > v_r$ 时,取"+";当 $v_t < v_r$ 时,取 "—"。

$$\Delta p_t = \pm \frac{A_m}{A_r} \cdot \frac{\rho}{2} \cdot n_c \cdot (v_t - v_r)^2 \qquad (6\text{-}12)$$

式中 ρ——空气密度,kg/m³;

v_r——公路隧道设计风速,m/s;

v_t——各工况车速,m/s;

n_c——隧道内车辆数,$n_c = \dfrac{N \cdot L}{3\,600 \cdot v_t}$;

其中 N——设计交通量,veh/h;

L——公路隧道长度,m。

汽车等效阻抗面积可按式(6-13)计算:

$$A_m = (1 - r_l) \cdot A_{cs} \cdot \xi_{c1} + r_l \cdot A_{cl} \cdot \xi_{c2} \qquad (6\text{-}13)$$

式中　A_{cs}——小型车正面投影面积，m^2；

　　　A_{cl}——大型车正面投影面积，m^2；

　　　r_1——大型车比例；

　　　ξ_{ci}——公路隧道内小型车或大型车的空气阻力系数，$\xi_{ci} = 0.076\,8\,x_i + 0.35$；

　　　x_i——第 i 种车型在隧道行车空间的占积率，%。

6.2.2　公路隧道通风阻力的计算

公路隧道内通风阻力应按式(6-14)—式(6-16)计算：

$$\Delta p_r = \Delta p_\lambda + \sum \Delta p_{\xi i} \tag{6-14}$$

$$\Delta p_\lambda = \left(\lambda_r \cdot \frac{L}{D_r} \right) \cdot \frac{\rho}{2} \cdot v_r^2 \tag{6-15}$$

$$\Delta p_{\xi i} = \xi_i \cdot \frac{\rho}{2} \cdot v_r^2 \tag{6-16}$$

式中　Δp_r——公路隧道内通风阻力，N/m^2；

　　　Δp_λ——公路隧道内沿程摩擦阻力，N/m^2；

　　　L——公路隧道长度，m；

　　　D_r——公路隧道断面当量直径，m；

　　　ρ——空气密度，kg/m^3；

　　　$\Delta p_{\xi i}$——公路隧道内局部阻力，N/m^2；

　　　ξ_i——局部阻力系数，可由相关专业设计手册查询得到；

　　　v_r——公路隧道设计风速，m/s。

6.3　纵向通风的设计与计算

6.3.1　全射流纵向通风

全射流纵向通风是纵向通风中最常用的方式，其利用悬挂在隧道顶部射流风机的高速气流诱导进行通风，通风道即车辆行驶的隧道断面。这种通风方式是在隧道顶部间隔一定距离设置射流风机，通风时根据隧道实际需风量开启一定数量的风机。射流风机工作时，风机出口处将会产生沿纵向运动的高速气流，推动前方的空气流动；另外在风机入口处产生负压，抽吸后方空气，从而形成一个局部升压力，保证隧道内新鲜空气的流入和污染气体的排出。以行车方向为通风空气流动方向，在正常运行时，可以有效利用车辆行驶形成的活塞风[4]。全射流纵向通风模式如图 6-1 所示。

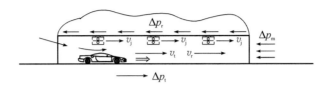

Δp_r—通风阻抗力；v_j—射流风机出口风速；v_t—车速；
v_r—公路隧道设计风速；Δp_t—交通通风力；Δp_m—自然通风力

图 6-1　全射流纵向通风模式

隧道内压力平衡应满足式(6-17)：

$$\Delta p_r + \Delta p_m = \Delta p_t + \sum \Delta p_j \tag{6-17}$$

式中　Δp_r——通风阻抗力，隧道摩擦阻力与出口局部阻力损失，N/m^2；

　　　Δp_m——自然通风力，当为通风阻力时为正，反之为负，N/m^2；

　　　Δp_t——交通通风力，当为通风阻力时为正，反之为负，N/m^2；

　　　$\sum \Delta p_j$——射流风机群总升压力，N/m^2。

射流风机升压力与所需台数按下列要求进行计算。

（1）每台射流风机升压力应按式(6-18)计算。

$$\Delta p_j = \rho \cdot v_j^2 \cdot \frac{A_j}{A_r} \cdot \left(1 - \frac{v_r}{v_j}\right) \cdot \eta \tag{6-18}$$

式中　Δp_j——单台射流风机升压力，N/m^2；

　　　ρ——通风计算点的空气密度，kg/m^3；

　　　v_j——射流风机的出口风速，m/s；

　　　A_j——射流风机的出口面积，m^2；

　　　A_r——公路隧道净空断面积，m^2；

　　　v_r——公路隧道设计风速，m/s；

　　　η——射流风机位置摩阻损失折减系数；当隧道同一断面布置 1 台射流风机时，可按表 6-7 取值[1]；当隧道同一断面布置 2 台及 2 台以上射流风机时，射流风机位置摩阻损失折减系数可取 0.7。

表 6-7　　　　　　　　　单台射流风机位置摩阻损失折减系数 η

Z/D_j	1.5	1.0	0.7	
η	0.91	0.87	0.85	

注：Z 表示射流风机中心距隧道顶部的距离，m；D_j 表示射流风机的内径，m。

（2）在满足公路隧道设计风速 v_r 的条件下,射流风机台数可按式(6-19)进行计算：

$$i = \frac{\Delta p_r + \Delta p_m - \Delta p_t}{\Delta p_j} \tag{6-19}$$

式中,i 为所需射流风机的台数,台。其余参数说明同式(6-17)。

一般认为,纵向式通风的建设费用和运行管理费用低,是最经济的通风方式。特别是对于单向通行的隧道而言,能合理利用交通通风力,其通风所需动力显著降低。我国机械通风的公路隧道中,绝大多数采用的是全射流纵向通风[5]。这种系统通风效果的好坏除了与风机本身的性能有关外,还与隧道断面的几何因素、交通流量、自然环境(如风力、风向等)因素有关。

6.3.2 集中送入式纵向通风

集中送入式纵向通风方式是将较大功率轴流风机布置在公路隧道洞口附近,其喷流方向与交通方向一致,所产生的风压与交通通风力共同克服隧道通风阻抗和自然风阻力。集中送入式纵向通风模式如图 6-2 所示。

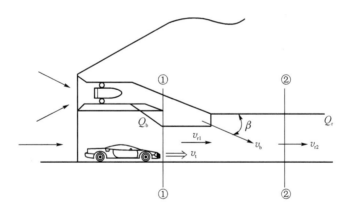

Q_b—送风口喷出风量;v_{r1}—隧道①—①断面设计风速;v_t—车速;v_b—送风口喷出风速;
Q_r—隧道设计风量;v_{r2}—隧道②—②断面设计风速;β—喷流方向与隧道轴向的夹角

图 6-2　集中送入式纵向通风模式

送风机送风口升压力可按式(6-20)计算：

$$\Delta p_b = 2 \cdot \frac{Q_b}{Q_r} \cdot \left(\frac{K_b \cdot v_b \cdot \cos\beta}{v_r} - 2 + \frac{Q_b}{Q_r} \right) \cdot \frac{\rho}{2} \cdot v_r^2 \tag{6-20}$$

式中　Δp_b—— 送风机送风口升压力,N/m^2;

$\quad\quad Q_r$ ——公路隧道设计风量,m^3/s,一般情况下 $Q_r = Q_{req}$;

$\quad\quad Q_{req}$ ——公路隧道需风量,m^3/s;

$\quad\quad Q_b$ ——送风口喷出风量,即送风机风量,m^3/s;

v_b——送风口喷出风速，一般取 $20 \sim 30$ m/s；

β——喷流方向与隧道轴向的夹角，(°)；

K_b——送风口升压动量系数，可取 $K_b = 1.0$；

ρ——空气密度，kg/m^3；

v_r——隧道设计风速，m/s。

送风口面积 A_b 可按式(6-21)计算，且当为两车道隧道时 A_b 不宜大于 12.0 m^2：

$$A_b = \frac{Q_b}{v_b} \tag{6-21}$$

送风机风量可按式(6-22)和式(6-23)计算，送风机设计全风压可按式(6-24)计算：

$$Q_b = \frac{Q_r}{2} \cdot \left(\sqrt{a^2 + \frac{4\Delta p_b}{\rho \cdot v_r^2}} - a \right) \tag{6-22}$$

其中

$$a = \frac{K_b \cdot v_b \cdot \cos \beta}{v_r} - 2 \tag{6-23}$$

$$p_{tot} = \left(\frac{\rho}{2} \cdot v_b^2 + \Delta p_d \right) \times 1.1 \tag{6-24}$$

式中　p_{tot}——送风机设计全风压，N/m^2；

Δp_d——风道、送风口等部位的总压力损失，N/m^2。

其余参数说明同式(6-20)。

集中送入式纵向通风方式的工作原理与射流风机通风基本一样，属于同一类型。由于该方式在隧道内存在大风量高速喷流，因此一般适用于单向交通隧道。它的优点是便于集中控制和管理，升压效果显著，但在我国还没有采用该通风方式的隧道，这里所采用的通风参数参考了国外的经验和标准[1]。

关于送风口升压动量系数 K_b，需综合考虑送风道和送风口的结构形式及工程造价，尽可能保证 $K_b = 1.0$。

6.3.3　通风井排出式纵向通风

为了使纵向通风适用于长大隧道，又不使车道内风速无限制增大，用通风井或旁通道把隧道划分为适当的通风区段，以便供给新鲜空气和排出污染空气[6]。通风井集中排风式通风是利用风机在通风井底部产生负压，使隧道洞口的新鲜空气进入洞内实现换气的通风方式。当此种通风用于双向交通隧道时，一般采用合流型通风井，通风井的位置应该在地形条件和土建结构实施条件允许的情况下尽量靠近隧道中央轴向。当此种通风方式用于单向交通隧道时，可采用合流型或分流型通风井，通风井的位置设置在靠近隧道出口一侧的位置[7]。从环保角度考虑，洞内污染空气洞口排出量为零理论上是可行的，但这需要较大的通风井排风动力，消耗较大电力;另一方面汽车交通流本身会带出一部分风量,因此将洞口处的污染风量定为零实际上很难实现。

(1)双向交通隧道合流型通风井排出式纵向通风方式的压力模式如图6-3所示。

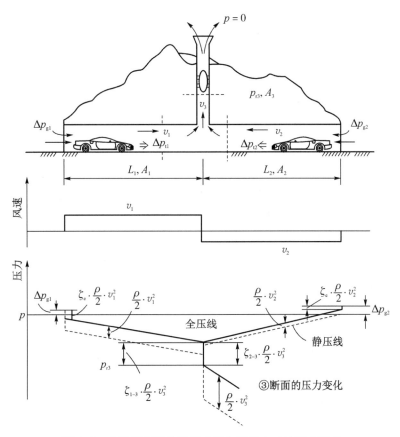

图6-3　合流型通风井排出式纵向通风方式的压力模式

通风井底部合流后的全压可按式(6-25)计算:

$$p_{\text{tot3}} = \Delta p_{g1} + \Delta p_{t1} - \left(\zeta_e + \lambda_r \cdot \frac{L_1}{D_r}\right) \cdot \frac{\rho}{2} \cdot v_1^2 - \zeta_{1\text{-}3} \cdot \frac{\rho}{2} \cdot v_3^2$$

$$= \Delta p_{g2} + \Delta p_{t2} - \left(\zeta_e + \lambda_r \cdot \frac{L_2}{D_r}\right) \cdot \frac{\rho}{2} \cdot v_2^2 - \zeta_{2\text{-}3} \cdot \frac{\rho}{2} \cdot v_3^2 \qquad [6\text{-}25(\text{a})]$$

$$\Delta p_{t1} = \frac{A_m}{A_R} \cdot \frac{\rho}{2} \cdot \left[n_{+1} \cdot (v_t - v_1)^2 - n_{-1} \cdot (v_t + v_1)^2\right] \qquad [6\text{-}25(\text{b})]$$

$$\Delta p_{t2} = \frac{A_m}{A_R} \cdot \frac{\rho}{2} \cdot \left[n_{-2} \cdot (v_t - v_2)^2 - n_{+2} \cdot (v_t + v_2)^2\right] \qquad [6\text{-}25(\text{c})]$$

式中　p_{tot3}——通风井底部全压,N/m^2;

Δp_{g1}——第一区段隧道口与通风井出口之间的气象压差，N/m^2，自然风与隧道通风方向一致时为正；

L_1——第一区段长度，m；

ζ_{1-3}——以通风井内风速为基准第一区段的损失系数；

Δp_{g2}——第一区段隧道口与通风井出口之间的气象压差，N/m^2，自然风与隧道通风方向一致时为正；

ρ——空气密度，kg/m^3；

D_r——隧道断面当量直径，m；

λ_r——隧道沿程阻力系数；

ζ_{2-3}——以通风井内风速为基准第二区段的损失系数；

v_1——第一区段①—①断面平均风速，m/s；

v_2——第二区段②—②断面平均风速，m/s；

v_3——通风井内③—③断面平均风速，m/s；

Δp_{t1}——第一区段的交通通风力，N/m^2；

n_{+1}——第一区段内由一区段往二区段行驶的车辆数，veh；

n_{-1}——第一区段内由二区段往一区段行驶的车辆数，veh；

Δp_{t2}——第二区段的交通通风力，N/m^2；

n_{+2}——第二区段内由一区段往二区段行驶的车辆数，veh；

n_{-2}——第二区段内由二区段往一区段行驶的车辆数，veh。

（2）单向交通隧道合流型通风井排出式纵向通风方式的压力模式如图 6-3 所示。隧道出口段的行车方向与隧道通风方向相反。通风井合流后的全压可按式［6-25(b)］计算，第一区段、第二区段交通通风力可按式［6-25(c)］计算。

（3）单向交通隧道分流型通风井排出式纵向通风方式的压力模式如图 6-4 所示。

隧道第一区段末端的全压（分岔前的全压）可按式（6-26）计算：

$$p_{tot1} = \Delta p_{g1} + \Delta p_{t1} - \left(\zeta_e + \lambda_r \cdot \frac{L_1}{D_r}\right) \cdot \frac{\rho}{2} \cdot v_1^2 \tag{6-26}$$

式中，p_{tot1} 为第一区段末端的全压，N/m^2，其余参数说明同式（6-25）。

隧道第二区段始端的全压（分岔后的全压）可按式（6-27）计算：

$$p_{tot2} = \Delta p_{tot1} - \zeta_{1-2} \cdot \frac{\rho}{2} \cdot v_1^2 \tag{6-27}$$

式中 p_{tot2}——第二区段末端的全压，N/m^2；

ζ_{1-2}——分流型风道主流分岔损失系数。

其余参数说明同式（6-25）和式（6-26）。

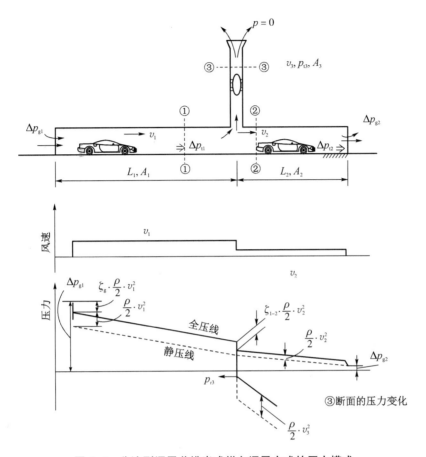

图 6-4　分流型通风井排出式纵向通风方式的压力模式

隧道第二区段末端(出口)的全压可按式(6-28)计算:

$$\Delta p_{g2} + \frac{\rho}{2} \cdot v_2^2 = p_{tot2} - \lambda_r \cdot \frac{L_2}{D_r} \cdot \frac{\rho}{2} \cdot v_2^2 + \Delta p_{t2} \tag{6-28}$$

通风井底部的全压可按式(6-29)计算:

$$p_{tot3} = \Delta p_{tot1} - \zeta_{1-3} \cdot \frac{\rho}{2} \cdot v_1^2 \tag{6-29}$$

通风井排出式纵向通风宜与射流风机相结合,形成通风井与射流风机相结合的组合通风方式。组合通风方式的压力平衡应满足式(6-30)的要求:

$$\Delta p_e + \Delta p_j = \Delta p_r - \Delta p_t + \Delta p_m \tag{6-30}$$

在通风井排出式纵向通风方式的压力模式中,通风井底部左右两侧的风量受交通条件或自然风影响会出现不均衡及通风量不足的现象,从建设费和运营电力费的经济性角度考虑,排风量不宜过大。因此,解决方法之一是建议采用射流风机与通风井相结合的通风方式,如此则可调节通风井两侧区段的风量及风压平衡,避免第一、第二区段出现通风量不足的现象。同时,通风井排出式纵向通风中的排风系统升压效果非常小,往往难以与隧道所需压力平衡,为了解决升压力不足的问题,通常采用升压效果较显著的射流风机与之相结合[8]。另一种解决方法是采用在隧道拱顶局部设置挡风板来增大某一区段通风阻力的方法进行风压调节,以满足两区段的风量及风压平衡。

通风计算应针对通风井位置及通风井与射流风机位置等各种方案相应的需风量、设计风量、风速等进行反复试算,确定合理的沿程压力分布。

排风机的设计风压可按式(6-31)进行计算:

$$p_{tot} = 1.1 \times (p_{tot3} + \Delta p_d) \tag{6-31}$$

式中 p_{tot} ——排风机设计全压,N/m²;

p_{tot3} ——通风井底部全压,N/m²;

Δp_d ——风道、送风口等部位的总压力损失,N/m²。

6.3.4　通风井送排式纵向通风

通风井送排式纵向通风方式适用于单向交通隧道;近期为双向交通、远期为单向交通的隧道亦可采用此类通风方式,通过对远期交通量相对应的双洞单向交通情况和近期交通量相应的单洞双向交通情况分别计算,配备相应的通风设施。通风井送排式纵向通风的风流方向与车行方向完全一致,这将有利于车辆的交通风作用,当通风井位置选择适宜时,通风所需总功率也较小,是一种理想的节能通风方式。但当通风井位置选择在隧道中部时,往往会增加通风井深度,不仅大大增加了土建工程的投资,而且通风井中间加设横隔板大大增加了施工难度[9]。

在通风井送排式纵向通风设计中应防止送、排风口间的短道段出现回流、短路以及污染问题,因此,需要确定合理的短道长度。短道长度越长,其间污染浓度越大,且该段无新鲜空气补充,从这个意义考虑,送、排风口之间的短道不宜过长。但从防止回流方面考虑,为了避免送风口送入的新风从排风口直接排出,影响通风效率,该短道又不能过短。因此,应综合分析确定送、排风口之间的短道长度的合理值,根据国内外工程实践,通常短道段长度取50~60 m较为合理。同时,为防止短道段内的气流出现回流、短路,因而在短道段应提供一定的窜流风速。

通风井送排式纵向通风方式的压力模式如图6-5和图6-6所示。

排风口升压力可按式(6-32)计算,送风口升压力可按式(6-33)计算:

$$\Delta p_e = 2 \cdot \frac{Q_e}{Q_{r1}} \left[\left(2 - \frac{v_e}{v_{r1}} \cos\alpha \right) - \frac{Q_e}{Q_{r1}} \right] \cdot \frac{\rho}{2} \cdot v_{r1}^2 \tag{6-32}$$

$$\Delta p_b = 2 \cdot \frac{Q_b}{Q_{r2}} \left[\left(\frac{v_b}{v_{r2}} \cos\beta - 2 \right) + \frac{Q_b}{Q_{r2}} \right] \cdot \frac{\rho}{2} \cdot v_{r2}^2 \tag{6-33}$$

式中 Δp_e ——排风口升压力,N/m²;

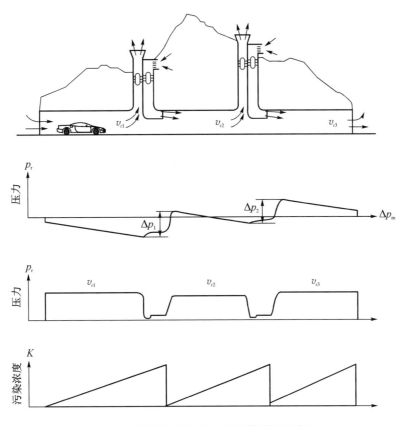

图 6-5 隧道内风速、压力及污染浓度分布图

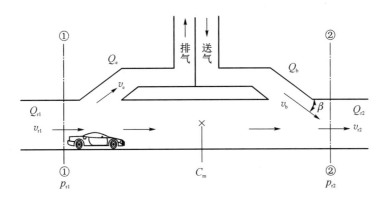

Q_{r1}—第一区段设计风量;v_{r1}—第一区段设计风速;Q_e—排风量;v_e—排风口风速;Q_b—总风量;
v_b—送风口风速;Q_{r2}—第二区段设计风量;v_{r2}—第二区段设计风速;β—送风方向分隧道轴向的夹角;
p_{r1}—①—①断面通风阻力;p_{r2}—②—②断面通风阻力;C_m—短道段气流浓度

图 6-6 通风井送排式纵向通风方式模式图

Δp_b——送风口升压力，$\mathrm{N/m^2}$；

Q_{r1}——第一区段设计风量，$\mathrm{m^3/s}$；

v_{r1}——第一区段设计风速，$\mathrm{m/s}$，$v_{r1}=\dfrac{Q_{r1}}{A_r}$；

Q_{r2}——第二区段设计风量，$\mathrm{m^3/s}$，$Q_{r2}=Q_b-Q_e+Q_{r1}$；

v_{r2}——第二区段设计风速，$\mathrm{m/s}$，$v_{r2}=\dfrac{Q_{r2}}{A_r}$；

Q_e——排风量，$\mathrm{m^3/s}$；

v_b——Q_b 相应的送风口风速，$\mathrm{m/s}$；

v_e——Q_e 相应的排风口风速，$\mathrm{m/s}$；

ρ——空气密度，$\mathrm{kg/m^3}$。

在通风井送排式纵向通风设计中，隧道气流浓度 C 可用需风量与设计风量之比表示。通风井排风口的浓度 C_2 可按式(6-34)计算，通风井底部气流中的等效新鲜空气量 Q_{sf} 可按式(6-35)计算，隧道出口内侧处的浓度 C_3 可按式(6-36)计算，送风量 Q_b 与排风量 Q_e 可按式(6-37)计算：

$$C_2=\frac{Q_{req1}}{Q_{r1}} \tag{6-34}$$

$$Q_{sf}=Q_{r1}-Q_e-Q_{req1}+\frac{Q_e\cdot Q_{req1}}{Q_{r1}} \tag{6-35}$$

$$C_3=\frac{Q_{req2}}{Q_{r1}-Q_e-Q_{req1}+\dfrac{Q_e\cdot Q_{req1}}{Q_{r1}}+Q_b} \tag{6-36}$$

$$Q_b=Q_{req}-Q_{r1}+Q_e\cdot\left(\frac{Q_{r1}-Q_{req1}}{Q_{r1}}\right) \tag{6-37}$$

式中　Q_{req1}——隧道一区段需风量，$\mathrm{m^3/s}$；

Q_{req2}——隧道二区段需风量，$\mathrm{m^3/s}$。

其余参数说明同式(6-33)。

排风口与送风口之间的短道不产生回流，应满足式(6-38)和式(6-39)的条件：

$$\frac{Q_e}{Q_{r1}}\leqslant 1.0 \tag{6-38}$$

$$\frac{Q_b}{Q_{r2}}\leqslant 1.0 \tag{6-39}$$

通风井排风口和隧道出口内侧处的设计浓度应满足式(6-40)和式(6-41)的条件：

$$0.9\leqslant C_2\leqslant 1.0 \tag{6-40}$$

$$0.9\leqslant C_3\leqslant 1.0 \tag{6-41}$$

隧道内压力应满足式(6-42)的条件：

$$\Delta p_b + \Delta p_e \geqslant \Delta p_r - \Delta p_t + \Delta p_m \tag{6-42}$$

当采用通风井送排式纵向通风方式时，沿隧道全长排出废气的浓度分布为：隧道入口开始基本是呈直线状上升，在通风井底部达到最大值，过了送风口位置，浓度急剧降低，之后又几乎呈直线状上升。如果有数个通风井，则重复上述状态，因此从理论上讲，采用这种通风方式，对隧道长度没有限制。

污染风量(需风量)与新鲜风量(设计风量)之比 Q_{req}/Q_r 如果大于1.0，则隧道内空气混浊，这是不允许的；如果比值小于或等于并趋近于1.0，则隧道内空气清洁，符合设计要求；如果比值远小于1.0，虽然隧道内空气清洁，但存在浪费现象，设计方案不经济[1]。

排风机、送风机设计风压可按式(6-43)和式(6-44)计算：

$$p_{tote} = 1.1 \times \left(\frac{\rho}{2} \cdot v_e^2 + p_{de} - p_{se} \right) \tag{6-43}$$

$$p_{totb} = 1.1 \times \left(\frac{\rho}{2} \cdot v_b^2 + p_{db} - p_{sb} \right) \tag{6-44}$$

式中　p_{tote} ——排风机设计风压，N/m^2；

p_{totb} ——送风机设计风压，N/m^2；

p_{de} ——排风口、排风井及其连接风道的总压力损失，N/m^2；

p_{db} ——送风口、送风井及其连接风道的总压力损失，N/m^2；

p_{se} ——隧道内排风口处的总升压力，N/m^2，由隧道沿程压力分布计算求得；

p_{sb} ——隧道内送风口处的总升压力，N/m^2，由隧道沿程压力分布计算求得。

其余参数说明同式(6-32)和式(6-33)。

通风井送排式纵向通风宜与射流风机相结合，形成通风井与射流风机组合纵向通风方式。组合纵向通风方式的压力平衡应满足式(6-45)的要求：

$$\Delta p_b + \Delta p_e + \Delta p_j = \Delta p_r - \Delta p_t + \Delta p_m \tag{6-45}$$

通风井送排式纵向通风中的排风系统其升压效果非常小，往往难以与隧道所需压力相平衡。为了解决升压力不足的问题，一般可采用升压效果较显著的射流风机与之结合。射流风机在组合通风中总体来说是辅助性的，合理确定其数量和适宜的安装位置，将会起到良好的通风升压效果。

6.3.5　吸尘式纵向通风

纵向通风时，理论上隧道内通风气流所消耗功率与通风量的三次方成正比。因此，特长隧道通风用建设费、动力消耗费将显著增加。当通行的柴油车比例较大时，可采用其他技术措施。在稀释烟尘所需通风量很大的隧道中，一般情况下稀释CO的需风量小于为了改善能见度而消除烟尘的需风量。因而将造成视距障碍的烟尘在隧道内除去，则可以减小设计需风量，从而达到节省费用和能源的目的,这正是将静电吸尘应用于隧道通风的原因[10]。

吸尘式纵向通风模式如图 6-7 所示。

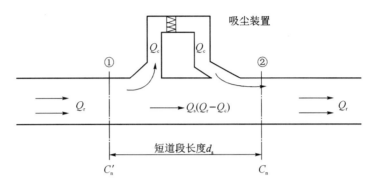

图 6-7 吸尘式纵向通风模式

吸尘装置前后的隧道空间平均烟尘浓度关系可按式(6-46)计算,送、排风口间的短道区间吸尘装置气流流出侧的平均烟尘浓度可按式(6-47)计算:

$$C_n = \left(1 - \frac{Q_c}{Q_r} \cdot \eta_{VI}\right) \cdot C'_n \tag{6-46}$$

$$C_D = C'_n + \frac{Q_{req(s)}}{Q_s} \tag{6-47}$$

式中 C_n ——吸尘后的隧道空间平均烟尘浓度比;

$\quad\quad Q_c$ ——吸尘装置过滤处理风量,m^3/s;

$\quad\quad C'_n$ ——吸尘前的隧道空间平均烟尘浓度比;

$\quad\quad C_D$ ——短道区间吸尘装置气流流出侧的平均烟尘浓度比;

$\quad\quad \eta_{VI}$ ——烟尘净化率,%;

$\quad\quad Q_{req(s)}$ ——短道区间内的需风量,m^3/s;

$\quad\quad Q_r$ ——公路隧道设计风量,m^3/s;

$\quad\quad Q_s$ ——短道设计风量,m^3/s,$Q_s = Q_r - Q_c$。

吸尘装置一般在隧道内达到设计浓度前的位置处安装,吸尘装置的处理风量是下一区段(指两台吸尘装置之间的隧道长度)的需风量,由此吸尘装置处理风量的取值大小会影响吸尘装置的设置间距和设置台数。对于吸尘机滤除的粉尘,一般将其作固化处理,以便储藏或弃放,并可作为与其他物质的混合剂加以积极利用。

吸尘装置的安装方式一般有两种:一种是在隧道拱部轴向分散布置小容量吸尘装置的分散安装方式;另一种是在隧道主洞断面的旁侧隧道安装大容量吸尘装置的方式[10]。当采用大容量吸尘装置时,其送风口尺寸受结构的制约,一般与通风井送排式纵向通风方式的送风口基本一样,风流以较高风速吹出,因此其升压力可按通风井送排式纵向通风的压力模式进行计算。

6.4 半横向和全横向通风的设计计算

6.4.1 半横向通风

半横向通风模式的形式介于纵向通风与全横向通风之间,可分为送风式半横向通风与排风式半横向通风,二者均于车行隧管之一侧设置通风管道。送风式半横向通风的新鲜空气由送风管道输入车行隧管,经与车道中的污浊空气混合后,在车道空间中作纵向流动,最后从隧道洞口排向外界[11]。排风式半横向通风的新鲜空气由隧道洞口进入,并沿车道作纵向流动,经与车道中的污浊空气混合后,通过排风管道吸出,排向外界。半横向通风模式如图 6-8 和图 6-9 所示。

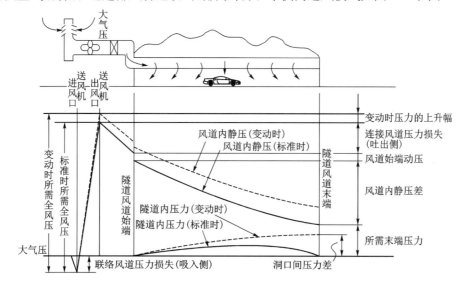

图 6-8　送风半横向式通风模式(一条风道)

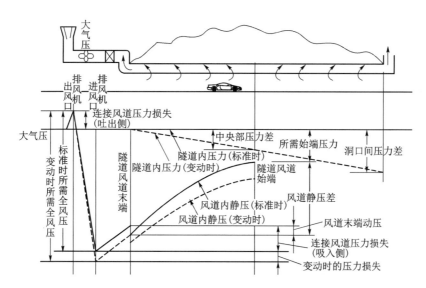

图 6-9　排风半横向式通风模式(两条风道)

半横向式通风模式的送风道与排风道的风压可按下列具体要求计算。

当送风道断面积 A_b 沿隧道轴向不变,并由送风道往隧道内等量输送新鲜空气时,送风道始端动压可按式(6-48)计算,送风道静压差可按式(6-49)计算:

$$p_b = \frac{\rho}{2} \cdot v_{bi}^2 \tag{6-48}$$

$$p_{bi} - p_{b0} = k_b \cdot \frac{\rho}{2} \cdot v_{bi}^2 \tag{6-49}$$

式中 p_b ——送风道始端动压,N/m^2;

v_{bi} ——送风道始端风速,m/s,$v_{bi} = \dfrac{Q_b}{A_b}$;

Q_b ——送风道风量,m^3/s;

A_b ——送风道面积,m^2;

p_{bi} ——送风道始端静压,N/m^2;

ρ ——空气密度,kg/m^3;

p_{b0} ——送风道末端静压,N/m^2;

k_b ——送风道风压损失系数,$k_b = \dfrac{\lambda_b}{3} \cdot \dfrac{L_b}{D_b} - 1$,其中 λ_b 为送风道阻抗;

D_b ——送风道当量直径,m;

L_b ——送风道长度,m。

当排风道断面积 A_e 沿隧道轴向不变,且污染空气等量从排风道排出时,排风道始端动压可按式(6-50)计算,排风道静压差可按式(6-51)计算:

$$p_e = \frac{\rho}{2} \cdot v_{e0}^2 \tag{6-50}$$

$$p_{ei} - p_{e0} = k_e \cdot \frac{\rho}{2} \cdot v_{e0}^2 \tag{6-51}$$

式中 p_e ——排风道始端动压,N/m^2;

v_{e0} ——排风道始端风速,m/s,$v_{e0} = \dfrac{Q_e}{A_e}$;

Q_e ——排风道风量,m^3/s;

A_e ——排风道面积,m^2;

p_{ei} ——排风道始端静压,N/m^2;

p_{e0} ——排风道末端静压,N/m^2;

k_e ——排风道风压损失系数,$k_e = \dfrac{\lambda_e}{3} \cdot \dfrac{L_e}{D_e} - 1$,其中 λ_e 为排风道阻抗;

D_e ——排风道当量直径,m;

L_e——排风道长度,m。

当采用送风式半横向通风方式时,隧道 x 点的设计风速可按式(6-52)计算:

$$v_r(x) = \frac{q_b}{A_r} \cdot x \qquad (6\text{-}52)$$

式中 $v_r(x)$——x 点的隧道风速,m/s;

q_b——每单位长度的送风量,$m^3/(s \cdot m)$;

A_r——隧道断面积,m^2;

x——距中性点 ($v_r = 0$) 的距离,m。

单向交通隧道的入口至中性点区段,隧道内风压分布可按式(6-53)计算:

$$p_{rc} - p_r(x_1) = \left(\frac{\lambda}{3} \cdot \frac{x_1}{D_r} + 2\right) \cdot \frac{\rho}{2} \cdot v_r^2(x_1) + \alpha \cdot \frac{x_1}{L} \cdot \frac{\rho}{2} \cdot \left[v_t^2 + v_t \cdot v_r(x_1) + \frac{1}{3} \cdot v_r^2(x_1)\right]$$

$$(6\text{-}53)$$

式中 x_1——距中性点朝隧道入口的距离,m;

$p_r(x_1)$——x_1 点的隧道静压,N/m^2;

p_{rc}——中性点的静压,N/m^2;

$v_r(x_1)$——x_1 点的隧道风速,m/s;

D_r——隧道当量直径,m;

v_t——各工况车速,m/s;

ρ——空气密度,kg/m^3;

λ——隧道阻抗;

α——交通通风力系数,$\alpha = \dfrac{A_m}{A_r} \cdot \dfrac{N \cdot L}{3\,600 \times v_t}$。

单向交通隧道的中性点至隧道的出口区段,隧道内静压分布可按式(6-54)计算:

$$p_{rc} - p_r(x_2) = \left(\frac{\lambda}{3} \cdot \frac{x_2}{D_r} + 2\right) \cdot \frac{\rho}{2} \cdot v_r^2(x_2) + \alpha \cdot \frac{x_2}{L} \cdot \frac{\rho}{2} \cdot \left[v_t^2 + v_t \cdot v_r(x_2) + \frac{1}{3} \cdot v_r^2(x_2)\right]$$

$$(6\text{-}54)$$

式中 x_2——距中性点朝隧道出口的距离,m;

$p_r(x_2)$——x_2 点的隧道静压,N/m^2;

$v_r(x_2)$——x_2 点的隧道风速,m/s。

其他参数说明同式(6-53)。

当双向交通且上下行交通量相等时,隧道内风压分布可按式(6-55)计算:

$$p_{rc} - p_r(x) = \left(\frac{\lambda}{3} \cdot \frac{x}{D_r} + 2\right) \cdot \frac{\rho}{2} \cdot v_r^2(x) + \alpha \cdot \frac{x}{L} \cdot \frac{\rho}{2} \cdot v_t \cdot v_r(x) \qquad (6\text{-}55)$$

连接风道的压力损失可按式(6-56)计算:

$$\Delta p_{\mathrm{d}} = \sum_{i=1}^{m} \zeta_i \cdot \frac{\rho}{2} \cdot v_i^2 + \sum_{i=1}^{n} \lambda_i \cdot \frac{L_i}{D_i} \cdot \frac{\rho}{2} \cdot v_i^2 \tag{6-56}$$

式中　Δp_{d}——连接风道的压力损失，N/m²；

　　　ζ_i——第 i 个局部损失系数；

　　　λ_i——第 i 段的沿程摩阻损失系数；

　　　v_i——第 i 段的风速，m/s；

　　　L_i——第 i 段的长度，m；

　　　D_i——第 i 段的当量直径，m；

　　　ρ——空气密度，kg/m³；

　　　m——连接风道局部变化个数；

　　　n——连接风道段数。

送风式半横向通风的送风机设计全压 p_{btot}，可按式（6-57）计算：

$$p_{\mathrm{btot}} = 1.1 \times (隧道风压 + 送风道所需末端压力 + 送风道静压差 \\ + 送风道始端动压 + 连接风道压力损失) \tag{6-57}$$

最终，确定风机设计全压时，还应考虑风机本身的压力损失。

6.4.2　全横向通风

全横向通风系统由一个或数个新鲜空气管道沿隧道长度各截面将新鲜空气吹入隧道，排气则经由一个或数个排气管道沿隧道长度各截面将污染空气吸出，即送、排气经由同一截面横向流过隧道横截面。此种通风方式适合于中、长隧道，是各种通风方式中最可靠、最舒适的一种。横向通风保持整个隧道全程均匀的废气浓度和最佳的能见度[12]。

横向式通风按照进、排风气流横穿隧道的流向，又可分为上流式通风和侧流式通风。

1. 上流式通风

送风道设在车道下面或侧面，排风道设在车道上面，车道中的气流向上流动。一般用于圆形公路隧道，利用车道上下空间作为风道；非圆形隧道的送风道和排风道则都设在车道上面，新鲜空气经送风道的支风道，从侧壁下部孔口压入车道，气流仍向上流动，斜穿过车道被吸入排风道中。

2. 侧流式通风

风道设在车道两侧，新鲜空气经一边侧壁进气孔压入车道，车道内的空气由另一边侧壁排气孔吸入排气风道，多用于沉管法施工的水底隧道。

当采用横向通风时，单位长度隧道的排风量与送风量相同，行车道内的气流均匀一致，沿隧道断面横向流动，具有很强的通风能力，可迅速排出隧道内的污染气体和烟雾等颗粒物，保证较高的舒适性和能见度。另外，发生火灾时，横向通风也便于烟气的及时排出，方便火灾的扑灭，安全性较高。然而，横向通风系统的不足也是显而易见的，送风道与排风道需要单独设置并有各自独立的通风设备，由此增加了隧道的土建费用和通风造价；隧道断面气流横向流动,无法有效地利用汽车行驶时产生的活塞风(特别是对于单向交通隧道),加上送、排风断面有限,运营通风费用大,限制了这种通风方式的使用[13]。

全横向通风送风道和排风道的风压可按半横向通风方式的送风道与排风道风压进行计算,即按式(6-48)和式(6-49)计算送风道风压,按式(6-50)和式(6-51)计算排风道风压。在全横向通风中,连接风道的压力损失可按式(6-56)进行计算。

在全横向通风方式中,送风机设计全压可按半横向通风中送风机设计全压进行计算,即按式(6-57)进行计算。由于在标准大气压状态下的隧道内静压可取为零,因而全横向通风的排风机设计全压 p_{etot} 可按式(6-58)进行计算。

$$p_{etot} = 1.1 \times (\text{排风道所需始端压力} + \text{排风道静压差} \\ - \text{排风道末端动压} + \text{连接风道压力损失}) \tag{6-58}$$

最终,确定风机设计全压时,还应考虑风机本身的压力损失。

6.5 现代隧道通风技术的发展

6.5.1 公铁共建隧道的压力波

盾构法施工的隧道大多单独用于公路或地铁隧道。随着技术的发展,超大盾构直径的实现,公铁共建隧道将逐步成为高效利用地下空间资源的有效途径。武汉三阳路越江隧道,于2013 年 12 月开工建设,是世界上第一条城市公路与地铁轨道交通线共建的盾构隧道,盾构段内为公路隧道车行道与轨道交通 7 号线越江段共通道,即隧道分为上下两层,上层为 3 车道公路隧道,下层为地铁隧道、疏散通道和电缆廊道(管廊),如图 6-10 所示。此外,上海崇明越江隧道在设计施工时,盾构段内下部空间也预留了轨道交通线。

图 6-10 公铁共建盾构隧道断面布置

对于武汉三阳路越江隧道而言,上层公路行车道的运营通风方案采用通风井送排式纵向通风方式,火灾通风方案采用半横向排烟方式,利用盾构段顶部富裕空间设置排烟道;下层地铁隧道在正常行车工况下采用活塞通风,阻塞时采用纵向通风,火灾通风方案采用纵向排烟方式,在行车方向右侧区域设置排烟道;两管隧道共用同一安全疏散通道。因此,两管隧道在正常运行工况下可以认为是相互独立的两管隧道,当某一管隧道内发生火灾时,疏散通道开启,另一管隧道正常运行。

越来越多的研究开始关注公铁共建隧道内列车在通过过程中隧道壁面的压力(波)变化。这一压力的变化不仅可能影响隧道运营通风的有效性,更有可能影响隧道事故通风的可靠性。

具体来说,列车以某一速度进入隧道,由于其对空气的挤压和隧道壁面对气流流动的限制,会在隧道内形成系列的压缩波和膨胀波,这些波在隧道内的传播和反射导致隧道内的压力随时间不断变化[14]。列车通过隧道引起的空气流动通常是复杂的三维非定常、可压缩、紊态流动[15]。对于公铁共建越江隧道而言,当上部公路隧道发生火灾时,疏散通道开启,此时下部地铁隧道正常运行,当列车通过隧道时,地铁隧道内压力不断变化,而疏散通道内维持 30~50 Pa 的正压,因此,地铁隧道进入疏散通道的防火门两侧的压力差也将不断变化。

根据武汉三阳路公铁共建越江隧道相关尺寸建立其下部地铁隧道的几何模型[16],如图 6-11 所示,隧道截面尺寸为 4.5 m×

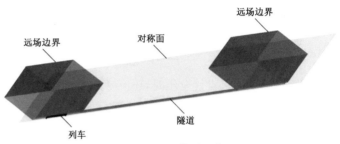

4.5 m;列车长 120 m,宽 3 m,高 3.8 m,隧道阻塞比约为 0.56,时速 80 km/h,设定隧道内线路为直线,忽略隧道坡度,列车的头尾部均为钝体,车头与车体夹角为 90°,假设列车匀速通过隧道。

图 6-11　几何模型示意图

隧道达到一定长度后,压力波动绝对值不再随着隧道长度的增加而增大,故不考虑隧道长度对于压缩波的非线性效应,取隧道长度 1 000 m。为保证计算结果的精确性,车头前端点初始位置距离隧道入口 100 m,外场大气高度为 50 m,宽度 100 m,长度 300 m。忽略横向风作用,流场沿列车的对称面对称,为有效缩短模拟的时间,模型只按照对称面建立左半部分。

根据地铁隧道内进入疏散通道防火门的位置,沿隧道长度方向每隔 150 m 布置一处压力测点。图 6-12 为距离隧道入口 300 m,600 m 和 900 m 三处测点的地铁驶入隧道压力变化曲线。可以看出三个测点压力变化的最大值和最小值比较接近,到达最大值的时刻分别为 0.97 s,1.87 s,2.75 s,各时刻之间的间隔大致为 0.9 s,各测点之间的距离为 300 m,可以计算得到压力波传播的速度为 300 m/0.9 s≈333 m/s,近似等于声速。

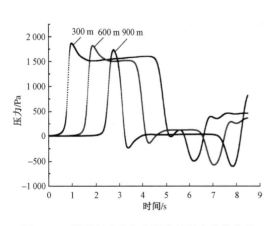

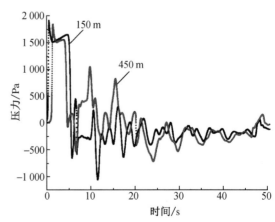

图 6-12　隧道长度方向上测点的压力变化曲线　**图 6-13　隧道长度方向上测点的压力随时间的变化曲线**

图 6-13 为列车从驶入隧道到驶出隧道整个过程中,距离隧道入口 150 m 和 450 m 两处测点压力随时间的变化过程。当列车驶入隧道时,形成压缩波,导致隧道内压力骤增,随着列车进一步驶入,压缩波强度不断增大;压缩波以声速沿隧道向前传播,当到达隧道出口时,以膨胀波的形式反射回来沿隧道向进口方向传播。当列车尾部一进入隧道,由于列车尾部的压力低于隧道口大气压,产生膨胀波,也以声速向隧道出口方向传播,传播到列车头部时,部分膨胀波以压缩波形式反射回去,另一部分仍以膨胀波的形式继续向出口方向传播,传到隧道出口时,又以压缩波形式反射回来。所以,压缩波和膨胀波在隧道内多次反射和传播,并且互相叠加,导致隧道内的压力随时间不断变化。

由图 6-13 也可以看出,由于摩擦,压缩波和膨胀波在传播的过程中逐渐衰减。虽然,列车通过隧道过程中,隧道内的压力随时间不断变化,但是隧道内不同位置的压力变化规律相同,仅作用的时间和幅值大小不同。

分析距离隧道入口 150 m 处压力随时间的变化曲线,在前 1.5 s 内压力骤增后又下降是由于车头与车体之间的夹角超过 30°,车头附近出现气流分离的结果[17]。在 6.75 s 时压力骤降,原因是此刻列车通过该测点,导致测点处的压力下降,当列车尾部通过测点时,壁面压力上升。而在 47.55 s 时出现压力上升,是由于当列车头部驶出隧道时,产生的压缩波以音速传播到测点导致隧道壁面的压力迅速上升,随着列车驶出隧道,隧道内压力下降。

图 6-14 所示为不同测点处测得的压力最大值和最小值,由于压力波传递过程中的摩擦,造成沿隧道长度方向压力波峰值逐渐减小。模拟计算得到测点处的压力最大值为 1 910 Pa,最小值为 -1 060 Pa。这与疏散通道内由风机维持 30~50 Pa 的正压之间有较大的压力差。

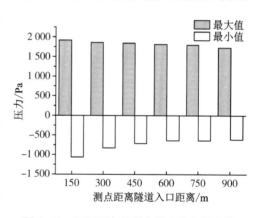

图 6-14　不同测点处压力最大值和最小值

6.5.2　回旋通风隧道的可行性

1. 回旋通风隧道的概念

隧道通风的目的是为了把隧道内的有害气体或污染物降低至一个允许的浓度限值以下,以保证隧道内汽车行驶的安全性和舒适性;同时采用高空排放,以满足环境要求[18]。

目前,城市隧道多采用纵向通风方式,废气通过洞口直接排放或者在靠近两侧出口的地方各设置一座风塔,采用高空稀释的方式排放废气。若洞口两侧为居民区或风景区,对于较长隧道,洞口直接排放将造成环境污染;在洞口两侧设置排放塔与景观规划的矛盾较突出,选址困难,影响工程建设,这已经成为城市隧道建设的一大难题。而回旋通风纵向通风方式,将位于两侧的排放塔集中于可能远离居民建筑的隧道中部,通过隧道两端的回旋风道将出口侧的高浓度废气回旋至邻孔隧道后,至排放塔处排放,如图 6-15 所示[19]。

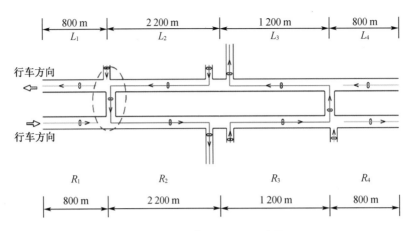

图 6-15　隧道回旋通风示意图

从隧道内部看,横断面保持不变,气流仍为纵向流动,只是排风口由靠近出口改为靠近隧道中部,且每孔隧道仍保持一个排风口;从隧道外部看,只存在一座排放塔,由于排放塔位置相对灵活,可以缓解排放塔设置的困难。在排放塔旁设置新风塔,向隧道内补充新风可以改善隧道内的卫生状况,降低风塔排放浓度。

回旋通风方式作为一种新型的通风形式,在国内尚没有已建成的工程实践应用案例。对于这种通风形式,以下问题是必须考虑的:对于回旋通风式隧道,回旋风量应该取多少? 大风量回旋通风系统的影响因素有哪些,它们是怎么作用于系统的? 回旋通风系统,压力分布是怎么样的? 对于采用了回旋通风系统的隧道,这些都是关系到隧道建设的实际问题。

2. 回旋通风隧道的气流特性

在正常运营工况下,以某工程为例,模拟区段如图 6-16 所示[20],将回旋风量百分比控制在 90% 以上,同时短道内气流不倒流(即 L_1 段新风不发生倒流),保证新风利用率,分析在左侧回旋风道大风量回旋通风的影响因素。

如图 6-16 所示,L_1 段新风由 L_1 段新风入口提供,L_2 段新风由中部风塔提供,R_1 段新风由 R 线洞口引入。在回旋风道附近,L_2 段气流、L_1 段新风口新风气流、回旋轴流风机、R_1 段气流相互作用,使得气流流态十分复杂。R_2 段需风量是由回旋风提供还是

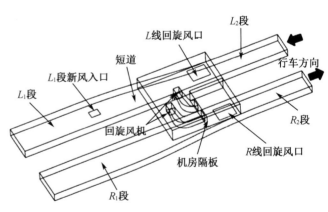

图 6-16　模拟区段立体图

由 R_1 段提供,即风量分配方案的不同,将导致 L_2 段通风量的不同,这将影响到回旋风量百分比。回旋风机房的布置情况,即加不加机房隔板,将直接影响到风机的运行效果,从而影响到回旋通风的效果。回旋轴流风机提供的全压也将影响到回旋通风的效果。L_1 段新风入口气流,除

了提供 L_1 段新风以外,还对 L_2 段来流起到隔断作用,使得来流气流速度降低,静压增大,惯性减小,为大风量回旋创造条件。在 L_1 段通风量一定的情况下,L_1 段新风入口与 L 线回旋风口之间的短道距离也是一个重要的影响因素。

根据回旋通风的主要影响因素,即风道风量分配关系、回旋机房布置情况、回旋轴流风机提供的全压、L_1 段新风入口离 L 线回旋风口的距离,制定了如表 6-8 所列的模拟工况表。

表 6-8 模拟工况表

工况	风量分配(回旋风是否承担 R_2 段需风量)		机房布置情况		风机提供的全压/Pa				短道距离/m		
	承担	不承担	加隔板	不加隔板	1 000	500	400	300	60	50	40
工况 1		√		√	√				√		
工况 2	√			√	√				√		
工况 3		√	√			√			√		
工况 4		√	√				√		√		
工况 5		√	√					√	√		
工况 6		√	√				√			√	
工况 7		√	√				√				√

假设 4 个影响因素之间是相互独立的,即短道距离这个影响因素并不会影响风机提供的全压等其他三个影响因素。在选择 4 个因素之间的最优组合时,采用了实验排除法,即通过工况 1 和工况 2 的对比,发现在风量分配这个影响因素里,有利的是回旋风不承担 R_2 段需风量,后面的工况在寻找其他影响因素的最优时,风量分配这个影响因素设置的都是回旋风不承担 R_2 段需风量。如在寻找机房布置情况的最优时,是通过工况 1 和工况 3 的对比,发现加隔板是有利的。在设置工况 1 和工况 3 时,风量分配就都设置为回旋风不承担 R_2 段需风量。风机最优全压是通过工况 3、工况 4、工况 5 对比找到的。而此时工况 3、工况 4、工况 5 的风量分配、机房布置情况都是最优的。短道距离的最优距离是通过工况 4、工况 6、工况 7 找到的。具体模拟结果此处不再赘述。

3. 回旋通风隧道的压力分布特性

在回旋风道(2—7 段)附近,存在着多股气流之间的相互作用,如图 6-17 所示。

Q_{1-2} 为 L_2 段通风量;风机 Ⅰ 表示 L_2 段内的所有风机,包括射流风机和引入口轴流风机。Q_{4-3} 为 L_1 段补风道的新风补入风量,其目的是为 L_1 段提供新风;风机 Ⅱ 表示新风引入轴流风机。Q_{2-3} 为补风道与回旋风道之间短道内的通风量。Q_{hx} 为回旋风量;风机 Ⅲ 表示回旋轴流风机。Q_{7-8} 为 R_2 段通风量;风机 Ⅴ 表示 R_2 段内射流风机和风塔排风机。

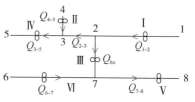

图 6-17 回旋风道附近多股气流相互作用示意图

Q_{6-7} 为 R_1 段通风量;风机 Ⅵ 为 R_1 段内射流风机。Q_{3-5} 为 L_1 段通风量;风机 Ⅳ 为 L_1 段内射流风机。

对于回旋风道(2—7 段)来说,运用伯努利方程分析,满足式(6-59):

$$p_7 - p_2 = p_Ⅲ - \Delta p_{2-7} \tag{6-59}$$

式中 p_7——R 线回旋风口压力,Pa;

  p_2——L 线回旋风口压力,Pa;

  $p_Ⅲ$——回旋风机提供的全压,Pa;

  Δp_{2-7}——回旋风道压力损失,Pa。

Δp_{2-7} 可按式(6-60)计算:

$$\Delta p_{2-7} = S_{2-7} Q_{hx}^2 \tag{6-60}$$

式中 S_{2-7}——以体积流量表示的回旋风管道阻抗,kg/m^7;

  Q_{hx}——回旋风量,m^3/s。

S_{2-7} 可按式(6-61)计算:

$$S_{2-7} = \frac{8\left(\lambda \dfrac{l}{d} + \sum \xi\right)\rho}{\pi^2 d^4} \tag{6-61}$$

式中 λ——沿程摩擦损失系数;

  l——管道长度,m;

  d——管道直径,m;

  ξ——局部阻力系数;

  ρ——空气密度,kg/m^3。

由以上分析可知,回旋风量百分比的大小受到回旋风道附近压力分布的影响,而回旋风道附近的压力分布又受到来流气流 Q_{1-2}、Q_{4-3}、Q_{6-7} 及风机提供的全压 $p_Ⅲ$ 等的影响。

对于其他节点之间,根据能量守恒和质量守恒,满足式(6-62)—式(6-64)。

$$\begin{cases} p_2 - p_1 = p_1 - \Delta p_{1-2} \\ p_3 - p_2 = -\Delta p_{2-3} \\ p_3 - p_4 = p_Ⅱ - \Delta p_{4-3} \\ p_5 - p_3 = p_Ⅳ - \Delta p_{3-5} \\ p_7 - p_6 = p_Ⅵ - \Delta p_{6-7} \\ p_8 - p_7 = p_Ⅴ - \Delta p_{7-8} \end{cases} \tag{6-62}$$

$$
\begin{cases}
\Delta p_{1\text{-}2} = S_{1\text{-}2}Q_{1\text{-}2}^2 \\
\Delta p_{2\text{-}3} = S_{2\text{-}3}Q_{2\text{-}3}^2 \\
\Delta p_{4\text{-}3} = S_{4\text{-}3}Q_{4\text{-}3}^2 \\
\Delta p_{3\text{-}5} = S_{3\text{-}5}Q_{3\text{-}5}^2 \\
\Delta p_{6\text{-}7} = S_{6\text{-}7}Q_{6\text{-}7}^2 \\
\Delta p_{7\text{-}8} = S_{7\text{-}8}Q_{7\text{-}8}^2
\end{cases}
\tag{6-63}
$$

$$
\begin{cases}
Q_{1\text{-}2} = Q_{2\text{-}3} + Q_{\text{hx}} \\
Q_{3\text{-}5} = Q_{2\text{-}3} + Q_{4\text{-}3} \\
Q_{7\text{-}8} = Q_{\text{hx}} + Q_{6\text{-}7}
\end{cases}
\tag{6-64}
$$

由式(6-62)—式(6-64)可知,只要确定了一个回旋风口的压力值和风机提供的全压值,其他风机需要提供的压力及整个系统的压力分布就可以确定了。通过对表6-8的分析可知,工况 6 的布置方式为最佳,故以工况 6 作为研究对象来分析隧道内的压力分布。这时,回旋风机提供的全压为400 Pa,L 线回旋风口压力为 1 Pa,R 线回旋风口压力为 173.3 Pa。对于 L 线回旋风口来说,其压力值受到其上游 L_2 段压力分布的影响,所以就要求 L_2 段内压力分布结果能够使得 L 线回旋风口压力维持在 1 Pa 左右。对于 R 线回旋风口来说,其压力分布受到其上游 R_1 段压力分布的影响,所以就要求 R_1 段内压力分布的结果能够使得 R 线回旋风口压力维持在 173.3 Pa 左右。

如图 6-18 和图 6-19 所示,L_2 线内回旋风口附近要求压力在 1 Pa 左右,R_1 线内回旋风口附近要求压力在 175 Pa 左右。

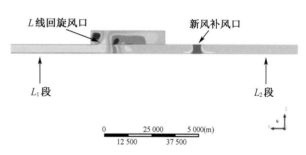

图6-18 正常运营工况下,L 线回旋风口附近压力分布图

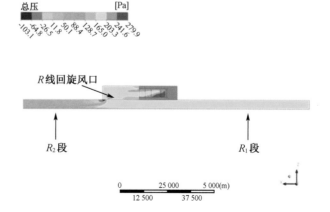

图6-19 正常运营工况下,R 线回旋风口附近压力分布图

6.5.3 隧道温升与喷雾降温技术的应用

1. 隧道温升与喷雾降温介绍

隧道属于地下建筑,其传热特性与地上建筑完全不同。隧道往往具有蓄热能力强、热稳定性好、温度变化幅度小和夏季潮湿等特点。围护结构在传热的同时还伴随着复杂的传质过程。研究表明,壁面采用防潮处理或做了衬套的地下建筑,壁面湿负荷不是很大,因而可以忽略。隧道内产生的大量热量长期在隧道围护结构累积,如此必然导致隧道温度的逐年升高,受温度应力的作用,衬砌和土壤膨胀,从而产生环向裂缝,这些裂缝不仅影响隧道衬砌受力,还会导致隧道渗漏水。

在通常车速条件下,乘用人员在隧道内的暴露时间达到 6～10 min,而有关隧道内温度及暴露时间的建议为 40℃以上的时间为 2.5 min。城市公路隧道内的热量 80% 以上来自机动车排放的尾气,照明等其他附属设备负荷和车辆空调负荷大约仅占 20%。隧道内车辆散发大量的热量于隧道空气中,热量在隧道围护结构及周边土壤累积导致温度逐年升高,隧道内空气向隧道围护结构的传热能力减弱,隧道内热环境将逐渐恶化,所以采用降温措施是必不可少的环节。

隧道内降温采用得最为广泛的方法是加大隧道内通风量。这种方法是采用大功率的射流风机,加强隧道内的通风换气,以达到排除热量的目的。但是,对于某一特定隧道,以控制温度为目的得到的需风量,将远远大于控制污染物为目的的需风量,导致控制代价过大。

第二种方法是利用隧道衬砌及土壤的蓄热(冷)性能和自然界存在的冷源:一天中的夜间低温大气和一年中冬天的低温大气。在炎热的夏天,夜间隧道外低温时刻进行通风换气,这样既可以把隧道内残留的热空气排出,又可以对隧道周围的土层进行蓄冷。同样,在冬天把外界大气的冷量储存在土壤中,对夏季隧道内空气温度控制也有一定的作用。但日本的吉田治典等根据时间序列法得到的计算结果却是隧道围护结构蓄冷(热)量占隧道内发热量的比例不超过 3%,因此,认为利用隧道衬砌及土壤的蓄冷性能并不能有效控制隧道内的温升。

第三种方法是采用空调系统,在夏季高温时刻开启空调制冷,对隧道内空气进行降温处理。但这种方式需要配置大功率的空调,消耗相当多的电能。

第四种方法是在炎热的夏天,不定时地在隧道路面上洒水,在其上形成一层水膜,利用水膜的蒸发来达到降温的效果。但是从试验效果来看,由于水膜与空气的接触面积有限,降温效果并不十分显著。

第五种方法是采用喷雾法。在隧道的某些部分喷水雾,利用水雾的气化潜热来消除隧道内热量。这种方法安装及运行费用低,效率高。但是,其冷却能力受隧道外空气相对湿度影响较大,同时喷水雾对隧道内能见度会有一定的影响,对行车安全是一个较大的挑战。

2. 隧道累积温升数学模型

隧道内空气温升与隧道得热和散热直接相关,建立隧道空气热平衡过程示意图(图6-20)。通过对隧道内得热与散热因素的分析,得到隧道内得热、散热的途径,如表 6-9 所列[21]。

表 6-9   隧道内得热和散热途径

得热	散热
1. 机动车油耗 Q_1 2. 外界空气流入带来的热量 Q_2 3. 隧道内灯光、设备散热量 Q_3 4. 乘客和工作人员散热量 Q_4（可忽略）	1. 空气流出带走的热量 Q_5 2. 向周围岩土层和地下水中传出的热量 Q_6 3. 水分蒸发的潜热 Q_7（可忽略）

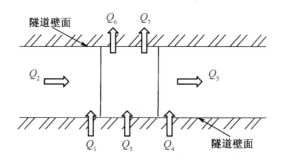

Q_1—机动车放热量；Q_2—外界空气流入带来的热量；Q_3—隧道内灯光、设备散热；Q_4—隧道内乘客和工作人员散热；Q_5—空气流出带走的热量；Q_6—隧道向壁面散热量；Q_7—水分蒸发的潜热

图 6-20　隧道空气热平衡控制体示意图

根据热力学第一定律，对隧道内建立能量平衡，得到隧道内空气的得热量 ΔQ 为

$$\Delta Q = Q_1 + Q_2 + Q_3 + Q_4 - Q_5 - Q_6 - Q_7 \tag{6-65}$$

1）机动车放热量 Q_1

汽车行驶时内燃机燃料燃烧产生的汽车废气、发动机汽缸冷却热量、摩擦和辐射热量及空调系统冷凝热量完全排放到隧道内部。

2）隧道向壁面散热量 Q_6

隧道壁面与隧道内空气存在温差，所以空气与隧道壁面之间存在对流换热。隧道在通车以前，隧道壁面温度等于地层初始温度；通车以后，由于车辆在运行过程中产生大量的热量散入隧道内的空气中，导致隧道内的空气与隧道壁面存在一定的温差，所以二者之间发生热交换。由于隧道壁面的温度升高，同时近壁面土壤温度也升高，从而导致隧道壁面与隧道内空气之间的传热热阻增加，传热能力减弱，随着时间的持续，空气向隧道壁面传热能力越来越弱。隧道壁面与隧道内空气换热量为

$$Q_6 \cdot \mathrm{d}x = h[t(\tau, R, x) - T(\tau, x)] \cdot 2\pi R \cdot \mathrm{d}x \tag{6-66}$$

式中　$T(\tau, x)$——隧道内空气温度，℃；

　　　h——隧道壁面对流换热系数，$W/(m^2 \cdot K)$；

　　　$t(\tau, R, x)$——隧道壁面温度，℃；

　　　R——隧道半径，m。

在隧道运营初期,地层初始温度对壁面散热量有较大的影响,因而有必要对隧道所处深度的土壤温度进行分析:地层可以认为是一个半无限大的物体,它在周期性的边界条件下作用的温度场可以用傅立叶导热方程来描述。

$$\frac{\partial \theta}{\partial \tau} = a \frac{\partial^2 \theta}{\partial y^2} \tag{6-67}$$

$$y = 0, \quad \theta = A\cos\left(\frac{2\pi\tau}{Z}\right)$$

式中　τ——年最高温度出现时起算时间,h。

　　　　a——地层材料导温系数,m^2/h。

　　　　y——地层深度,m。

　　　　A——温度波幅,℃;

$$A = t_{\max} - t_0$$

其中,$t_{\max}$为一年当中最高温度,℃。

　　　　Z——温度波的波动周期,取一年,则 $Z = 8\,760\,h$。

　　　　θ——地层内任意一点的过余温度,℃;

$$\theta = t(\tau, \ y) - t_0$$

其中　$t(\tau, \ y)$——地层内任意一点温度,℃;

　　　　t_0——上海地区年平均温度,℃。

根据半无限大物体的导热公式可以得到:

$$t(\tau, \ y) = t_0 + A\exp\left[-y\sqrt{\frac{\pi}{aZ}}\right] \cos\left[\frac{2\pi\tau}{Z} - y\sqrt{\frac{\pi}{aZ}}\right] \tag{6-68}$$

3) 隧道空气带走的热量 $Q_5 - Q_2$

$$Q_5 \cdot dx - Q_2 \cdot dx = G \cdot c \cdot \frac{\partial T(\tau, \ x)}{\partial x} \cdot dx + \rho \cdot \pi R^2 \cdot \frac{\partial T(\tau, \ x)}{\partial \tau} \cdot dx \tag{6-69}$$

4) 空气与隧道传热理论

对于空气与隧道的换热,可以把隧道模拟成无限长圆柱体。但是,求解无限长圆柱体非稳态过程非常麻烦,为了简便起见,研究人员从恒热流作用下半无限大物体的不稳定传热入手,经过修正后得到无限长圆柱体的传热计算式,建立了空气与隧道壁面传热的模型。

半无限大物体在恒热流作用下的不稳定传热过程的温度场是一维的。根据傅立叶导热微分方程及初始条件、边界条件,可得出其温度场:

$$K_b = \frac{1}{\dfrac{1}{h} + \dfrac{1.13\sqrt{a\tau}}{\lambda}} \tag{6-70}$$

$$q = \frac{T - t_0}{\dfrac{1}{h} + \dfrac{1.13\sqrt{a\tau}}{\lambda}}$$

式中 h——隧道内空气与隧道壁面对流换热系数,W/(m^2 · ℃);

K_b——半无限大物体的传热系数,W/(m^2 · ℃);

T——隧道内空气平均温度,℃;

t_0——隧道周围土壤初始温度,℃;

τ——导热时间,h;

a——地层材料导温系数,m^2/h;

q——隧道壁面 T 时刻的热流密度,W/m^2;

λ——地层材料导热系数,W/(m^2 · ℃)。

研究人员在上述公式的基础上引入形状修正系数 β,于是就近似得到无限长圆柱体的计算公式:

$$K_w = \cfrac{1}{\cfrac{1}{h} + \cfrac{1.13\sqrt{a\tau}}{\beta\lambda}}$$

$$q = \cfrac{T - t_0}{\cfrac{1}{h} + \cfrac{1.13\sqrt{a\tau}}{\beta\lambda}}$$

(6-71)

式中 K_w——隧道的传热系数,W/(m^2 · ℃);

β——隧道形状修正系数,$\beta = 1 + 0.76 \dfrac{\pi}{u}\sqrt{a\tau}$;

u——隧道断面周长,m。

其他参数说明同式(6-70)。

上述结果存在一定的局限性。首先,这并不是从无限长圆柱体的直接求解得到的结果,而是采用形状修正的方式进行计算,因此,结果必然会存在一定的偏差。其次,其结果是在恒热流的边界条件下得出的,而实际的隧道传热过程是流体与固体耦合的过程,其边界条件是非等壁温、非等热流的传递过程。

为了建立隧道微元段空气能量平衡方程,故假设如下条件:

(1) 隧道简化成圆筒,用水力直径作为定形尺寸。在满足工程要求的前提下,把隧道内空气温度分布按照一维考虑,即认为隧道同一截面上的温度分布相同,隧道内的空气是不可压缩流体。

(2) 不考虑空气导热的影响。

(3) 忽略土壤中因为水分的质迁移导致的热迁移,认为隧道围护与土壤之间通过纯导热进行传热。

将隧道内所有得热转化为隧道单位长度得热,即令: $q = Q_1 + Q_3 + Q_4$;将式(6-66)、式(6-68)、式(6-69)代入式(6-65),得

$$q + h[t(\tau, R, x) - T(\tau, x)] \cdot 2\pi R = G \cdot c \cdot \frac{\partial T(\tau, x)}{\partial x} + \rho \cdot \pi R^2 \cdot \frac{\partial T(\tau, x)}{\partial \tau}$$

(6-72)

式中 q——单位长度的热流密度,W/m;

G——隧道通风量,m³/s;

ρ——空气密度,kg/m³;

c——空气比热,J/(kg·K);

R——隧道半径,m;

$t(\tau, R, x)$——τ 时刻,隧道半径 R 处的壁面温度,K;

$T(\tau, x)$——τ 时刻,位于坐标 x 处断面上的温度,K;

h——隧道壁面上的对流换热系数,W/(m²·K)。

考虑隧道内空气在短时间内改变微小,考虑成分时稳态,则式(6-72)转变为

$$\frac{\partial T(\tau, x)}{\partial x} = \frac{q}{Gc} + \frac{2\pi R \cdot h}{Gc}[t(\tau, R, x) - T(\tau, x)] \tag{6-73}$$

式中 q——单位长度热流密度,W/m;

G——隧道通风量,m³/S;

c——空气比热,J/(kg·K);

R——隧道半径,m;

$t(\tau, R, x)$——τ 时刻,隧道半径 R 处的壁面温度,K;

$T(\tau, x)$——τ 时刻,位于坐标 x 处断面上的温度,K。

令 $A = \dfrac{q}{Gc}, B = \dfrac{2\pi R \cdot h}{Gc}$,则:$\dfrac{\partial T(\tau, x)}{\partial x} = A + B[t(\tau, R, x) - T(\tau, x)]$。

求解并代入边界条件 $T(\tau, 0) = t(\tau)$,得到隧道内空气的温度变化为

$$T(\tau, x) - t(\tau, R, x) = \left[t(\tau) - \frac{A}{B} - t(\tau, R, 0) \right] \cdot \mathrm{e}^{-Bx} + \frac{A}{B} \tag{6-74}$$

式中 $t(\tau, R, x)$——τ 时刻,隧道半径 R 处的壁面温度,K;

$T(\tau, x)$——τ 时刻,位于坐标 x 处断面上的温度,K;

A, B——相应的系数。

隧道围护结构导热方程为

$$\frac{\partial t(\tau, r, x)}{\partial \tau} = a\left[\frac{\partial t^2(\tau, r, x)}{\partial r^2} + \frac{1}{r} \frac{\partial t(\tau, r, x)}{\partial r} + \frac{\partial t^2(\tau, r, x)}{\partial x^2} \right]$$

$$-\lambda \cdot \left. \frac{\partial t(\tau, r, x)}{\partial r} \right|_{r=R} = h[T(\tau, x) - t(\tau, r, x)] \tag{6-75}$$

$$t(0, r, x) = t_0$$

$$t(0, \infty, x) = t_0$$

式中 a——空气导温系数,m^2/s;

t_0——围护结构初始温度,K;

$t(\tau, r, x)$——τ时刻,径向坐标为r,纵向坐标为x处的围护结构介质温度,K;

$t(0, r, x)$——初始时刻围护结构中任意位置的温度,K;

$t(0, \infty, x)$——初始时刻无穷远处的围护结构介质温度,K;

h——隧道壁面上的对流换热系数,$W/(m^2 \cdot K)$。

由于轴向热流远小于径向热流,所以$\dfrac{\partial t^2(\tau, r, x)}{\partial x^2}$可以忽略不计,因此式(6-75)可以转变为

$$\frac{\partial t(\tau, r, x)}{\partial \tau} = a\left[\frac{\partial t^2(\tau, r, x)}{\partial r^2} + \frac{1}{r}\frac{\partial t(\tau, r, x)}{\partial r}\right]$$

$$-\lambda \cdot \frac{\partial t(\tau, r, x)}{\partial r}\bigg|_{r=R} = h[T(\tau, x) - t(\tau, r, x)] \tag{6-76}$$

$$t(0, r, x) = t_0$$

$$t(0, \infty, x) = t_0$$

式中 a——空气导温系数,m^2/s;

t_0——围护结构初始温度,K;

$t(0, r, x)$——初始时刻围护结构中任意位置的温度,K;

$t(0, \infty, x)$——初始时刻无穷远处的围护结构介质温度,K;

h——隧道壁面上的对流换热系数,$W/(m^2 \cdot K)$。

对方程进行拉普拉斯变换并且代入空气方程得到:

$$st(s, r, x) - \frac{t_0}{s} = a\left[\frac{dt^2(s, r, x)}{dr^2} + \frac{1}{r}\frac{dt(s, r, x)}{dr}\right]$$

$$-\lambda \cdot \frac{dt(s, r, x)}{dr}\bigg|_{r=R} = h\left\{\left[t(s) - \frac{A}{Bs} - t(s, R, 0)\right] \cdot e^{-Bx} + \frac{A}{Bs}\right\} \tag{6-77}$$

$$t(s, \infty, x) = \frac{t_0}{s}$$

式中 a——空气导温系数,m^2/s;

t_0——围护结构初始温度,K;

$t(s, r, x)$——初始时刻围护结构中任意位置的温度相函数形式,K;

h——隧道壁面上的对流换热系数,$W/(m^2 \cdot K)$;

λ——土壤导热系数,$W/(m \cdot K)$;

175

s——拉普拉斯变换的复频域自变量；

A，B——确定的系数。

对方程进行求解并根据贝塞尔函数的性质和渐进关系可以得到：

$$t(\tau, R, x) = t_0 + \left[\frac{A}{B} \cdot (e^{Bx} - 1) \cdot \frac{\lambda}{h} + t_1 - t_0 \right] \cdot F(Fo, Bi, x) \qquad (6\text{-}78)$$

其中

$$F(Fo, Bi, x) = \frac{(1 - e^m erfc\sqrt{m})}{1 + \dfrac{3e^{Bx}}{4Bi}}$$

$$m = Bi^2 Fo \left(e^{-Bx} + \frac{3}{8Bi} \right)$$

$$erfc\sqrt{m} = 1 - \frac{2}{\sqrt{\pi}} \int_\pi^\infty e^{-m^2} dm$$

式中　　Fo——傅立叶准则数；

Bi——毕渥准则数；

h——隧道壁面上的对流换热系数，$W/(m^2 \cdot K)$；

λ——土壤导热系数，$W/(m \cdot K)$；

$erfc$——高斯误差函数；

m——与傅立叶准则、毕渥准则及空间位置有关的高斯误差函数的自变量。

3. 隧道内部及围护结构温度变化规律

上海长江隧道为单向双洞行车道，由于条件限制，采用中间不带通风井纵向通风方式，其物理模型如图 6-21 所示[21]。

从图 6-22 可以看出，在初始时刻，由于隧道围护结构温度较低，蓄冷能力较强，在短时间内隧道出口温度较低。但随着时间的推移，隧道围护结构蓄热(冷)能力逐渐减弱，隧道出口空气和隧道围护结构温度逐年上升，但是上升的趋势逐渐减弱。在 50 年内，隧道内的空气温升达到 4.05℃，另外，越是远离隧道壁面，温度梯度越小，蓄冷能力衰减得越慢。

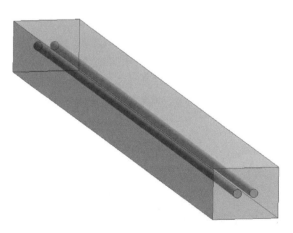

图 6-21　上海长江隧道累积计算模型

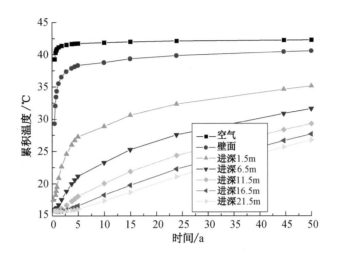

图6-22　上海长江隧道在三级服务水平下隧道壁面50年累积温升

　　从图6-23可以看出,在寒冷的冬季,当气温较低时,隧道出口处空气的温度也相对较低,但是隧道内的空气温升较高,可达到20℃以上。在炎热的夏天,当隧道进口处空气温度达到36℃时,隧道出口处的空气温度达到50℃左右。同时,隧道出口处的空气温度的峰值相对隧道入口处空气温度的峰值有一定的延迟,这是受隧道围护结构蓄热能力作用的影响。

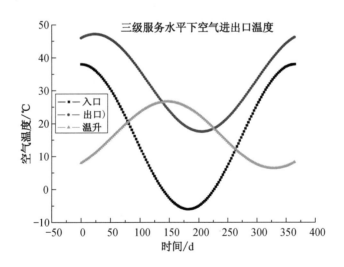

图6-23　上海长江隧道在三级服务水平下一年内进出口处空气温度逐时变化

　　从图6-24可以看出,隧道内空气温度沿长度方向上随隧道入口温度的升高其斜率是降低的,即随着通风温度的升高,隧道内的温升是降低的,但是可以看出隧道内绝对温度是增大的。

　　从图6-25可以看出,隧道出口壁面温度逐年升高,温度的影响半径也逐渐增加。

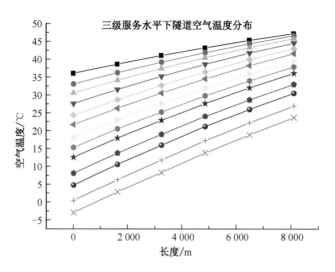

图 6-24　上海长江隧道在不同入口温度下空气温度沿长度方向上的分布

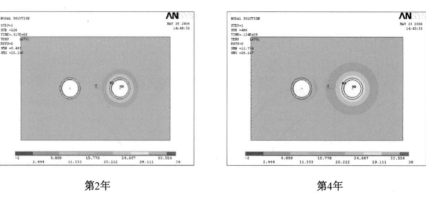

第2年　　　　　　　　　　　　第4年

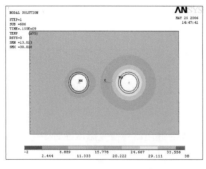　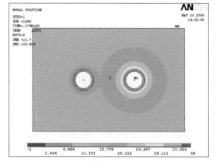

第6年　　　　　　　　　　　　第8年

图 6-25　隧道出口壁面逐年温度分布

4. 隧道内喷雾降温效果

为了分析雾滴的实际蒸发情况,从而为实际的喷雾提供参考依据,故在如图 6-26 所示的 200 m 长的隧道空间内进行模拟。通过改变隧道入口空气的相对湿度、空气干球温度,来研究雾滴完全蒸发所需要的时间和运动轨迹。

喷嘴的条件设置为每个喷嘴流量为 0.028 6 kg/s,共 70 个喷嘴,每隔 200 m 设置 7 个喷嘴,喷口高度 5.6 m,顺流空气喷出雾滴,喷口扩散角度为 40°。雾滴粒径取 60 μm,设置为压力漩流喷口,空气入口的流量为 646 m³/s,各入口温度均为 38℃,空气入口相对湿度分别为 30%,40%,50%,60%,70%。

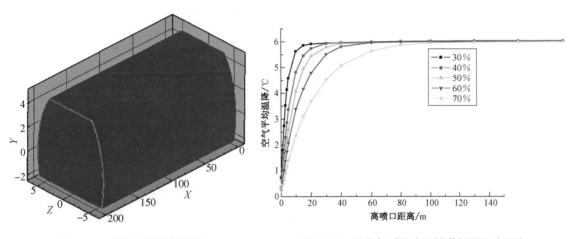

图 6-26 喷雾降温蒸发模型   图 6-27 不同相对湿度下隧道断面平均温降

从图 6-27 的结果也可以看出,雾滴的蒸发主要集中在初始时刻,随着相对湿度的提高,雾滴的蒸发速率反而有所下降,但是最终都能达到所要求的温降 6℃。这是由于隧道足够长,只要隧道内空气没有达到饱和,雾滴最终都能在隧道内蒸发,所以只要喷雾量足够,都能达到降温的要求。为了保证雾滴在离隧道地面高度 2 m 以上蒸发,粒径为 60 μm 的雾滴所处的隧道空气干、湿球温差必须达到 2℃。

从图 6-28 可以看出,在雾滴越集中的区域,隧道内空气温度越低,越接近空气的湿球温度,温度梯度也越大。沿着喷雾方向,隧道内空气通过掺混和涡流作用温度逐渐达到均匀。

6.5.4 隧道多匝道的气流分布特性

基于行车舒适度和防灾安全性的要求,隧道内需设置通风系统。另外,城市隧道对通风环境有更高的要求,一方面城市隧道交通量大,行车速度较慢,导致隧道内污染物数量增多,而城市居民对行车环境要求越来越高;另一方面,城市隧道往往是下穿繁华商业区的快速通道,考虑到经济效益因素,通常会同时连接多个匝道,使得隧道内通风系统更加复杂。因此,如何正确且有效地设置城市隧道通风系统,在正常运营工况下,如何合理且安全地组织隧道内气流,成为亟待解决的问题。

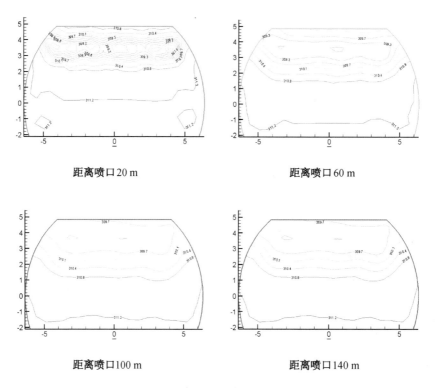

距离喷口20 m   距离喷口60 m

距离喷口100 m   距离喷口140 m

图 6-28 喷雾后隧道断面温度分布

以长沙市某隧道为例,搭建 1∶10 试验模型开展研究[22]。该隧道为双洞四车道的城市 Ⅰ 级主干道城市隧道。隧道分为南、北两线,其中北线全长约 1 615 m,南线全长约 1 422 m,并设置有 7 条匝道分别与隧道主洞相接,隧道路线全长约 2 km。隧道南线,车流由西端进口的两条匝道汇流至主隧道,在东端分别从 WN 匝道、S1 匝道、WS 匝道分离驶出;隧道北线,车流由东端进口进入,在西端从 A 匝道、B 匝道分离驶出。由此,车流在隧道内的不确定驶入汇合或分离驶出,将影响隧道内风量的分流与合流,使其不断处于动态的分配过程中。如何实现分岔隧道系统营运时,既能根据各条隧道的通风需要提供足够的通风动力,又能达到经济、节能的目的,成为营运管理需要重点解决的问题。

隧道通风模型如图 6-29 所示。试验通过改变不同的边界条件,对比分析多匝道间气流分配的影响因素和机理,主要试验内容为:①改变主洞风机转速,观察不同主洞送风量条件下,WN 匝道、S1 匝道、WS 匝道的气体流速变化情况,分析不同匝道气流分配规律。②改变匝道风机转速,观察主洞及其他匝道内气体流速变化情况,分析不同匝道风机开启的各种组合情况对隧道内气流组织的影响。

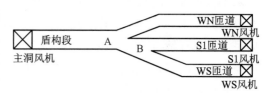

图 6-29 隧道通风模型示意图

通过试验发现如下规律：

（1）隧道主洞内风量发生变化对 WN 匝道、S1 匝道、WS 匝道的气流组织分配影响不大。

（2）随着 WN 匝道内风量增加，隧道主洞内风速略有下降，WN 匝道内风量呈增大趋势，S1 匝道、WS 匝道内风量呈减小趋势，WS 匝道内风量下降幅度与 S1 匝道接近。

（3）随着 WS 匝道内风量增加，隧道主洞内风速略有下降，WS 匝道内风量呈增大趋势，S1 匝道、WN 匝道内风量呈减小趋势，S1 匝道内风量下降幅度较大，WN 匝道内风量下降幅度较小。

（4）随着 S1 匝道内风量增加，隧道主洞内风速略有增加，S1 匝道内风量呈增大趋势，WS 匝道、WN 匝道内风量呈减小趋势，WS 匝道内风量下降幅度较大，WN 匝道内风量下降幅度较小。

（5）随着 S1 匝道和 WS 匝道内风量增加，隧道主洞内风速略有增加，S1 匝道、WS 匝道内风量呈交替上升趋势，WN 匝道内风量呈减小趋势，WN 匝道内风量下降幅度较大。

（6）随着 S1 匝道和 WS 匝道内风量增加，以及 WN 匝道内风量减少，隧道主洞内风速略有增加，S1 匝道、WS 匝道内风量呈增大趋势，S1 匝道内风量增加趋势较为明显，WN 匝道内风量呈减小趋势。

参考文献

［1］中华人民共和国交通运输部. 公路隧道通风设计细则：JTG/T D70/2-02—2014[S]. 北京：人民交通出版社，2014.

［2］PIARC. Road tunnels：Vehicle emission and air demand for ventilation[R]. France：PIARC，2012.

［3］晁峰，王明年，于丽，等. 特长公路隧道自然风计算方法和节能研究[J]. 现代隧道技术，2016，53(1)：111-118，126.

［4］丁超. 明挖法长大公路隧道通风及排烟系统优化研究[D]. 上海：同济大学，2012.

［5］曾艳华，关宝树. 公路隧道全射流纵向通风方式的适用长度[J]. 公路，1998(1)：38-41.

［6］罗衍俭. 长大公路隧道通风系统的选择[J]. 公路，1998(8)：38-41，49.

［7］张铭鑫，张振宇. 高速公路隧道竖井纵向式通风研讨[J]. 中国科技信，2007(19)：67-68.

［8］张铭鑫，张振宇. 公路隧道竖井纵向式通风探讨[J]. 科技情报开发与经济，2005(6)：288-289.

［9］邹金杰. 竖井对长大公路隧道火灾影响的三维数值模拟研究[D]. 成都：西南交通大，2006.

［10］李德英. 静电吸尘在公路隧道通风中的应用[J]. 现代隧道技术，2002(1)：58-61.

［11］杨超，王志伟. 公路隧道通风技术现状及发展趋势[J]. 地下空间与工程学报，2011，7(4)：819-824.

［12］耿殿富. 公路隧道营运通风[J]. 西部探矿工程，2003(9)：92-94.

［13］潘屹. 公路隧道火灾通风排烟方式的数值模拟研究[D]. 成都：西南交通大学，2007.

［14］田红旗. 列车空气动力学[M]. 北京：中国铁道出版社，2007.

［15］梅元贵，赵海恒，刘应清. 高速铁路隧道压力波数值分析[J]. 西南交通大学学报，1995(6)：667-672.

［16］桑东升. 公铁合建越江隧道通风及排烟模式优化分析[D]. 上海：同济大学，2012.

［17］RICCO P，BARON A，MOLTENI P. Nature of pressure waves induced by a high-speed train travelling through a tunnel [J]. Journal of Wind Engineering and Industrial Aerodynamics，2007，95(8)：781-808.

[18] 郑道访. 公路长隧道通风方式研究[M]. 北京:科学技术文献出版社,2000.

[19] 张昌淋,张旭,叶蔚. 公路隧道回旋通风实现方式研究[J]. 建筑热能通风空调,2011,30(5):98-100.

[20] 张昌淋. 城市公路隧道回旋式通风与排气净化措施研究[D]. 上海:同济大学,2012.

[21] 王小芝. 上海长江隧道运营累积温升及喷雾降温可行性研究[D]. 上海:同济大学,2007.

[22] 傅琼阁,段坚堤,陈建忠,等. 城市隧道出口匝道气流组织形式试验研究[J]. 工业安全与环保,2014,40(11):20-22.

7 城市公路隧道火灾烟气扩散及通风控制理论

7.1 公路隧道火灾事故调研

7.1.1 公路隧道火灾事故原因分析

火灾事故由于其发生的不可预见性、对司乘人员安全以及隧道结构的威胁性与破坏性,历来被视为对隧道安全的最大挑战。隧道起火原因众多,火灾持续时间不等,世界主要公路隧道火灾事故调研详细信息见表 7-1。另外,由于隧道自身结构特点,火灾发生后往往会造成严重的人员伤亡与财产损失[1-6]。

7.1.2 隧道火灾燃烧控制机理分析

如图 7-1 所示,由于燃料、空气不同的混合形式、混合比,造成隧道火灾燃烧过程呈现完全不同的特点,大致可以分成燃料控制燃烧、通风控制燃烧两大类[7]。与图 7-1(a)、(c)相比,图 7-1(b)、(d)中隧道发生严重火灾事故,多辆汽车同时着火,氧气迅速消耗殆尽,燃烧情况恶化[8]。

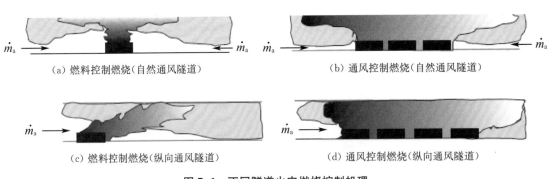

(a) 燃料控制燃烧(自然通风隧道)　　　　　(b) 通风控制燃烧(自然通风隧道)

(c) 燃料控制燃烧(纵向通风隧道)　　　　　(d) 通风控制燃烧(纵向通风隧道)

图 7-1　不同隧道火灾燃烧控制机理

Tewarson 引入燃料、空气当量比 ϕ 来定性分析火灾燃烧的控制机理[9]:

$$\phi = \frac{rm_{\mathrm{f}}}{m_{\mathrm{a}}} \tag{7-1}$$

式中　m_{a}——隧道纵向通风速率,kg/s;

　　　m_{f}——燃料消耗速率,kg/s;

　　　r——燃料完全燃烧化学计量比,对于燃料 $C_a H_b O_c$,r 可根据下式计算[7]:

$$r = \frac{137.8\left(a + \dfrac{b}{4} - \dfrac{c}{2}\right)}{12a + b + 16c} \tag{7-2}$$

表 7-1　世界主要公路隧道火灾事故分析

年份	隧道名称（长度/m）	国家	起火车辆	起火原因	持续时间	火灾损失		
						人员	车辆	结构
1949.5	Holland(2550)	美国	1辆载11 t CS_2 重型货车	货物倾倒爆炸	4 h	66伤	10辆重型货车,13辆小汽车	200 m 损伤
1978.8	Velsen(770)	荷兰	2辆重型货车/4辆小汽车	追尾	1.3 h	5死5伤	2辆重型货车,4辆小汽车	30 m 损伤
1979.7	Nihonzaka(2045)	日本	4辆重型货车/2辆小汽车	追尾	4 d	7死2伤	127辆重型货车,46辆小汽车	1 100 m 损伤
1980.4	Kajiwara(740)	日本	2辆重型卡车	撞墙翻车	1.3 h	1死	2辆卡车	280 m 损伤
1982.4	Caldecott(1083)	美国	1辆小汽车/1辆公交车/1辆油罐车	追尾	2.6 h	7死2伤	3辆重型货车,1辆公交/4辆小汽车	580 m 损伤
1983.2	Fréjus(12868)	意大利	1辆载塑料重型货车	后备箱破裂	1.8 h	无	1辆重型货车	200 m 损伤
1986.9	L'Arme(1105)	法国	1辆重型货车/1辆拖车	高速刹车相撞	—	3死5伤	1辆重型货车,4辆小汽车	设备损毁
1987.2	Gumefens(340)	瑞士	1辆重型货车	路面湿滑相撞	2 h	2死	2辆重型货车,1辆箱式货车	轻微损伤
1994.7	St. Gotthard(16322)	瑞士	1辆载750辆自行车货车	轮胎摩擦	2h	无	1辆重型货车	50 m 损伤
1994.4	Huguenot(3914)	南非	公交车(45座)	电气故障	1 h	1死28伤	1辆公交车	设备损伤
1996.3	Isola delle Femmine(150)	意大利	公交车/油罐车	相撞	—	5死34伤	1辆公交车,1辆油罐车,18辆小汽车	内衬,照明严重受损
1997.10	St. Gotthard(16322)	瑞士	1辆载小汽车重型货车	引擎着火	1.3 h	无	1辆重型货车	100 m 严重损伤
1999.3	Mont Blanc(11600)	法国意大利	1辆重型货车首先着火	原因尚未查明	53 h	39死	23辆重型卡车,9辆小汽车,1辆摩托车	900 m 严重损伤

续 表

年份	隧道名称(长度/m)	国家	起火车辆	起火原因	持续时间	火灾损失		
						人员	车辆	结构
1999.5	Tauern(6400)	奥地利	隧道维修引起多辆车相撞	油漆泄漏	15 h	12死	16辆重型货车、24辆小汽车	关闭3月
2000.7	Seljestads(1272)	挪威	多辆车相撞	引擎着火	0.75 h	6伤	1辆卡车、6辆小汽车	严重损伤
2001.10	St. Gotthard(16322)	瑞士	2辆重型货车相撞	相撞	2天	11死	13辆重型货车、11辆小汽车	230 m严重损伤
2003.4	Baregg(1390)	瑞士	1重型客车、1辆小汽车	相撞	—	1死5伤	—	—
2005.6	Fréjus(12900)	法国意大利	1辆载有轮胎型货车	引擎着火	—	2死21伤	4辆重型货车	10 km设备严重损坏
2006.9	Viamala(742)	瑞士	1辆公交车、2辆小汽车	正面碰撞	—	9死5伤	1辆公交车、4辆小汽车	内衬受损
2007.3	Burnley(3400)	奥地利	3辆重型货车、4辆小汽车	追尾	1 h	3死2伤	3辆重型货车、4辆汽车	—
2007.9	San Martino(4800)	意大利	1辆重型货车	货车撞墙起火	—	2死10伤	1辆重型货车	—
2007.10	Newhall(167)	美国	2辆重型货车	相撞	—	3死10伤	3辆重型货车、1辆小汽车	严重受损
2008.5	大宝山(3150)	中国	1辆载小麦大货车/1辆罐罐装车	追尾	—	2死	1辆大货车、1辆罐装车	100 m严重受损
2010.7	惠山(1555)	中国	1辆大客车	客车自燃	—	24死19伤	1辆大客车	严重受损
2014.3	岩后(787)	中国	2辆槽车/2辆化学品运输车/31辆运煤车	甲醇槽车泄露爆炸	52h	40死12伤	42辆车辆	400 m严重受损

当 $\phi < 1$ 时，隧道通风状况良好，火灾燃烧过程受燃料影响，为典型的燃料控制燃烧。当 $\phi > 1$ 时，火灾燃烧过程受氧气含量影响，为典型的通风控制燃烧，燃烧生成的 CO，CO_2 体积浓度比迅速增大[10]，如图 7-2 所示。

引入燃烧产物 CO，CO_2 生成量之比作为参考指标，以分析隧道火灾燃烧控制机理[7]：

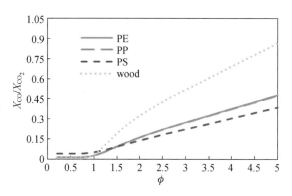

图 7-2　材料燃烧 CO/CO_2 生成量随当量比的变化

$$\frac{m_{CO}}{m_{CO_2}} = \frac{28 \cdot X_{CO}}{44 \cdot X_{CO_2}} \qquad (7-3)$$

式中　m_{CO}，m_{CO_2}——火灾燃烧生成的 CO，CO_2 质量，kg/s；

X_{CO}，X_{CO_2}——烟气中 CO，CO_2 体积分数。

对于木垛火灾和燃气扩散火灾，Tewarson 推荐燃烧控制模式转折点对应组分质量比分别为 0.036 和 0.1[11]。

7.2　公路隧道火灾场景设计

7.2.1　热释放速率

热释放速率（Heat Release Rate，HRR）是火灾发展的一个主要参数，与隧道通风排烟系统的设计密切相关，对隧道建造和运营成本有重要影响。

针对不同型号的乘用车、公共汽车、重型卡车以及隧道通风条件等，各国开展了一系列全尺度隧道火灾燃烧实验，实测燃烧释放能量、HRR 峰值及达到峰值所需的时间[3, 7, 12-19]，如表 7-2 所列。如图 7-3、表 7-3 所示，2nd Benelux 隧道火灾实验以重型卡车为火源，实验中热释放速率经历快速增大→达到峰值→逐渐衰减的过程，不同的卡车载重情况、隧道通风方式，对 HRR 峰值、达到峰值所需的时间、峰值持续时间、衰减时间等参数都有重要影响[20-21]。此外，油池火也常用作隧道燃烧实验的火源，表 7-4 列举了主要大尺度隧道油池火灾燃烧实验数据，包括燃料类型、通风方式、燃料燃烧速率、平均热释放速率及其火源面密度等[22-29]。

表 7-2　　　　　　　　　　　全尺度隧道火灾燃烧实验数据

类型	燃烧汽车型号及参数	实验时间/实验名称	纵向风速/(m·s⁻¹)	隧道断面面积/m²	释放能量/GJ	HRR(峰值)/MW	达到峰值所需时间/min
乘用车	菲亚特 127	70 年代末	0.1	8	—	3.6	12
	雷诺 EspaceJ11-Ⅱ	1988	0.5	30	7	6	8
	欧宝 Kadett	1990	1.5	50	—	4.9	11
	欧宝 Kadett	1990	6	50	—	4.8	38
	雪铁龙 Jumper Van	—	1.6	50	—	7.6	

续　表

类型	燃烧汽车型号及参数	实验时间/实验名称	纵向风速/(m·s⁻¹)	隧道断面面积/m²	释放能量/GJ	HRR(峰值)/MW	达到峰值所需时间/min
公共汽车	沃尔沃校车（40座，车龄25～30年）*	EUREKA EU499	0.3	30	41	29ᵃ	8
					44	34ᵇ	14
	公共汽车	Shimizu	3～4	115	—	30	7
重型卡车	拖车（载重11 010 kg，82%木板＋18%塑料板）	Runehamar	3	32	240	202	18
	拖车（载重6 930 kg，82%木板＋18%泡沫塑料床垫）				129	157	14
	拖车（载重8 850 kg，家具＋杂物＋轮胎）				152	119	10
	拖车（载重2 850 kg瓦楞纸箱，19%塑料杯）				67	67	14
	DAF 310‐ATi（载重2 t家具）	EUREKA EU499	3～6	30	87	128	18
	模拟卡车		0.7		63	17	15
	模拟卡车（模拟勃朗峰隧道火灾）		—	50	35	23	47.5
	模拟拖车（载6堆木垛）	2nd Benelux	1～2	50	19	26	12
	模拟拖车（载4堆木垛）		1.5, 5, 5.3		10	13, 16, 19	16, 8, 8

注：* 同一组火灾工况，测试仪器及处理数据方法不同，a数据摘自文献[14]，b数据摘自文献[12]。

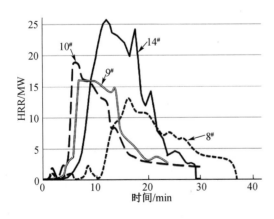

图7-3　火灾热释放速率随时间变化曲线
（2nd Benelux隧道火灾实验）[20-21]

表7-3　　2nd Benelux隧道火灾实验参数

实验编号	卡车载重参数	通风方式/断面风速
8#	4堆木垛（800 kg）＋4个轮胎	自然通风
9#	4堆木垛（800 kg）＋4个轮胎	4～6 m/s
10#	4堆木垛（800 kg）＋4个轮胎	6 m/s
14#	6堆木垛（1 600 kg）＋6个轮胎	1～2 m/s

表 7-4 大尺度隧道油池火灾燃烧实验数据

实验名称 （时间）	隧道参数	燃料 类型	通风方式/ 通风参数		火源 面积 /m²	燃料燃烧速率 /[kg·(m²· s)⁻¹]	HRR （均值） /MW	火源面密度 /(MW· m⁻²)
Offenegg (1965)	断面面积 23 m² 190 m×3.8 m× 6 m(长×宽×高)	汽油	自然通风		6.6	0.062～0.074	16	2.4
					47.5	0.021～0.026	39	0.8
					95	0.01～0.011	35	0.4
			纵向通风/ 风量 39 m³/s		6.6	0.046～0.062	14	2.1
					47.5	0.032～0.043	70	1.5
			半横向 送风量	15 m³/s	6.6	0.046～0.062	12	1.8
					47.5	0.019～0.021	33	0.7
				6 m³/s	95	0.009～0.01	32	0.3
Glasgow (1970)	620 m×7.6 m× 5.2 m(长× 宽×高)	煤油	—		1.44		2	1.39
					2.88	—	4	1.39
					5.76		8	1.39
Zwenberg (1975)	断面面积 20 m² 390 m×4.4 m ×3.8 m	柴油	排风量 30 m³/s		6.8	0.041	10	1.47
		汽油			13.6	0.042	20	1.47
P.W.R.Ⅰ (1980)	断面面积 57.3 m² 长 700 m	汽油	纵向风速 5 m/s		4	0.055	9.6	2.4
			纵向风速 2 m/s		6		14.4	
	长 3 277 m		纵向风速 2 m/s		4		9.6	
EUREKA EU499 (1992)	长 2 300 m 宽 5.3～7 m 高 4.8～5.5 m	庚烷	风速 1.5～2 m/s		1	0.078	3.5	3.5
			风速 0.6～1 m/s					
			风速 1.5～2 m/s		3		7	2.33
			风速 2～2.5 m/s					
Memorial (1993—1995)	断面面积 60.4 m² 853 m×8.8 m× 7.8 m(长×宽 ×高)	低硫 2♯燃油	纵向风速 2.2 m/s		4.5	—	10	2.25
			纵向风速 2.1 m/s		9		20	
			纵向风速 2.3 m/s		22.2		50	
			纵向风速 2.2 m/s		44.4		100	
Shimizu (2001)	断面面积 115 m² 1 190 m×16.5 m× 8.5 m(长×宽×高)	汽油	无通风		1	0.055	2.4	2.4
			纵向风速 2 m/s		4		9.6	
			纵向风速 5 m/s					
2nd Benelux (2002)	900 m×9.8 m× 5.1 m (长×宽×高)	正已烷/ 甲苯	未开启纵向通风		3.6	—	4.1	1.14
			纵向风速 4 m/s				3.5	0.97
			未开启纵向通风		7.2	—	11.5	1.6
			纵向风速 5 m/s					
			纵向风速 6 m/s				11.4	1.58

7.2.2 火灾烟气生成量

火灾后隧道内产生的烟气中含有多种有毒物质,除了 CO,CO_2 外,还包含了氰化氢、氯化氢、SO_2、二噁英类(PCDDs/PCDFs)、多环芳烃(PAHs)等,尤其是聚合物燃烧时产生的有毒物质更多,它们会直接威胁隧道内人员的生命安全。为了便于分析,引入 Y_i 定量分析各种组分的生成量:

$$Y_i = \frac{m_i}{m_f} \tag{7-4}$$

式中　Y_i——产物 i 生成量,kg/kg;

　　　m_i——产物 i 的质量,kg;

　　　m_f——燃料的消耗量,kg。

针对 3 种汽车火灾场景,在大尺度工业量热仪中实测得到汽车燃烧有害物散发量[30],见表 7-5。除此之外,隧道内汽车燃烧后生成的高温烟气及燃烧残渣中均含有大量的二噁英类物质及多环芳烃[31],且其数值与燃烧汽车种类、汽车使用时间等参数密切相关,详细数据见表 7-6。

表 7-5　　　　　　　　　　大尺度汽车燃烧实验有害物散发量

有害物	散发量	
	m_i /kg	Y_i /(kg · kg^{-1})
CO_2	265	2 400
CO	6.9	63
HCN	0.17	1.6
HCl	1.4	13
SO_2	0.54	5

表 7-6　　　　隧道内汽车燃烧生成烟气及残渣中 PCDDs/PCDFs/PAHs 含量

汽车 (车龄)	Q_{tot} /GJ	火灾烟气 PCDDs/PCDFs		残渣中 PCDDs/PCDFs		火灾烟气 PAHs	
		mg I-TEQ	mg I-TEQ/GJ	mg I-TEQ	mg I-TEQ/GJ	g	g/GJ
老汽车(1974)	6	0.032	0.005 3	0.012	0.002	13	2.2
小汽车(1988)	9	0.044	0.004 9	0.008	0.000 89	27	3.0
乘用车	3.8	0.086 8	0.023	——	——	119	31.3

此外,烟气中含有的大量颗粒物使得烟气具有较强的遮光性,严重降低了火场中的能见度,对人员疏散及消防救援产生严重影响。烟气中的小颗粒物(粒径<1 μm)在热压、风压作用下,可自火源扩散至较远距离处,并可直接入侵人们的呼吸系统,对肺部造成永久性的伤害。

7.2.3 公路隧道火灾场景设置

隧道火灾场景设计应充分考虑隧道交通量及交通组成、交通流模式（双向行驶、单向行驶）、交通状况（交通阻塞、应急交通流）、隧道自然通风条件等因素，合理评估火源位置、火灾荷载大小。根据以上隧道基本情况，火灾荷载可考虑 1 辆车（小汽车、客车、公共汽车、卡车、油罐车等）起火燃烧，或者汽车相撞引起的多辆车着火燃烧等，其对应的 HRR 峰值及烟气流量（Smoke Flow Rate，SFR）数据见表 7-7[32-35]。此外，由于重型卡车火灾的 HRR 值随车辆荷载情况变化，且缺乏油罐车实体着火燃烧的实验数据，因而造成不同标准、规范的对应数据差别较大。根据着火材料燃烧特性不同，其火灾的 HRR 值随时间变化的曲线可采用线性增长衰减模型、t^2 增长-指数衰减模型、指数增长衰减模型等。除此之外，火灾场景的确定也应综合考虑公路隧道火灾探测报警系统的有效性、通风系统的应急反应能力、隧道紧急出口的可用性、隧道交通管制、消防救援等影响因素，以平衡公路隧道建造成本与火灾风险的严重性等。

表 7-7 公路隧道火灾 HRR 峰值及 SFR 推荐值[32-35]

车辆类型	PIARC		NFPA 502 HRR /MW	法国标准 HRR /MW	德国标准 HRR /MW
	HRR /MW	SFR /(m³·s⁻¹)			
乘用车	4	20	5	2.5~5	5~10
多辆乘用车	8	30	15	8	5~10
面包车	15	50	—	15	—
公共汽车	20	—	30	20	20~30
重型卡车/卡车	30	80	150	30	20~30
油罐车	100	200~300	300	200	50~100

结合国内公路隧道安全隐患较为严重的实际情况，参考 PIARC(2007)报告引用文献，并考虑公路等级、隧道长度、交通流模式、隧道位置（水下、山岭）等主要因素，《公路隧道通风设计细则》(JTG/T D70/2-02—2014)推荐的隧道火灾最大 HRR 取值见表 7-8[36]。针对全横向、半横向、集中排烟隧道，《公路隧道通风设计细则》(JTG/T D70/2-02—2014)推荐的隧道火灾烟雾生成率推荐值见表 7-9。

表 7-8 隧道火灾最大 HRR

交通流模式	隧道长度	公路等级		
		高速公路	一级公路	二、三、四级公路
单向交通	$L>5\,000$ m	30 MW	30 MW	—
	$1\,000$ m$<L\leqslant5\,000$ m	20 MW	20 MW	—
双向交通	$L>4\,000$ m	—	—	20 MW
	$2\,000$ m$<L\leqslant4\,000$ m	—	—	20 MW

注：1. 运煤专用通道、客车专用通道等特殊隧道的火灾最大热释放速率取值宜根据实际条件具体确定。

2. 推荐值来自《公路隧道通风设计细则》(JTG/T D70/2-02—2014)。

表 7-9	隧道火灾烟雾生成率推荐值 *		
火灾热释放速率/MW	20	30	50
烟雾生成率/(m³·s⁻¹)	50~60	60~80	80~100

注：* 推荐值来自《公路隧道通风设计细则》(JTG/T D70/2-02—2014)。

7.3 公路隧道内风流压力平衡及纵向风速计算

7.3.1 烟阻塞效应的提出

以纵向通风公路隧道为例，隧道内存在多个沿隧道轴向的风流系统，如行驶车流带来的交通风、隧道内外压差造成的自然风、火灾热烟气引起的浮升力、隧道摩擦压力损失、射流风机升压力等。忽略纵向风速沿程变化，考虑火灾升压力、自然风、交通通风力方向，根据风压平衡即式(7-5)，可进一步计算得到隧道内纵向风速 v_{in} 及其变化规律。

$$\Delta p_j \pm \Delta p_{fb} \pm \Delta p_m \pm \Delta p_t = \Delta p_r + \Delta p_{ob} \tag{7-5}$$

式中　Δp_j ——隧道内射流风机升压力，N/m²；

　　　Δp_{fb} ——隧道火灾浮升力，N/m²；

　　　Δp_m ——自然风阻力，N/m²；

　　　Δp_t ——交通通风力，N/m²；

　　　Δp_r ——隧道进、出口及壁面摩擦压力损失，N/m²；

　　　Δp_{ob} ——隧道内障碍物(火灾后隧道内的静止车辆、着火车辆、隧道测试系统等)摩擦阻力损失，N/m²。

1. 自然风阻力

$$\Delta p_m = \left(\xi_{in} + \xi_e + \lambda_r \cdot \frac{L}{D_e}\right) \cdot \frac{\rho_0}{2} \cdot v_n^2 \tag{7-6}$$

式中　v_n ——自然风引起的洞内风速，m/s，对于一般地形条件隧道而言，若无可借鉴的气象资料，推荐取值 2~3 m/s[36]；

　　　ξ_{in}, ξ_e ——隧道进、出口损失系数；

　　　λ_r ——隧道壁面摩阻损失系数，它与壁面粗糙度、风流 Re 数密切相关；

　　　ρ_0 ——环境空气密度，kg/m³；

　　　L ——隧道长度，m；

　　　D_e ——隧道当量直径，m。

2. 火灾浮升力

$$\Delta p_{\text{fb}} = \left(1 - \frac{T_0}{T_\text{m}}\right)\rho_0 g \Delta h = \left(1 - \frac{T_0}{T_\text{m}}\right)\rho_0 g \frac{\theta}{L_\text{s}} \tag{7-7}$$

式中　T_0——环境空气温度，K；

Δh——烟气区高度差，m；

θ——隧道坡度；

g——重力加速度，m/s^2；

L_s——火源下游烟气区长度，m；

ρ_0——环境空气密度，kg/m^3；

T_m——火源下游烟气区平均温度，K，数值可参考下式计算[16]：

$$T_\text{m} = T_0 + (1 - X_\text{r}) \cdot \frac{Q}{m_{\text{in}}c_\text{p}} \cdot \exp\left(-\frac{h_\text{c}Px}{m_{\text{in}}c_\text{p}}\right) \tag{7-8}$$

式中　X_r——火源辐射百分比；

Q——火灾热释放速率，kW；

h_c——对流换热系数，kW/(m^2·K)；

m_{in}——隧道通风量，kg/s；

P——隧道湿周，m；

x——火源下游烟气区中点距火源的距离，m；

c_p——烟气比热，kJ/(kg·k)。

3. 隧道进、出口及壁面摩擦压力损失

$$\Delta p_\text{r} = \xi_{\text{in}}\frac{\rho_0}{2}v_{\text{in}}^2 + \frac{\lambda_\text{r}}{D_\text{e}}\left(L - L_\text{s} + L_\text{s}\frac{T_\text{m}}{T_0}\right)\frac{\rho_0}{2}v_{\text{in}}^2 + \xi_\text{e}\frac{T_\text{e}}{T_0}\frac{\rho_0}{2}v_{\text{in}}^2 \tag{7-9}$$

式中　ξ_{in}——隧道入口损失系数；

ρ_0——环境空气密度，kg/m^3；

v_{in}——隧道内纵向风速，m/s；

λ_r——隧道壁面摩阻损失系数，它与壁面粗糙度、隧道通风流动 Re 数密切相关；

D_e——隧道当量直径，m；

L——隧道长度，m；

L_s——火源下游烟气区长度，m；

T_m——火源下游烟气区平均温度，K；

T_0——环境空气温度，K；

ξ_e——隧道出口损失系数；

T_e——隧道出口处烟气温度，K，数值可根据隧道出口距火源距离参见式(7-8)计算。

4. 隧道内障碍物摩擦阻力损失

$$\Delta p_{ob} = \sum \xi_{ob} \cdot \frac{T_{ob}}{T_0} \frac{1}{2} \rho_0 v_{in}^2 \tag{7-10}$$

式中 T_{ob}——隧道内紧邻障碍物处烟气温度，K；

v_{in}——隧道内纵向风速，m/s；

ρ_0——环境空气密度，kg/m³；

T_0——环境空气温度，K；

ξ_{ob}——障碍物阻力损失系数，与障碍物正面投影面积在隧道行车空间截面积中所占的百分比密切相关，可参考下式计算[37-38]：

$$\xi_{ob} = 1.15 c_x \frac{A_{ob}/A}{(1-\gamma A_{ob}/A)^3}\left(1-\frac{2y}{D}\right) \tag{7-11}$$

式中 A_{ob}——障碍物正面投影面积，m²；

A——隧道通风断面面积，m²；

y——障碍物中心距侧壁距离，m；

D——隧道高度或隧道断面直径，m；

c_x，γ——拉力系数、形状及管段收缩修正系数，具体数据可参见文献[38]。

5. 交通通风力

$$\Delta p_t = \frac{A_m}{A} \cdot \frac{\rho_0}{2} \cdot n_+ \cdot (v_{t(+)} - v_{in})^2 - \frac{A_m}{A} \cdot \frac{\rho_0}{2} \cdot n_- \cdot (v_{t(-)} + v_{in})^2 \tag{7-12}$$

式中 n_+，n_-——隧道内与 v_{in} 同向或反向的车辆数，veh；

$v_{t(+)}$，$v_{t(-)}$——隧道内与 v_{in} 同向或反向的各工况车速，m/s；

A——隧道通风断面面积，m²；

ρ_0——环境空气密度，kg/m³；

A_m——汽车等效阻抗面积，m²。显然，对于双向交通而言，交通通风力作用相互抵消甚者有可能成为阻力。

事实上，从正常交通流→火灾爆发→火灾探测→火灾报警→实行交通管制的这一过程中，公路隧道内交通流已发生较大变化。如表 7-10 所列，火灾爆发后($t>0$)，火源下游车辆继续以正常行驶速度驶出隧道，火源上游车辆未得到安全警示继续驶入隧道，并在火源上游堵塞[39]；火灾爆发 60 s 后隧道实行交通管制，限制车辆驶入。

表 7-10 隧道应急交通流模型($t_1 < t_2$)

时间 /s	隧道内静止车辆 n_{sr}/(veh·车道$^{-1}$)	隧道内运动车辆数 /(veh·车道$^{-1}$)	
		火源上游 n_u	火源下游 n_d
$t=0$	0	$\dfrac{Nl}{1\,000v_t}$	$\dfrac{N(L-l)}{1\,000v_t}$
$0 < t \leqslant 60$	$\dfrac{v_u t}{3.6(k-m)}$	$\dfrac{Nl}{1\,000v_t} - \dfrac{Nv_u(w+m)t}{3\,600v_t(k-m)}$	$\dfrac{N(L-l)}{1\,000v_t} - \dfrac{Nt}{3\,600}$
$60 < t \leqslant t_1$		$n_{sr,t_1} - \dfrac{v_u \cdot t}{3.6(k-m)}$	
$t_1 < t \leqslant t_2$	n_{sr,t_1}	0	
$t_2 < t$			0

表中

$$t_1 = 60 + \frac{3.6(k-m)Nl}{1\,000v_t v_u} - \frac{3.6N(w+m)}{60v_t} \tag{7-13}$$

$$t_2 = 3.6\frac{L-l}{v_t} \tag{7-14}$$

$$n_{sr,t_1} = \frac{60v_u}{3.6(k-m)} + \frac{Nl}{1\,000v_t} - \frac{Nv_u(w+m)}{60v_t(k-m)} \tag{7-15}$$

式中　v_t——隧道内车辆正常行驶速度,km/h;

v_u——上游车辆平均行驶速度,km/h;

L——隧道长度,m;

l——火源距上游洞口距离,m;

k——车辆正常行驶车间距,m;

N——与车间距 k 对应的适应交通量,veh/(h·车道);

m——静止车辆车间距,m;

w——标准小客车车身长度,m。

6. 射流风机升压力

$$\Delta p_j = n_j \rho_0 v_j^2 \frac{A_j}{A} \cdot \left(1 - \frac{v_{in}}{v_j}\right)\eta \tag{7-16}$$

式中　ρ_0——空气密度,kg/m^3;

A——隧道断面积,m^2;

v_{in}——隧道内纵向风速,m/s;

v_j——隧道内射流风机出口风速,m/s;

A_j——射流风机出口面积,m²;

n_j——射流风机开启台数;

η——射流风机位置摩阻损失折减系数。

7.3.2 公路隧道内纵向风速变化规律

以某双洞单向交通、射流风机纵向通风公路隧道为例,主要计算参数见表 7-11。火灾爆发后,由于隧道内交通流发生变化,导致隧道内纵向风速迅速衰减[40],如图 7-4 所示。当汽车速度降至 $v_t = 40$ km/h,汽车活塞风不足以维持隧道内正常卫生换气要求,开启射流风机,增压效果显著。同一种风机模式下,火源位置对纵向风速衰减的影响程度不同:

$$(v_{in})_{\substack{t=600\,s\\l=8000\,m}} \cong (v_{in})_{\substack{t=600\,s\\l=4000\,m}} \ll (v_{in})_{\substack{t=600\,s\\l=1000\,m}} \tag{7-17}$$

由于涉及众多随机且不确定的因素,上述交通流模型未考虑交通管制后,引导着火点上游堵塞车辆逆行通过行车横通道进入另一条临时改为双向行驶的隧道,以及火灾热烟气升压力的影响,但其对纵向风速的影响不容忽视,值得进一步深入分析。

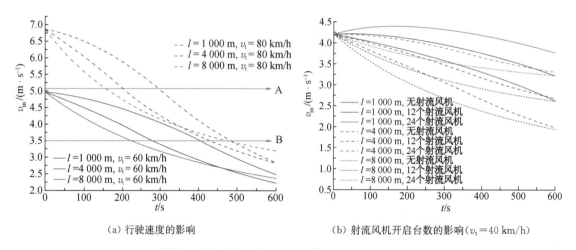

(a) 行驶速度的影响 　　　　　(b) 射流风机开启台数的影响($v_t = 40$ km/h)

图 7-4　火灾爆发初期隧道纵向风速衰减特性($N = 1\,584$ veh/h, $v_n = 2.5$ m/s)

表 7-11　　某城市公路隧道主要计算参数(双洞单向交通,射流风机纵向通风)

L/m	D_e/m	A/m²	l/m	不同行车速度对应 k/m			m/m	v_j/(m·s⁻¹)
				80 km/h	60 km/h	40 km/h		
8 100	9.39	88.69	1 000/4 000/8 000	60	50	40	5	30.8

7.4 排风口烟阻塞效应分析

Lubin 和 Turner 等研究人员在分析两种非等密度液体孔口排放问题时,发现孔口排放过程存在一个临界状态点[41],如图 7-5 所示。对于一定排水量,当下部重质液体深度小于临界深度 H_c,上部轻质液体将击穿下部液体层,瞬间形成一个尖状结构,将下部的重质液体挤向水箱两侧。上述孔口击穿现象同样适应于风口火灾排烟问题。

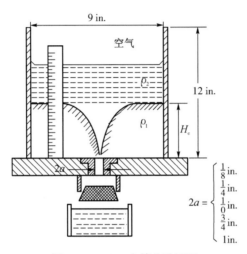

图 7-5 Lubin 水箱实验原理

注:1 in. =0.025 4 m。

7.4.1 临界热烟气层厚度

如图 7-6 所示,单点排风口下方呈现明显的温度分层,上部为热烟气层,下部为冷空气层。随着排烟量的增大,交界面上 d 点不断抬高直至到达风口中心位置,风口被下方冷空气击穿,风口排烟效率迅速下降。此时,对应的热烟气层厚度被称为临界烟气层厚度 $h_{c, cr}$,其数值对于评估风口击穿效应意义重大。为了便于分析,做出如下基本假

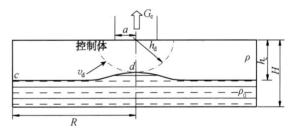

图 7-6 排烟临界热烟气层厚度分析

设[41-42]:①忽略热烟气、冷空气黏性;②忽略热烟气、冷空气交界面的表面张力;③交界面压力考虑静水压力;④"尖"形成前风流流动稳定;⑤表面 d 点上升瞬间即到达排风口处,形成"尖"。

在 d 点上升瞬间,根据质量守恒定律有:

$$G_e = 2\pi v_d h_d^2 \tag{7-18}$$

式中　G_e——风口排风量,$\mathrm{m^3/s}$;

h_d——d 点烟气层厚度，m；

v_d——以 h_d 为半径的控制体表面流速，m/s。

沿交界面上表面流线从 c 点(距风口距离 $R \gg$ 风口半径 a)运动到 d 点，根据伯努利方程，有：

$$p_c + \rho g h_c = p_d + \rho g h_d + \frac{1}{2}\rho v_d^2 \tag{7-19}$$

式中　p_c——c 点的压力，Pa；

　　　ρ——烟气密度，kg/m³；

　　　g——重力加速度，m²/s；

　　　h_c——c 点烟气层厚度，m；

　　　h_d——d 点烟气层厚度，m；

　　　v_d——以 h_d 为半径的控制体表面流速，m/s；

　　　p_d——d 点的压力，Pa。

根据静水压强方程，c，d 两点压力差为

$$p_c - p_d = \rho_0 g(h_c - h_d) \tag{7-20}$$

Lubin 等研究人员观察水箱排水实验，发现"尖"形成是瞬间完成的，即

$$\frac{\mathrm{d}h_c/\mathrm{d}t}{\mathrm{d}h_d/\mathrm{d}t} = 0 \tag{7-21}$$

进一步将式(7-18)—式(7-21)进行整理，可得

$$\frac{h_{c,cr}}{a} = k\left[\frac{G_e^2}{(\Delta\rho/\rho)ga^5}\right]^{1/5} \tag{7-22}$$

式中，k 为实验常数，Vauquelin 等[42]推荐取值 0.69。

显然，临界热烟气层厚度 $h_{c,cr}$ 与烟气温度 T、排风口处排烟速度 v 相关；当风口下方烟气层厚度较厚，发生风口击穿(烟阻塞)时，对应的排风口速度更大。Daisaku 等研究人员提出：根据风口排烟速度大小，可将风口进一步简化为面源、线源、点源模型，以分析风口下方烟气流动规律。针对不同风口形状及尺寸、排风口速度、烟气温度等组合，实测风口临界热烟气层厚度[43]，引入 Fr' 准则数，数据整理如图 7-7 所示。

$$Fr' = \frac{v}{\sqrt{\dfrac{\Delta\rho}{\rho_0}gW}} \tag{7-23}$$

式中　v——风口平均风速，m/s；

　　　ρ_0——空气密度，kg/m³；

　　　g——重力加速度，m²/s；

　　　W——风口短边长度，m；

　　　$\Delta\rho$——烟气空气密度差，kg/m³。

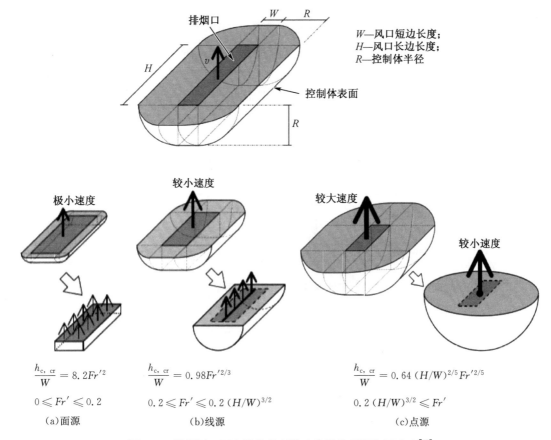

$$\frac{h_{c,cr}}{W} = 8.2Fr'^2$$

$$0 \leqslant Fr' \leqslant 0.2$$

（a）面源

$$\frac{h_{c,cr}}{W} = 0.98Fr'^{2/3}$$

$$0.2 \leqslant Fr' \leqslant 0.2(H/W)^{3/2}$$

（b）线源

$$\frac{h_{c,cr}}{W} = 0.64(H/W)^{2/5}Fr'^{2/5}$$

$$0.2(H/W)^{3/2} \leqslant Fr'$$

（c）点源

图 7-7　排烟风口下方计算控制体变化及临界烟气层高度[43]

7.4.2　公路隧道用大尺度排风口的烟气扩散特性

与前述建筑火灾情况不同,公路隧道内采用的机械排烟风口参数见表 7-12,其风口尺寸大小及风口间距均远大于常规建筑用排烟风口。此外,对应不同的火灾场景,隧道内火灾热释放速率变化范围较大,可达 5～100 MW。上述因素的综合影响使排烟风口下方很难形成均匀稳定的烟气层,烟气温度不断衰减,烟层厚度不断变薄,其烟阻塞效应值得深入探讨。

表 7-12　　　　　　　　　　某公路隧道主要计算参数一览表

工况	长度/km	衬砌内/外径/m	火源位置	火灾强度/MW	风口形状尺寸/(m×m)	风口间距/m
1	8.1	13.7/15	两个风口中心	5～50	正方形 2×2	60
2	8.1	13.7/15	两个风口中心	5～50	横向矩形 1×4	60
3	8.1	13.7/15	两个风口中心	5～50	横向矩形 1×4	80

注:风口布置在隧道顶棚中央位置。风口形状第一个尺寸、第二个尺寸分别沿隧道轴向、横截面方向。

为了便于分析,以 300 m 长的水平隧道通风段为研究对象,假定隧道中心发生火灾(以丙烷为燃料),上下两个排风口非对称布置在火源两侧,利用 FLUENT 软件详细预测隧道内热烟气的扩散规律。风口下方热烟气层呈现明显的温度、厚度不均匀特性。随着排烟量的增大,风口下方热烟气、冷空气交界面不断抬升,直至风口被下部冷空气击穿,热烟气被冷空气不断挤压,风口排烟效果下降,同时风口下游烟气扩散距离 L/H 不断减小,如图 7-8 所示。图 7-9 为排烟口速度矢量分布。

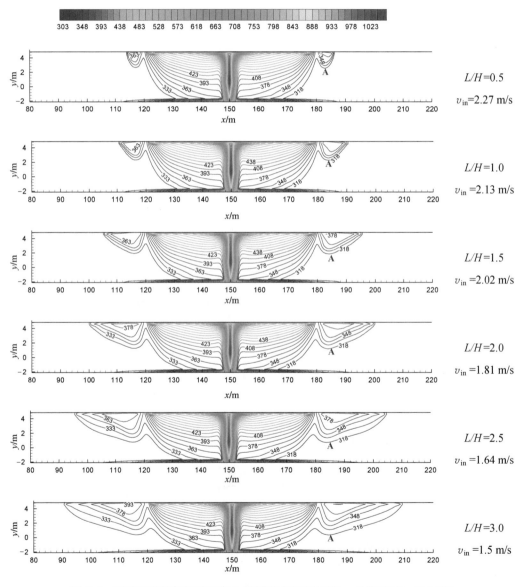

图 7-8　风口下游烟气扩散距离 L/H 随纵向诱导风速 v_{in} 的变化($Q=20\,MW$)

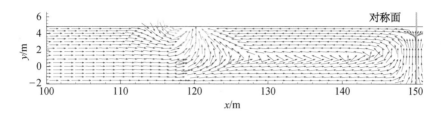

图 7-9　排烟口速度矢量分布

除了排烟量以外，Vauqulin 等研究人员提出以纵向诱导风速 v_{in} 来分析风口下游热烟气逃逸问题[44]。如图 7-10、图 7-11 所示，与纵向通风临界风速类似，纵向诱导风速可直观地反映集中排烟隧道排风口下游烟气的逸流距离，且其数值远小于纵向通风临界风速。在相同风口间距、火灾热释放速率、烟气扩散距离条件下，横向矩形风口（工况 2）诱导风速更小，其对应的风机排烟量、烟道阻力损失也更小，从而能有效降低系统初期投资及运行费用，如图 7-12 所示。随着排风口间距的减小，顶棚热射流扩散至风口处仍具有较大动量，成功逃逸机会更大，相同的烟气扩散距离，其对应的诱导风速则更大[45]。

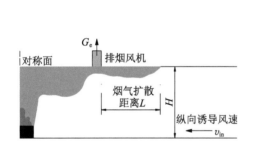

图 7-10　纵向诱导风速的定义

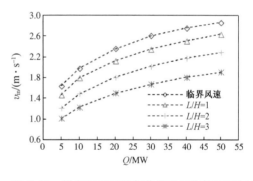

图 7-11　纵向诱导风速与临界风速比较（工况 1）

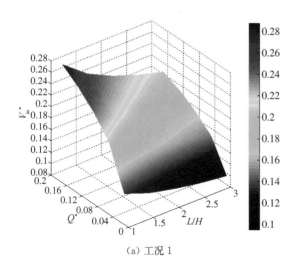

（a）工况 1

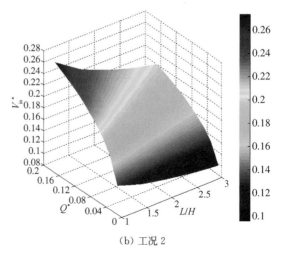

（b）工况 2

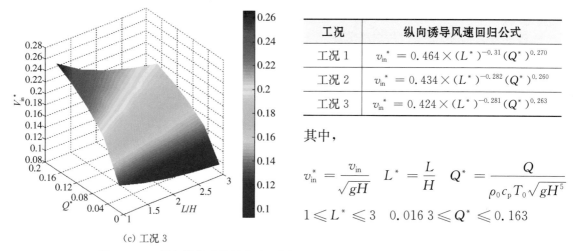

工况	纵向诱导风速回归公式
工况 1	$v_{in}^* = 0.464 \times (L^*)^{-0.31} (Q^*)^{0.270}$
工况 2	$v_{in}^* = 0.434 \times (L^*)^{-0.282} (Q^*)^{0.260}$
工况 3	$v_{in}^* = 0.424 \times (L^*)^{-0.281} (Q^*)^{0.263}$

其中，

$$v_{in}^* = \frac{v_{in}}{\sqrt{gH}} \quad L^* = \frac{L}{H} \quad Q^* = \frac{Q}{\rho_0 c_p T_0 \sqrt{gH^5}}$$

$$1 \leqslant L^* \leqslant 3 \quad 0.016\,3 \leqslant Q^* \leqslant 0.163$$

(c) 工况 3

图 7-12　无量纲纵向诱导风速随无量纲烟气扩散距离、火灾热释放速率变化

7.5　火焰、浮羽流烟气热参数理论预测

7.5.1　火焰结构分区

如图 7-13 所示，根据热力特性的不同将火羽流分为 3 个区域：连续火焰区（persistent flame），距离燃烧面较近，火焰面呈连续状态，气流速度较快，断面中心温度趋于定值；间歇火焰区（intermittent flame），位于连续火焰区上方，火焰呈现间歇状态，气流流速趋于定值；浮力羽流区（buoyant plume），位于间歇火焰区上方，无火焰面，气流流动受浮力控制，气流流速及断面中心温度随高度增加急剧下降[46]。其中，连续火焰区和间歇火焰区通常合并为可见火焰区（简称为火焰）。

由于间歇火焰区的火焰不稳定，造成燃烧过程中可见火焰呈明显的脉动特性，如图 7-14 所示。火焰视频拍摄过程中，火焰边界概率分布随着距火源中心距离的增大而减小[47]。Zukoski 等研究人员提出根据火焰边界概率分布 $I=0.5$，进一步定义平均火焰高度、火焰倾角，作为评价燃烧过程的重要参数[48]，其物理意义是表征燃烧反应区长度、与垂直面夹角，以及浮羽流区域的起点位置。

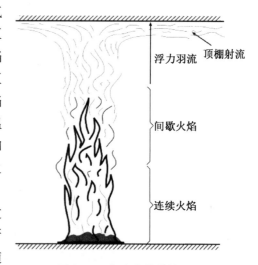

图 7-13　自由火焰结构分区

可见火焰在纵向风流作用下将发生倾斜，如图 7-14(c) 所示，Thomas 推荐利用下列实验关联式[49-50]计算火焰高度、火焰倾角：

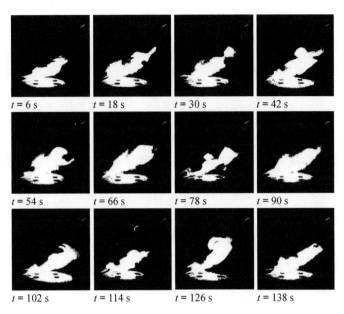

(a) 可见火焰边界随时间变化

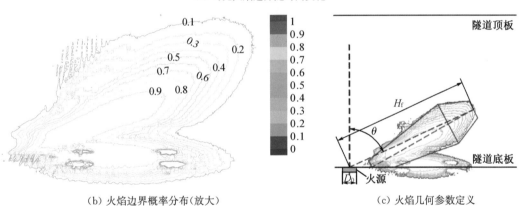

(b) 火焰边界概率分布(放大)　　　　　　(c) 火焰几何参数定义

图 7-14　火焰边界随时间变化及火焰边界概率分布[47](燃料为液化石油气)

$$\frac{H_f}{D_0} = 55 \left(\frac{\dot{m}}{\rho_a \sqrt{gD_0}} \right)^{0.67} \left(\frac{v}{(g\dot{m}D_0/\rho_v)^{1/3}} \right)^{-0.21} \tag{7-24}$$

$$\sin\theta = 0.7 \left(\frac{v}{(g\dot{m}D_0/\rho_a)^{1/3}} \right)^{-0.49} \tag{7-25}$$

式中　H_f——火焰高度,m;

　　　D_0——火源直径,m;

　　　g——重力加速度,m/s²;

　　　$\dot{m}$——燃料的燃烧速率,kg/(m² · s)

　　　v——通风速度,m/s;

θ——火焰倾角；

ρ_a——环境空气密度，kg/m^3；

ρ_v——燃料蒸汽密度，kg/m^3。

7.5.2 浮羽流起点燃烧热参数的确定

以庚烷 C_7H_{16} 油池火为例，Mégret 等研究人员基于完全燃烧反应方程式及半经验实验关联式，提出一套确定公路隧道火灾热参数的理论计算方法[51]，可用于公路隧道火灾浮力羽流区域热参数计算。

$$C_7H_{16} + 11(O_2 + 3.76N_2) \longrightarrow 7CO_2 + 8H_2O + 41.36N_2 + H_T \tag{7-26}$$
$$n(O_2 + 3.76N_2)_{T_a} \longrightarrow n(O_2 + 3.76N_2)_T$$

式中　T——烟气平均温度，K；

　　　T_a——环境空气温度，K；

　　　n——空气卷吸系数；

　　　H_T——燃油热值，MJ/kg。

火灾释放热量中对流部分 Q_c 满足：

$$Q_c = (1 - X_r) \cdot \eta \cdot \dot{m} \cdot S \cdot H_T \tag{7-27}$$

式中　Q_c——火灾释放热量中对流部分，MW；

　　　η——燃油燃烧效率；

　　　$\dot{m}$——燃油燃烧速率，$kg/(m^2 \cdot s)$；

　　　S——油池面积，m^2；

　　　X_r——辐射系数，油池直径小于 1 m，外部辐射损失约为 30%，随着火源尺寸增大，辐射系数不断减小，当油池直径达到 10 m，辐射系数可降至 20%[52]；Markatos 建议辐射系数取值介于 20%～40%[53]。

燃油燃烧速率 $\dot{m}$，根据 Burgess 经验公式确定如下：

$$\dot{m} = \dot{m}_\infty [1 - \exp(-k\beta D_0)] \tag{7-28}$$

式中　$\dot{m}_\infty$——无限大火源自由燃烧速率，$kg/(m^2 \cdot s)$；

　　　D_0——油池直径，m；

　　　k——辐射发射系数；

　　　β——平均光束长度修正系数，通常将二者影响综合考虑，Babrauskas 推荐 $k\beta$ 取值 (1.3 ± 0.5)m[54]。

对于庚烷 C_7H_{16} 油池火（0.3 m$<D_0<$15 m），Koseki 和 Yumoto 推荐火灾烟气羽流空气卷吸系数[55]满足下式：

$$n = 11\left[2.13\left(\frac{2z}{D_0}\right) - 1\right], \frac{2z}{D_0} > 0.5 \qquad (7\text{-}29)$$

式中，z 为油池燃烧面上方高度，m，可参考火焰高度计算。

考虑火灾释放热量中对流热主要为烟气所吸收，联立式(7-25)—式(7-27)，根据能量守恒可进一步计算得到烟气温度 T：

$$H_T(1 - X_r) = \int_{T_0}^{T} \sum a_i c_{pi}(products)\mathrm{d}T \qquad (7\text{-}30)$$

式中　c_{pi}——燃烧产物定压比热，kJ/(kg·K)；

　　　a_i——产物化学当量比。

根据化学反应当量比，燃料燃烧生成烟气量 G_s 满足下式：

$$G_s = \frac{v_m \sum\limits_{products} a_i}{a_{fuel} M_{fuel}} \cdot S \cdot \dot{m} \cdot \frac{T}{T_a} \qquad (7\text{-}31)$$

式中　G_s——燃料燃烧生成烟气量，m^3/s；

　　　v_m——标准摩尔体积，m^3/mol；

　　　T_a——环境空气温度，K；

　　　a_{fuel}——燃料化学当量比；

　　　T——烟气平均温度，K；

　　　$\dot{m}$——燃油燃烧速率，kg/(m^2·s)；

　　　S——油池面积，m^2；

　　　M_{fuel}——燃料摩尔质量，kg/mol。

7.5.3　纵向风流作用下羽流偏转流动模型

由于诸多原因，隧道内会形成一定的纵向风流，对于不同的隧道通风系统而言，其差别仅限于纵向风速的数值大小。在纵向风速作用下，羽流在上升过程中将发生明显的偏转，其扩散规律与热烟气经由烟囱高空排放相似。为了便于分析，假定如下：羽流横断面为圆形，断面半径 r 远小于廓线曲率半径；羽流断面上烟气温度 T、密度 ρ、速度 u 均匀；羽流对空气卷吸量与卷吸系数、卷吸面积及速度差成正比；切向卷吸系数 α、法向卷吸系数 β 为定值，与断面位置无关[56]。

如图 7-15 所示，羽流计算起点参数 $(T_0, \rho_0, u_0, \theta_0, r_0)$，依次建立质量方程、动量方程、能量方

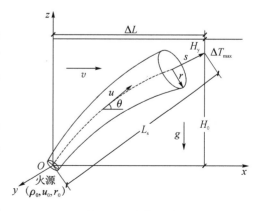

图 7-15　热烟羽流偏转流动模型图示

205

程、轨迹方程及气体状态方程如下：

质量方程： $$\frac{\mathrm{d}}{\mathrm{d}s}(\pi r^2 u\rho) = 2\pi r\alpha\rho_a \mid u - v\cos\theta \mid + 2\pi r\beta\rho_a \mid v\sin\theta \mid \tag{7-32}$$

动量方程： $$\frac{\mathrm{d}}{\mathrm{d}s}(\pi r^2 u^2\rho) = v\cos\theta\frac{\mathrm{d}}{\mathrm{d}s}(\pi r^2 u\rho) + (\rho_a - \rho)\pi r^2 g\sin\theta \tag{7-33}$$

$$\pi r^2 u^2\rho\frac{\mathrm{d}\theta}{\mathrm{d}s} = -v\sin\theta\frac{\mathrm{d}}{\mathrm{d}s}(\pi r^2 u\rho) + (\rho_a - \rho)\pi r^2 g\cos\theta \tag{7-34}$$

能量方程： $$\frac{\mathrm{d}}{\mathrm{d}s}\left[\pi r^2 ug(\rho_a - \rho)\right] = 0 \tag{7-35}$$

轨迹方程： $$\frac{\mathrm{d}x}{\mathrm{d}s} = \cos\theta \tag{7-36}$$

$$\frac{\mathrm{d}z}{\mathrm{d}s} = \sin\theta \tag{7-37}$$

气体状态方程： $$\frac{\rho_a - \rho}{\rho_0} = \kappa(T - T_a) \tag{7-38}$$

式中　u——羽流断面平均速度，m/s；

v——纵向风速，m/s；

s——羽流轨迹，m；

θ——羽流轴线与水平线夹角；

ρ——烟气密度，kg/m³；

ρ_a——环境空气密度，kg/m³；

r——羽流断面半径，m；

α，β——切向、法向卷吸系数；

g——重力加速度，m/s²；

κ——烟气体积热膨胀系数；

T——烟气平均温度，K；

T_a——环境空气温度，K；

x，z——隧道轴向、高度方向坐标，m。

引入变量 y_1，y_2，y_3，y_4，y_5，y_6：

$$y_1 = \rho ur^2 \quad y_2 = \rho u^2 r^2 \quad y_3 = \theta$$
$$y_4 = r^2 u(\rho_a - \rho) \quad y_5 = x \quad y_6 = z \tag{7-39}$$

将式(7-32)—式(7-38)变形整理如下：

$$\begin{cases}
\dfrac{\mathrm{d}y_1}{\mathrm{d}s} = 2\alpha\rho_a\sqrt{\dfrac{y_1(y_1+y_4)}{y_2\rho_a}}\left|\dfrac{y_2}{y_1}-v\cos y_3\right| + 2\beta\rho_a\sqrt{\dfrac{y_1(y_1+y_4)}{y_2\rho_a}}|v\sin y_3| \\[4mm]
\dfrac{\mathrm{d}y_2}{\mathrm{d}s} = 2v\rho_a\cos y_3\left(\alpha\sqrt{\dfrac{y_1(y_1+y_4)}{y_2\rho_a}}\left|\dfrac{y_2}{y_1}-v\cos y_3\right| + \beta\sqrt{\dfrac{y_1(y_1+y_4)}{y_2\rho_a}}|v\sin y_3|\right) + \dfrac{y_1y_4}{y_2}g\sin y_3 \\[4mm]
\dfrac{\mathrm{d}y_3}{\mathrm{d}s} = -2v\rho_a\dfrac{\sin y_3}{y_2}\left(\alpha\sqrt{\dfrac{y_1(y_1+y_4)}{y_2\rho_a}}\left|\dfrac{y_2}{y_1}-v\cos y_3\right| + \beta\sqrt{\dfrac{y_1(y_1+y_4)}{y_2\rho_a}}|v\sin y_3|\right) + \dfrac{y_1y_4}{y_2}g\cos y_3 \\[4mm]
\dfrac{\mathrm{d}y_4}{\mathrm{d}s} = 0 \\[4mm]
\dfrac{\mathrm{d}y_5}{\mathrm{d}s} = \cos y_3 \\[4mm]
\dfrac{\mathrm{d}y_6}{\mathrm{d}s} = \sin y_3
\end{cases} \tag{7-40}$$

采用龙格-库塔法差分求解方程组(7-40),并联立羽流计算起点边界条件,即可得到隧道顶板下方羽流偏转上升过程中烟气流动参数(T,ρ,u,θ,r,s)及其沿隧道轴向、高度方向的变化规律。如图 7-16 所示,以某城市公路隧道为例,针对不同火灾强度 Q=0.6,1.0,1.8,3.0,5.0 MW、纵向风速 v=0.2,0.5,0.8,1.0,1.5,2.0 m/s 工况组合,预测隧道顶板下方烟气最大温升 $\Delta T_{\max}$ 及对应位置,并与国内外相关公路隧道火灾实验数据相比,具有较好的一致性[27, 57-62],由此证明上述理论模型的可靠性。

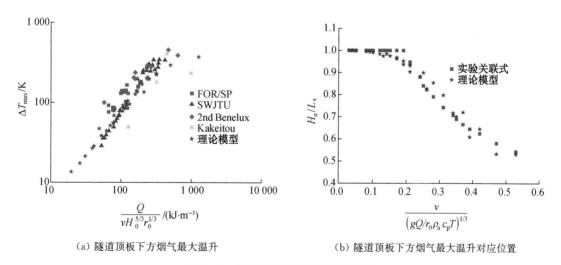

(a) 隧道顶板下方烟气最大温升   (b) 隧道顶板下方烟气最大温升对应位置

图 7-16　理论预测值与实验数据对比

7.6　自然通风排烟隧道的限制

对于单向交通流隧道而言,当隧道长度较短时,自然通风系统对于稀释隧道内污染物是有效果的。但是火灾发生后,由于隧道交通流变化及交通管制等因素,造成隧道内通风速度迅速衰减,这对于火灾排烟是非常不利的。此外,受隧道洞口周边大气压力分布、隧道坡度及坡向、着火点位置等诸多因素影响,火灾浮升力数值多变且有时可能与隧道火灾烟气控制方向相反。为此,不同国家的相关规范、标准对采用自然通风排烟的隧道长度有明确的限值[63],具体见表 7-13。

表 7-13 不同国家采用自然通风排烟的隧道长度限值

德国 RABT	法国国家公路网			英国[②]	荷兰	美国 NFPA502
	市区	非市区	非市区[①]			
550~700 m	300 m	500 m	800~1 000 m	400 m	风险评估	240 m

注:① 适用范围:单向交通流,交通量<20 000 veh/d。
② 需要论证自然通风有效性。

根据我国的工程实践,隧道长度 $L \leqslant 500$ m 的一级公路隧道、500 m$<L \leqslant 1\,000$ m 的二级公路隧道通常不设置机械排烟系统。隧道长度 500 m$<L \leqslant 1\,000$ m 的一级公路隧道、$1\,000$ m$<L \leqslant 2\,000$ m 的二级公路隧道是否设置机械排烟与隧道几何条件(长度、纵坡)、交通条件(如交通量、交通组成、行车速度等)、有无行人及气象条件等因素有关。

7.7 纵向通风隧道火灾烟气控制

7.7.1 临界风速的合理确定

1. Kennedy 计算模型

当公路隧道发生火灾时,气流呈湍流状态且浮升力作用显著,引入浮力与惯性力比值,即密度修正 Fr 数表征其运动状态,并稍做变形有:

$$Fr = \frac{gHQ_c}{\rho_0 c_p A T v_{in}^3} \tag{7-41}$$

Kennedy 等研究人员根据 Lee 实验研究结果[64],建议取临界 Fr 的值为 4.5 以判断烟气逆流[65]。将式(7-41)进行整理,有:

$$v_{cri} = \frac{0.61 \cdot (gQ_c H)^{1/3}}{\left[\rho_0 c_p A \left(T_0 + \dfrac{Q_c}{\rho_0 c_p A v_{cri}}\right)\right]^{1/3}} \tag{7-42}$$

式中 v_{cri}——临界风速,m/s;

Q_c——火灾热释放速率中对流热部分,kW;

g——重力加速度,m/s^2;

H——隧道高度,m;

T,T_0——烟气温度及环境空气温度,K;

ρ_0——空气密度,kg/m^3;

c_p——空气比热,$kJ/(kg \cdot K)$。

对于隧道坡度,引入坡度系数 k_g 进行修正:

$$k_g = \begin{cases} 1 & 上坡 \\ 1+0.037\,4J^{0.8} & 下坡 \end{cases} \tag{7-43}$$

式中,J 为隧道坡度绝对值,%。

2. Kennedy 计算模型的局限性

如图 7-17 所示,选取两种不同的断面形状尺寸的隧道为例(隧道 A,隧道 B),断面形状变化对临界风速确实存在影响,尤其当热释放速率超过20 MW,其差值 Δv_{cri} 将随着 Q 增大而不断放大。两种断面形状隧道,其临界风速计算流体动力学(Compulational Fluid Dynamics,CFD)模拟结果均要大于 Kennedy 模型结果,二者之差 Δv_{cri} 约为 0.5 m/s[66]。CFD 模拟结果与 Buxton 和 Memorial 等大尺度、Wu & Baker 小尺度火灾燃烧实验结果相比,具有较好的一致性[67-70]。与之相比,Kennedy 模型预测结果与火灾燃烧实验结果偏差较大。将 CFD 模拟结果、Buxton 实验、Memorial 实验以及 Wu & Baker 实验的结果汇总,回归得到一广义适应区间的无量纲临界风速关联式。

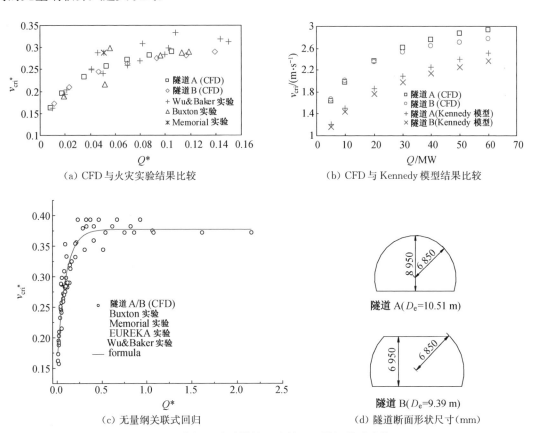

(a) CFD 与火灾实验结果比较

(b) CFD 与 Kennedy 模型结果比较

(c) 无量纲关联式回归

(d) 隧道断面形状尺寸(mm)

图 7-17　临界风速计算结果比较及无量纲关联式整理

$$v_{cri}^* = 0.377\ 37 - 0.222\ 1 \cdot \exp\left(-\frac{Q^*}{0.096\ 15}\right)$$

$$Q^* = \frac{Q}{\rho_0 c_p T_0 \sqrt{g D_e^5}} \quad v_{cri}^* = \frac{v_{cri}}{\sqrt{g D_e}} \tag{7-44}$$

对于上坡隧道,坡度对临界风速的影响可忽略不计。对于下坡隧道,除了可参考式(7-43)进行修正外,Atkinson 与 Wu 等研究人员提出如下修正模型[71]:

$$k_g = 1 - 0.014\varphi \quad -10° < \varphi < 0 \tag{7-45}$$

事实上,Kennedy 模型推导蕴含两个基本假设:①纵向风流完全被火源卷吸并加热至温度 T;②临界 Fr 数值等于 4.5,逆流消失。显然,这两个基本假设与 CFD 预测的结果有较大出入,如图 7-18 所示。卷吸空气系数 $\alpha \approx 0.5$,临界 Fr 数值随火灾强度 Q 增大而增大,取值介于 2.5~4.5 之间,这与其他研究人员的分析结果类似[72]。

下面引入卷吸空气系数 α,Fr 数对式(7-41)进行修正,整理得到如下无量纲公式:

$$Fr = \frac{\dfrac{Q^*}{\alpha}}{\left(1 + \dfrac{Q^*}{\alpha v_{cri}^*}\right)(v_{cri}^*)^3} \tag{7-46}$$

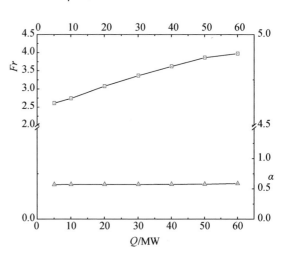

图 7-18 CFD 预测 Fr 数、卷吸空气系数 α 随火灾强度 Q 的变化(隧道 B)

如图 7-19 所示,Fr 数、卷吸空气系数 α 对无量纲风速的变化规律呈现三阶段变化。区域 I,v_{cri}^* 随着 Q^* 增大而急剧增大,但 Fr 数、卷吸空气系数 α 的取值变化对无量纲风速变化规律影响可以忽略;区域 II,Fr 数、卷吸空气系数 α 的取值引起的无量纲风速数值 v_{cri}^* 差别越来越大且 Fr 数越小,卷吸空气系数越大,对应的无量纲风速越小;当 Q^* 继续增大进入 III 区域,v_{cri}^* 变化趋于缓慢,Fr 数、卷吸空气系数 α 的取值引起的无量纲风速差随之趋于恒定。正是由于上述原因,造成 Kennedy 模型临界风速预测结果偏低。

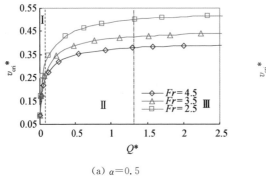

(a) $\alpha = 0.5$

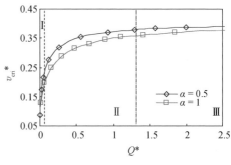

(b) $Fr = 4.5$

图 7-19 Fr 数、卷吸空气系数 α 对无量纲风速的影响(隧道 B)

7.7.2 不同国家规范对隧道设计风速的要求

针对纵向排烟公路隧道,我国《公路隧道通风设计细则》(JTG/T D70/2-02—2014)采用 PIARC 的建议,推荐的临界风速、设计风速取值如表 7-14 所列。相比较而言,法国、荷兰、瑞典等国家对隧道火灾热释放速率的分级范围更为宽泛,其设计风速值低于中国规范的推荐值[63]。例如,瑞典斯多克赫尔默环线公路采用纵向通风排烟,其火灾强度为 100 MW,但由于该隧道限制运输闪点低于柴油的可燃液体,因而火灾风险相对降低,其隧道设计风速仅为 3 m/s。

表 7-14　　　　　　　不同国家纵向排烟公路隧道设计风速比较

中国规范推荐值			其他国家规范推荐值				
火灾强度 /MW	临界风速 /(m·s^{-1})	设计风速 /(m·s^{-1})	交通流类型	火灾强度 /MW	设计风速/(m·s^{-1})		
					法国	荷兰	瑞典
20	2~3	设计风速 大于临界 风速	仅允许小客车通过	2.5~8	2	—	3*
30	3~4		公共汽车与卡车	<100	3	3	
50	3~5		汽油油罐车	>100	4	5	

注: * 适用于限制运输危险品和重型货运卡车的隧道发生火灾时。

纵向通风系统采用临界风速送风,从而有效地扼制了火源上游烟气逆流,为人员逃生及消防救援带来了便利,但同时也带来了一个严重的问题。较大的纵向风速破坏了烟气沿高度方向的自然分层,热烟气与冷空气强烈掺混,并迅速向地面沉降,如图 7-20 所示,由此对火源下游隧道结构、设备安全及人员疏散均带来不利影响。

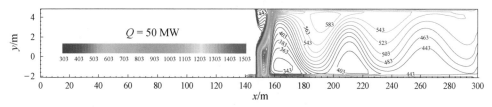

(a) 隧道中心断面温度分布(单位:K)

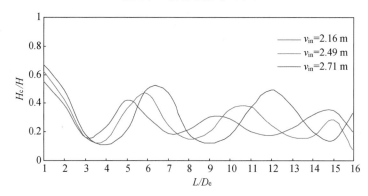

(b) 烟气、冷空气交界面高度随烟气扩散距离、纵向速度的变化

图 7-20　纵向排烟隧道火源下游烟气脉动特性(隧道 B, 50 MW)

7.7.3 分段纵向排烟隧道烟气控制与纵向风速的关系

当单向隧道长度大于 5 000 m 时[36]，隧道应采用分段纵向排烟策略，即在隧道中布置排烟口，排烟口上游发生火灾时，烟气从排烟口排出；当排烟口下游发生火灾时，烟气从隧道洞口排出。当采用分段纵向排烟措施的隧道发生火灾时，选取合适的纵向风速是保证火灾烟气不向上游逆流，且烟气能较好地被排烟口捕集，不向排烟口下游继续扩散的关键。

大连湾海底隧道建设工程主线全长约 5 098.227 m，其中沉管段长 3 080 m，沉管段部分采用分段纵向排烟策略，沉管段中间设置 4 组排烟口，每组 3 个排烟口。隧道沉管段模型（沉管段起始段至沉管段排烟口后 200 m）如图 7-21 所示，沿行车方向可以分为坡度不同的 4 个隧道段，全长共 1 700 m。

为研究发生火灾时，隧道纵向风速与火灾烟气的关系，对不同纵向风速下火灾烟气扩散情况进行数值计算。隧道火灾规模按 50 MW

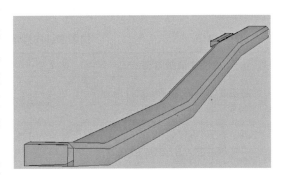

图 7-21　沉管段模型示意图

进行考虑，临界风速由 Kennedy 公式［式(7-42)］计算可得为 2.7 m/s，排烟口排风量为 200 m³/s；火源车辆距离沉管段入口 70 m，且位于最外侧车道，为火灾发生时最不利工况。在隧道内无拥堵车辆，当纵向风速分别为 1.5 m/s，2.7 m/s 和 3.5 m/s 时进行计算，并比较隧道中 CO 浓度、能见度、温度及排烟口捕集率的大小。

图 7-22—图 7-24 为火灾发生 1 400 s 后，纵向风速分别为 1.5 m/s，2.7 m/s 和 3.5 m/s 时，火源附近及排烟口附近 CO 浓度、温度、能见度计算结果。

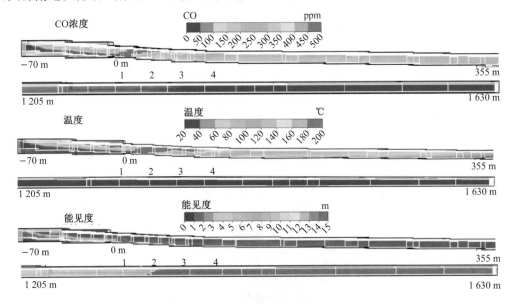

图 7-22　1.5 m/s 纵向风速时各计算结果

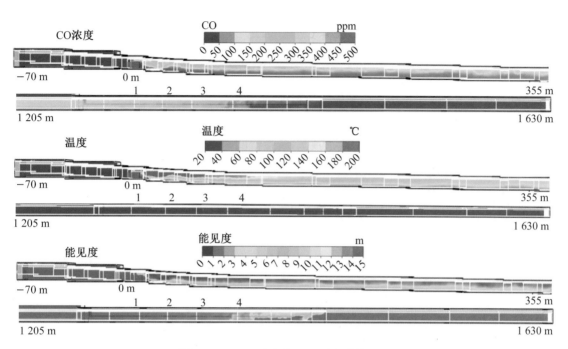

图 7-23　2.7 m/s 纵向风速时各计算结果

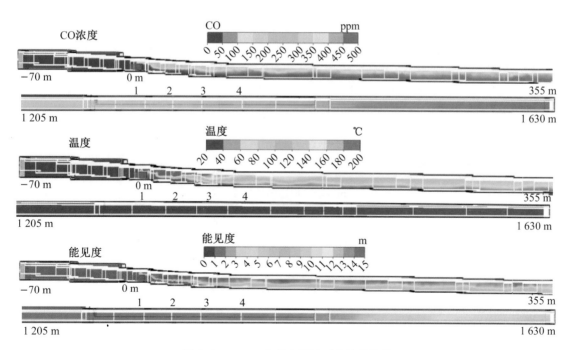

图 7-24　3.5 m/s 纵向风速时各计算结果

从图 7-22 可以看出,当纵向风速为 1.5 m/s 时,由于火灾强度高,烟羽流的浮升力十分显著,1.5 m/s 的纵向风速并不能抑制住烟气逆流,因此可以很明显地看出烟气的逆流情况。同样由于风速较低,火灾产生的大量烟气与隧道内较低位置的空气进行掺混,故没有明显形成烟气和空气的分层现象,在火源后 300 m 范围内整个隧道 CO 浓度及温度都较高,而能见度很低,由此给火源下游人员逃生造成了极大的困难。

从图 7-23 可以看出,当纵向风速为 2.7 m/s 时,烟气向火灾上游的逆流运动被有效地遏制,烟气由于浮升力的作用迅速升至隧道顶部,隧道空间内 CO 浓度处于一个较低水平,火源下游隧道温度和可见度相较于纵向风速为 1.5 m/s 时有较大改善,故有利于火源下游人员逃生。

从图 7-24 可以看出,当纵向风速为 3.5 m/s 时,火源下游隧道空间内 CO 浓度进一步降低,温度及能见度条件进一步得到改善,由此能为火源下游隧道人员逃生创造更为有利的条件。

表 7-15—表 7-17 是纵向风速分别为 1.5 m/s, 2.7 m/s 和 3.5 m/s 时,排烟口捕集率的大小。

表 7-15   1.5 m/s 纵向风速的捕集率结果

项目	排烟口			
	1#排烟口	2#排烟口	3#排烟口	4#排烟口
CO 流量/(kg·s⁻¹)	0.044	0.017	0.019	0.036
单排烟口捕集率/%	34.40	13.50	14.70	28.50
总捕集率/%	91.10			

表 7-16   2.7 m/s 纵向风速的捕集率结果

项目	排烟口			
	1#排烟口	2#排烟口	3#排烟口	4#排烟口
CO 流量/(kg·s⁻¹)	0.037	0.014	0.015	0.027
单排烟口捕集率/%	28.60	11.20	11.70	21.30
总捕集率/%	72.80			

表 7-17   3.5 m/s 纵向风速的捕集率结果

项目	排烟口			
	1#排烟口	2#排烟口	3#排烟口	4#排烟口
CO 流量/(kg·s⁻¹)	0.032	0.012	0.014	0.023
单排烟口捕集率/%	25.30	9.40	11.30	18.30
总捕集率/%	64.30			

从表中可以得出在纵向风速为 1.5 m/s 时,排烟口总捕集率为 91.1%;纵向风速为 2.7 m/s 时,排烟口总捕集率为 72.8%;纵向风速为 3.5 m/s 时,排烟口总捕集率为 64.3%。纵向风速越高,排烟口总捕集率越低,这主要是由于在沉管段排烟口设置在隧道的侧面,属于

侧吸,纵向风速越大对其捕集烟气的影响越大。当纵向风速变大时,烟气由于惯性力过大使得烟气不易被排烟口捕集,导致捕集率变小。

从以上结果及分析可以得出,当隧道发生火灾时,选择合适的纵向风速是十分必要的,不同的纵向风速对隧道内人员逃生的环境影响很大。当风速低于临界风速时,火灾烟气发生逆流,影响火源上游人员逃生;当纵向风速不低于临界风速时,不发生逆流,隧道内 CO 浓度、温度、能见度条件较好,有利于人员的逃生;但是纵向风速过大则会导致排烟口捕集率下降,有较多烟气流向排烟口下游,不利于排烟口下游人员逃生。

7.8 集中排烟隧道火灾烟气扩散规律及控制

如图 7-25 所示,通过开启火源周围大规模排风口,就近将烟气经由拱顶烟道排出行车隧道,可最大限度降低火灾对隧道结构及人员逃生的影响。近年来,这种集中排烟隧道通风系统被广泛应用于城市公路隧道通风设计中。

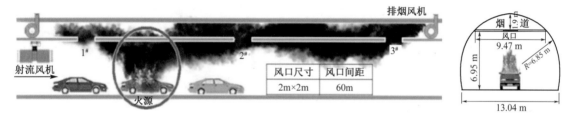

图 7-25 集中排烟隧道通风系统示意图

7.8.1 隧道内烟气扩散规律分析

1. 送风速度的影响

如图 7-26 所示,显然当纵向风速较大或者较小时,均不利于隧道内火灾烟气的控制。假定 1♯ 风口、3♯ 风口之外的区域为隧道火灾排烟设计控制区域,要保证热烟层厚度大于 2 m,人员呼吸区烟气温度低于 322K。基于此标准,显然上述分析工况中只有当纵向风速 $v_{in}=1.18$ m/s,排烟量 $G_e=173$ m³/s 时才满足设计要求,如图 7-27(a)所示。

考虑到三个风口排风温度相差较大,1♯ 风口、3♯ 风口排风温度明显低于 2♯ 风口,在此情况下引入基于温度平均的质量分配比 β_T 进行风口排烟效果比较更为合理,如图 7-27(b)所示。

$$\beta_T = \frac{m_{vent,i} T_{vent,i}}{\sum_{i=1}^{3}(m_{vent,i} T_{vent,i})} \tag{7-47}$$

式中 $m_{vent,i}$——第 i 个风口的质量流量,kg/s;

  $T_{vent,i}$——第 i 个风口的平均温度,K。

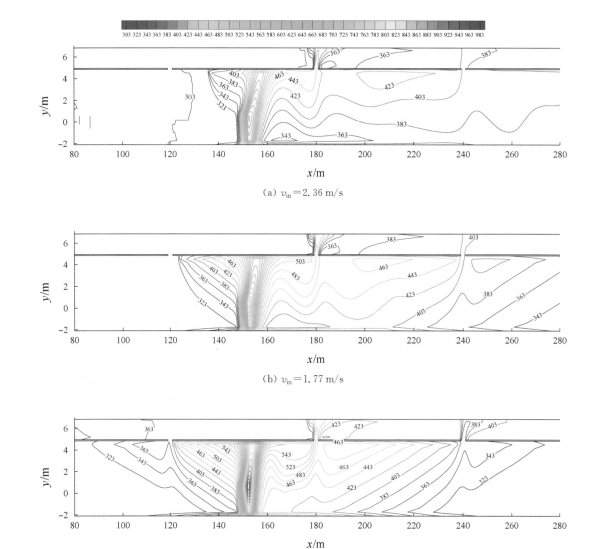

(a) v_{in} = 2. 36 m/s

(b) v_{in} = 1. 77 m/s

(c) v_{in} = 1. 18 m/s

(d) v_{in} = 0

图 7-26 纵向风速对温度分布的影响(隧道 B, Q = 20 MW, G_e = 173 m³/s)

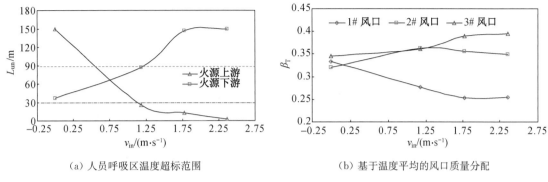

(a) 人员呼吸区温度超标范围　　　　　　(b) 基于温度平均的风口质量分配

图 7-27　纵向风速对人员呼吸区、风口质量分配影响
(隧道 B, Q＝20MW, G_e＝173 m³/s)

显然,2♯风口、3♯风口是非对称多风口排风的主力,尤其2♯风口排烟更为稳定,尽管其排风比例不是最大的,但它却是非对称风口中最为重要的排烟承担者。

2. 排风量的影响

如图 7-28 所示,在 v_{in}＝2.36 m/s 情况下,当下游排风量 G_e＞300 m³/s,进入Ⅱ区域,即可满足隧道烟控要求。

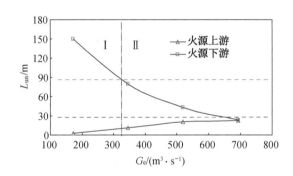

图 7-28　排烟量对人员呼吸区温度的影响(隧道 B, Q＝20 MW, v_{in}＝2.36 m/s)

7.8.2　耦合烟气控制参数寻优分析

综合考虑人员疏散维生环境标准,提出如下烟控参数寻优目标:1♯风口、3♯风口之间区域为隧道排烟设计不保证区域,其中火源上游 30 m,火源下游 90 m;1♯风口、3♯风口之外区域为隧道火灾排烟设计控制区域,保证热烟层高度大于 2 m,人员呼吸区空气温度低于322K;在满足上述烟气控制要求前提下,纵向风速、排烟量应尽可能小。

以隧道 B 为例,借助 CFD 模拟得到不同火灾强度下纵向风速 v_{in}、烟道排烟量 G_e 优化设计参数[73-74]。如图 7-29 所示,对于上坡隧道,随着坡度增加,纵向风速将减少,相比较而言排烟量变化不大。而对于下坡隧道情况刚好相反,随着坡度增大,纵向风速将增大。

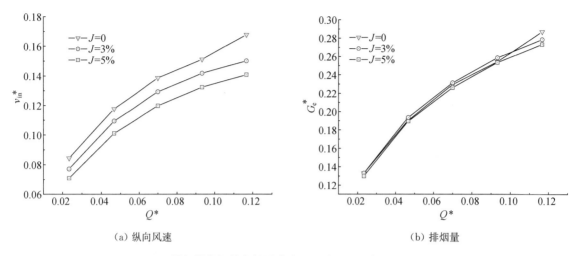

(a) 纵向风速　　　　　　　　　　　　　　　(b) 排烟量

图 7-29　无量纲最优烟控参数随火灾强度变化(隧道 B,风口间距 60 m)

　　这实际上是与火灾烟囱效应相关的,对于下坡隧道,烟囱效应将推动热烟气向火源上风方向扩散,为了维持火源上游 30 m 的扩散控制范围,纵向风速需更大些。在这种情况下,可以通过切换风口开启位置来避免热烟气扩散至排烟控制范围之外,例如采用火源上游开启两个风口、下游开启 1 个风口的模式,即可充分利用烟囱效应的升压力作用,有效降低纵向风速。不难发现,此时下坡隧道排烟模式与上坡隧道正常风口开启模式(上游开启 1♯风口,下游开启 2♯风口与 3♯风口)下的扩散情况完全一样。

　　下面进一步缩小风口间距至 40 m,同时保持烟气水平控制范围 120 m 不变,即风口开启数目由 3 个增加为 4 个,火源仍位于 1♯风口、2♯风口之间,1♯风口、4♯风口之外区域为隧道排烟设计保证范围。

　　显然,风口间距的改变对纵向风速、排烟量的影响不等,相比较而言,对排烟量的影响更大些,如图 7-30 所示。

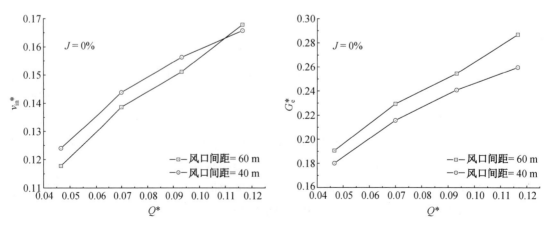

(a) $J = 0\%$ 时不同风口间距对应的无量纲纵向风速和排烟量

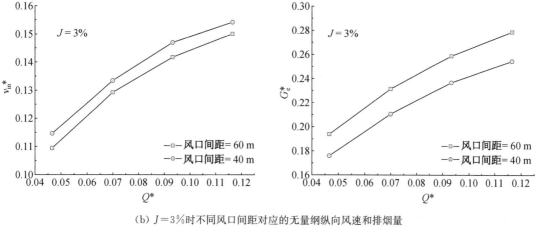

(b) $J=3\%$时不同风口间距对应的无量纲纵向风速和排烟量

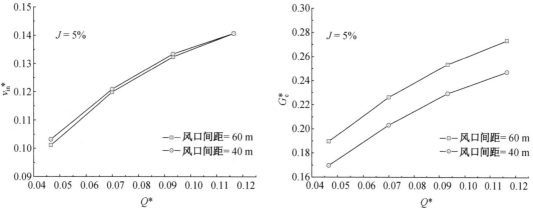

(c) $J=5\%$时不同风口间距对应的无量纲纵向风速和排烟量

图 7-30 风口间距对上坡隧道无量纲烟控参数的影响(隧道 B)

在此变化过程中,隧道坡度的影响同样不容忽视,对于无量纲纵向风速而言,随着坡度增大,由风口间距引起的差异呈不断减弱趋势;而无量纲排烟量则刚好相反,呈不断放大趋势。

参考文献

[1] QUINTIERE J, RANGWALA A. A theory for flame extinction based on flame temperature [J]. Fire and Materials,2004,28(5):387-402.

[2] INGASON H. Effects of ventilation on heat release rate of pool fires in model tunnel [R]. SP Swedish National Testing and Research Institute,Borås,Sweden,1995.

[3] INGASON H, NIREUS K, WERLING P. Fire tests in a blasted rock tunnel [R]. FOA, Sweden,1997.

[4] INGASON H, LI YZ, LÖNNERMARK A. Tunnel fire dynamics [M]. 1st ed. New York:Spring Verlag,2015.

［5］徐琳. 长大公路隧道火灾热烟气控制理论分析与实验研究［D］. 上海:同济大学,2007.

［6］国家安全总局. 晋济高速公路山西晋城段岩后隧道"3·1"特别重大道路交通危化品燃爆事故调查报告［R］. 北京,2004.

［7］INGASON H. Fire dynamics in tunnels［M］// In:Beard AN,Carvel RO（eds）In the Handbook of Tunnel Fire Safety（2nd Edition）. London:ICE Publishing,2012.

［8］BEARD A N,CARVEL R O. The Handbook of Tunnel Fire Safety［M］. London:Thomas Telford Publishing,2005.

［9］TEWARSON A. Generation of heat and chemical compounds in fires［M］// In:DiNenno PJ,Drysdale D,Beyler CL et al.（eds）. SPFE Handbook of Fire Protection Engineering（Third Edition）. Quincy, MA,USA:National Fire Protection Association,2002.

［10］TEWARSON A. Generation of heat and gaseous,liquid,and solid products in fires［M］// In:DiNenno PJ,Drysdale D,Beyler CL et al.（eds）. SPFE Handbook of Fire Protection Engineering（Fourth Edition）. Quincy,MA,USA:National Fire Protection Association,2008.

［11］TEWARSON A. Generation of heat and chemical compounds in fires［M］// In:DiNenno PJ,Beyler CL,Custer RLP,Walton WD,Watts JM（eds）. SPFE Handbook of Fire Protection Engineering（First Edition）. Quincy,MA,USA:National Fire Protection Association,1988.

［12］STEINERT C. Smoke and heat production in tunnel fires［C］// In:The International Conference on Fires in tunnels,Sweden:Borås,1994.

［13］LEMARIE A,VAN de Leur PHE,KENYON YM. Safety proef:TNO metingen benelux tunnel-meetrapport［R］. TNO,2012.

［14］INGASON H,GUSTAVSSON S,DAHLBERG M. Heat release rate measurements in tunnel fires［R］. SP Swedish National Testing and Research Institute,Borås,Sweden,1994.

［15］KUNIKANE Y,KAWABATA N,ISHIKAWA T,et al. Thermal fumes and smoke induced by bus fire accident in large cross sectional tunnel［C］// In:the fifth JSME-KSME Fluids Engineering Conference, Japan:Nagoya,2002,17-21.

［16］INGASON H,LÖNNERMARK A. Heat release rates from heavy goods vehicle trailers in tunnels［J］. Fire Safety Journal,2005,40(7):646-668.

［17］BROUSSE B,PERARD M,VOELTZEL A,et al. Ventilation and fire tests in the Mont Blanc Tunnel to better understand the catastrophic fire of March 24th 1999［C］// In:Third international conference on Tunnel Fires and Escape from tunnels,USA:Washington DC,2001,211-222.

［18］BROUSSE B,VOELTZEL A,BOTLAN YL et al. Mont Blanc tunnel ventilation and fire tests［J］. Tunnel Management International,2002,5(1):13-22.

［19］GRANT GB,DRYSDALE D. Estimating heat release rates from large-scale tunnel fires［J］. Fire Safety Science,1997,5:1213-1224.

［20］"Project 'Safety Test'—Report on Fire Tests" Directorate-General for Public Works and Water Management［R］. Civil Engineering Division,Utrecht,The Netherlands,2002.

［21］CARVEL R,INGASON H. Fires in vehicle tunnels［M］// In:Morgan J. Hurley,Daniel T. Gottuk, John R. Hall Jr. et al.（eds）. SPFE Handbook of Fire Protection Engineering(Fifth Edition). Quincy,

MA，USA：National Fire Protection Association，2016.

[22] INGASON H. Fire Testing Road and Railway Tunnels [M]// In：Apted V (ed) Flammability testing of materials used in construction，transport and minning. Woodhead Publishing，2006：231-274.

[23] HAERTER A. Fire Tests in Offenegg-Tunnel in 1965 [C]// In：Ivard E (ed). International Conference on Fires in Tunnels，SP Swedish National Testing and Research Institute，Sweden：Borås，1994：195-214.

[24] HESELDEN A. Studies of fire and smoke behavior relevant to tunnels [C]// In：2nd International Symposium on Aerodynamics and Ventilation of Vehicle Tunnels. UK：Cambridge，1976.

[25] HESELDEN A，HINKELY PL. Smoke travel in shopping malls. Experiments in cooperation with Glasgow Fire Brigade. Part 1 and 2 [R]. Fire Research Station，1970.

[26] PUCHER K. Fire tests in zwenberg Tunnel [C]// In：Ivarson E (ed). International Conference on Fires in Tunnels，Sweden：Borås，1994：187-194.

[27] State of the Road Tunnel equipment in Japan-Ventilation，Lighting，Safety Equipment [R]. Public Works Research Institute，Japan，1993.

[28] Memorial Tunnel Fire Ventilation Test Program-Test Report [R]. Massachusetts Highway Department and Federal Highway Administration，1995.

[29] SHIMODA A. Evaluation of evacuation environment during fires in large-scale tunnels [C]// In：5th Joint Workshop COB/JTA，Japan，2002：117-125.

[30] LÖNNERMARK A，BLOMQVIST P. Emissions from an automobile fire [J]. Chemosphere，2006，62 (7)：1043-1056.

[31] WICHMANN H，LORENZ W，BAHADIR M. Release of PCDD/F and PAH during vehicle fires in traffic tunnels [J]. Chemosphere，1995，31(2)：2755-2766.

[32] Fire and Smoke Control in Tunnels [R]. PIARC，1999.

[33] NFPA 502-standard for road tunnels，bridges and other limited access highways [R]. National Fire Protection Association，2014.

[34] LACOIX D. New French Recommendations for Fire Ventilation in Road Tunnels [C]// In：9th International Conference on Aerodynamics and Ventilation of Vehicle Tunnels，Italy：Asota Valley，1997.

[35] Richtlinein für Ausstattung und BeTrieb von Tunneln （RABT） [R]. Ausgabe edn. Forschungsgesellschaft für Straßen und Verkehrswesen，1985.

[36] 中华人民共和国交通运输部. 公路隧道通风设计细则：JTG/T D70/2-02—2014 [S]. 北京：人民交通出版社，2014.

[37] INGASON H，LÖNNERMARK A，Li YZ. Model of ventilation flows during large tunnel fires [J]. Tunnelling and Underground Space Technology，2012，30：64-73.

[38] FRIED，E，IDELCHICK，IE. Flow resistance：A design guide for engineers [M]. New York：Hemisphere Publishing Cooperation，1989.

[39] BROUSSE B，MORET C. ID-computer simulations and field fire testing using a chimney limited longitudinal smoke control system [C]// 9th International Conference on Aerodynamics and Ventilation of

Vehicle Tunnels，Italy：Asota Valley，1997：545-572.

[40] 徐琳，张旭，张学庆. 火灾初期隧道轴向风速衰减规律分析 [J]. 山东建筑大学学报，2008，23(5)：398-401.

[41] LUBIN B T. The formation of a dip on the surface of a liquid draining from a tank [J]. Fluid Mechanics，1967，29：385-390.

[42] VAUQUELIN O，VIOT J. On the plug-holing in case of tunnel fire [C]// 11th International Conference on Aerodynamics and Ventilation of Vehicle Tunnels，Switzerland：Luzern，2003：129-137.

[43] NII D，NITTA K，KAZUNORI H K，et al. Air entrainment into mechanical smoke vent on ceiling [J]. Fire Safety Science，2003，7：729-740.

[44] VAUQUELIN O，TELLE D. Definition and experimental evaluation of the smoke "confinement velocity" in tunnel fires [J]. Fire Safety Journal，2005，40：320-330.

[45] 徐琳，张旭. 风口特性对集中排烟隧道烟气控制效果的影响 [J]. 暖通空调，2008，38(3)：76-79.

[46] MC CAFFREY B J. Purely buoyant diffusion flames：some experimental results [R]. National Bureau of Standards，Washington，D. C.，NBSIR 79-1910，1979.

[47] 祝远法. 隧道近火源热参数与排烟风口烟阻塞效应实验研究 [D]. 济南：山东建筑大学，2017.

[48] ZUKOSKI E E，CETEGEN B M，KUBOTA T. Visible structure of buoyant diffusion flames [J]. Symposium on Combustion，1985，20 (1)：361-366.

[49] THOMAS P H. The Size of Flames from Natural Fires [J]. Symposium on Combustion，1962，9(1)：844-859.

[50] THOMAS P H. Fire spread in wooden cribs：Part III：the effect of wind [J]. Fire Safety Science，1965.

[51] MÉGRET O，VAUQUELIN O. A model to evaluate tunnel fire characteristics [J]. Fire Safety Journal，2000，34(4)：393-401.

[52] KOSEKI H，HAYASAKA H. Estimation of thermal balance in heptane pool fire [J]. Fire Science，1989，7(4)：237-250.

[53] MARKATOS N C，MALIN M R，COX G. Mathematical modeling of buoyancy-induced smoke flow in enclosure [J]. Heat Mass Transfer，1982，25：63-75.

[54] BABRAUSKAS V. Estimating large pool fire burning rates [J]. Fire Technology，1983，19(4)：251-261.

[55] KOSEKJ H，YUMOTO T. Air entrainment and thermal radiation from heptane pool fires [J]. Fire Technology，1988，24(1)：33-47.

[56] HOULT D P，FAY J A，FORNEY L J. A theory of plume rise compared with field observations [J]. Journal of the Air Pollution Control Association，1969，(19)：585-590.

[57] INHASON H，WELING P. Experimental study of smoke evacuation in a model tunnel [R]. FOA Defense Research Establishment. FOA-R-99-01267-311-SE，Sweden：Tumba.

[58] LI Y Z，LEI Bo，INGASON H. The maximum temperature of buoyancy-driven smoke flow beneath the ceiling in tunnel Fires [J]. Fire Safety Journal，2011，46(4)：204-210.

[59] LEMAIRE T，KENYON Y. Large scale fire tests in the Second Benelux tunnel [J]. Fire Technology，2006(42)：329-350.

[60] INGASON H，LI Y Z. Model scale tunnel fire tests-point extraction ventilation［R］. SP Swedish National Testing and Research Institute，2010

[61] KURIOKA H，OKA Y，SATOH H，et al. Fire properties in near field of square fire source with longitudinal ventilation in tunnels［J］. Fire Safety Journal，2003，38：319-340.

[62] 徐琳,常健,王震. 集中排烟隧道近火源顶板热参数理论预测［J］.现代隧道技术,2015,52(2):115-119.

[63] 国外道路标准规范编译组.公路隧道火灾及烟气控制［M］.北京:人民交通出版社,2006.

[64] LEE C K，CHAIKEN R F，SINGER J M. Interaction between duct fires and ventilation flow：an experimental study［J］. Combust Science and Technology，1979，20：59-72.

[65] KENNEDY W D，KANG K. Tunnel fire modelling comparing CFD and the Froude number method ［C］// 11ᵗʰ International Conference on Aerodynamics and Ventilation of Vehicle Tunnels，Switzerland：Luzern，2003；869-874.

[66] 徐琳,张旭.水平隧道火灾通风纵向控制风速的合理确定［J］.中国公路学报,2007,20(2):92-96.

[67] WU Y，BAKER M Z A. Control of smoke flow in tunnel fires using longitudinal ventilation systems-a study of critical velocity［J］. Fire Safety Journal，2000，35：363-390.

[68] Massachusetts highway department. Memorial tunnel fire ventilation test programtest report［R］. Boston MA，USA，1995.

[69] BETTIS R J，JAGGER S F，MACMILLAN A J R，Hambleton RT. Interim validation of tunnel fire consequence models：summary of phase 1 tests［R］. United Kingdom：The Health and Safety Laboratory Report IR/L/FR/94/2，The Health and Safety Executive，1994.

[70] BETTIS R J，JAGGER S F. Reduced scale simulations of fires in partially blocked tunnels［C］// Proceeding of the International Conferences on Fires in Tunnels，Sweden，1994：163-186.

[71] ATKINSON G T，WU Y. Smoke control in slopping tunnel［J］. Fire Safety Journal，1996，27：335-341.

[72] LI Y Z，LEI B，INGASON H. Study of critical velocity and backlayering length in longitudinally ventilated tunnel fires［J］. Fire Safety Journal，2011，45(6)：361-70.

[73] 徐琳,张旭,朱春.耦合风扰作用下火源热烟羽受限扩散规律实验研究［J］.应用基础与工程科学学报,2010,18(4):589-598.

[74] 徐琳,张旭.风口非对称布置排烟隧道耦合烟控参数 CFD 寻优分析［J］.土木建筑与环境工程,2009,31(3):119-123.

8 城市地下空间运营节能措施

8.1　地源热泵与地下空间的通风与空调系统

随着我国人口迅速增长,城镇化进程加快,经济快速发展,导致城市土地资源越来越紧张,地下空间的开发成为解决用地紧张的有效手段。建设立体式城市已经成为时代潮流,我国正处于地下工程蓬勃发展阶段。工程建设迅速发展,建筑能耗问题日益突出。据统计,目前国内建筑能耗约占总能耗的三分之一。同样地,地下工程的大规模建设也带来了能耗问题。节能是建筑及构筑物生命周期全过程的要求。地源热泵因建筑节能而生,因而有着强大的生命力和市场,它被誉为 21 世纪最有前途的空调形式之一。

地下建筑独特的热湿环境决定了通风空调系统为地下工程的主要能耗。地源热泵的独特施工特点,使之成为地下工程关键节能技术之一。可以把地源热泵在地下空间的应用称作地下空间能源应用工程。地源热泵在欧美国家应用广泛,在国内也是方兴未艾。地源热泵具有性能系数(Coefficient of Performance,COP)值较高,一次能源利用率较高等优点。与空气源热泵相比,地源热泵夏季会将热量储存在土壤中,不会对周围环境空气直接放热,从而减轻城市"热岛效应"。

地源热泵技术以地表能(包括土壤、地下水和地表水等)为热源(热汇),通过输入少量的高品位能源(如电能),实现低品位热能向高品位热能转移的热泵空调技术。根据利用地表资源的不同,地源热泵系统主要有三种形式:土壤源热泵系统、地下水源热泵系统和地表水源热泵系统[1]。地源热泵冬季取暖时,把地表中的热量取出来,供给室内采暖,同时向地下蓄存冷量以备夏用;夏季空调时,把室内热量取出来,释放到地表中,向地下蓄存热量以备冬用[2]。

地源热泵与地下工程建设相结合,可以减少初投资,节约空间,且具有常规地源热泵的优点,可以作为新型节能方向。在地下工程施工阶段将地埋管埋入地下工程的底板,与施工协同进行。目前,国内研究地源热泵在地下工程中的应用并不多。同济大学的夏才初教授等对此有一定的研究,并得出了地表土层温度分布的理论解。解放军理工大学在 1999 年依托某教学地下工程实验室建立了国内首个地下工程地源热泵实验室,并展开相应研究。目前,在地下工程应用研究领域应用得比较多且较为可行的是土壤源热泵。但在国内外土壤源热泵实际应用于地下工程的却并不多。

土壤源热泵在地下工程应用施工时应与地下工程建设同步进行。利用基坑围护结构、基础底板和桩基本身等地下结构体系处于一定深度并且保持恒定温度的地层中,将埋管直接引入基础底板和桩基等地下结构中,与地下工程结构施工协同进行。如此可极大地降低施工费用,节省大量占地。因此,土壤源热泵应用是地下空间能源应用工程的核心,与其他空调系统相比有着特殊的优势。

8.1.1　地下空间土壤源热泵系统的利弊

地源热泵中的土壤源热泵系统的优点主要有:性能系数高,节能效果明显,可比空气源热泵系统节能约 20%；地埋管换热器无须除霜，因此，减少了冬季除霜的能耗；利用土壤的蓄热特性实现了冬、夏能量的互补；可与太阳能联用改善冬季运行条件；地埋管换热器在地下静态的吸放热，减小了空调系统对地面空气的热及噪声污染，环保效果好。

从已有的使用情况分析，它的主要缺点是：地埋管换热性能受土壤性质影响较大，连续运行时，热泵的冷凝温度或蒸发温度受土壤温度变化的影响而发生波动，土壤导热系数小导致地埋管的面积较大，尤其对于水平式地埋管。

尽管土壤源热泵存在以上不足，但国际组织及从事热泵的研究者都普遍认为，无论是目前还是将来，土壤源热泵是最有前途的节能装置和系统之一，也是地热利用的重要形式。近年来，土壤源热泵技术的应用越来越受到重视，在政府"节能减排"号召下，出台各类能源利用的法规、补贴政策等，土壤源热泵技术的市场情况逐年看好，即使在 2008—2009 年经济危机时，仍能保持增长势头。

8.1.2 地下空间土壤源热泵系统的研究进展

国外土壤源热泵的发展经历了三个阶段[3-5]：第一阶段，自 1912 年起，直到第二次世界大战结束后，这一阶段主要是对土壤源热泵进行了一系列基础性的实验研究，包括土壤源热泵运行的实验研究，埋地盘管的实验研究，埋地盘管数学模型的建立，同时也对土壤的热流理论方面做过研究，如开尔文线源理论；第二阶段，1973 年起直至整个 80 年代，这一时期的主要工作是对地埋管换热器的地下换热过程进行研究，建立相应的数学模型并进行数值仿真，这一阶段的成果最终体现在两本 ASHRAE 出版的设计安装手册中；第三阶段，进入 20 世纪 90 年代，土壤源热泵的研究热点依然集中在地埋管换热器的换热机理、强化换热及热泵系统与地埋管换热器匹配等方面。与前一阶段单纯采用"线源"传热模型不同，最新的研究更多地关注相互耦合的传热、传质模型，以便更好地模拟地埋管换热器的真实换热状况。

我国在开展土壤源热泵系统的研究与应用方面起步较晚，但是由于土壤源热泵系统作为可再生能源与清洁能源的代表，在中国取得了很大的发展，回顾其发展历程主要经历了三个阶段[6]：

第一阶段：起步阶段（20 世纪 80 年代—21 世纪初）

我国关于土壤源热泵技术的研究始于 20 世纪 80 年代，1987 年天津商学院在国内建立了第一个土壤源热泵系统的试验台，这是我国关于土壤源热泵的最早研究。1988 年中科院广州能源研究所主办了"热泵在我国应用与发展问题专家研讨会"。之后，山东青岛建筑工程学院也开始了一系列关于土壤源热泵的研究，起初主要从事水平埋管的研究工作，后又完成了竖直埋管换热的研究工作。20 世纪 90 年代以后，由于受国际大环境的影响以及土壤源热泵本身所具备的节能和环保优势，土壤源热泵技术日益受到人们的重视，越来越多的院校以及科研机构开始投身于此项研究，如同济大学、天津大学、天津商学院、华中理工大学、青岛建筑工程学院、重庆大学和湖南大学等。其中，同济大学的张旭、周亚素等人从 1999 年开始在联合技术公司（UTC）的资助下，搭建了当时先进的土壤源-太阳能复合式地源热泵系统实验台，进行了为期多年的研究,重点针对长江中下游地区含水率较高的土壤的蓄放热特性进行测试[7-10]。

第二阶段:推广普及阶段(21 世纪初—2004 年)

虽然土壤源热泵在我国的研究起步较晚,但进入 21 世纪后,在各种因素的共同作用下,土壤源热泵已经成为一个非常热门的研究课题,并开始大量应用于工程实践,大批以土壤源热泵设计、制造和施工为主要业务方向的企业不断涌现,并出现了两次发展高潮。第一次以机组生产商为主,第二次以系统集成商和安装公司为主。与此同时,大量有关地源热泵的会议也在不断召开,如 2000 年"中美地源热泵技术交流会"、2003 年"国际地源热泵新技术报告会"等,这些会议的主题都围绕着地源热泵技术的应用及其在中国的推广而展开。这个阶段国内地源热泵的发展状态与美国有些类似,初期以地下水地源热泵的应用居多,但是逐渐越来越青睐于土壤源热泵。

第三阶段:高速发展阶段(2005 年—至今)

2005—2006 年土壤源热泵在我国经历了由徘徊到高速发展的重大转折,土壤源热泵技术开始全面普及和发展。2005 年,我国在《节能中长期专项规划》中明确指出,要加快地热等可再生能源在建筑物中的利用。2006 年 1 月 1 日《可再生能源法》颁布实施,其中明确表示国家鼓励各种所有制经济主体参与可再生能源的开发利用。2006 年 6 月 5 日北京印发《关于发展热泵系统的指导意见》的通知,该通知鼓励发展可再生能源的热泵系统,并且政府每年都给予一定的投资支持和补助。除此之外,上海市、山东省、湖北省、福建省、浙江省、黑龙江省、山西省等也都在推广此技术,并且都给予了一定的财政补贴。

8.1.3 地下空间土壤源热泵技术的应用

地下空间的工程范围包括人防工程、地下商场、指挥所、城市地铁和地下医院等。其中,指挥所、城市地铁以及部分人防工程适于铺设地埋管,将土壤源热泵作为空调系统。国内外与此相关的大部分案例是利用桩基从地层获得冷热量。

奥地利维也纳地铁 2 号线能源地铁车站采用地埋管系统,利用土壤源热泵技术供暖制冷。国内地铁基本还没有这方面的实际应用。南京朗诗国际街区是国内较大规模使用土壤源热泵的桩基埋管系统的项目,占地面积 16 万 m²。上海的世博轴及地下综合体工程也采用了土壤源热泵空调系统。由于地铁站台有着比较大的空间铺设地埋管,可以在站台施工的同时在底板下铺设地埋管,将土壤源热泵应用于各个站台,直接为站台供暖/制冷,在严寒地区使用时,负荷基本平衡。但在大部分地区,地铁冷负荷大于热负荷,因而会导致负荷失衡。为了使冷热负荷平衡,可以考虑将地铁站台的土壤源热泵系统夏季为地铁制冷,冬季为附近合适的建筑供热,被供热的建筑需进行负荷计算以达到负荷平衡要求,形成以地铁站台为核心的小区域能源系统。也可以直接利用地铁站台建立土壤源热泵为周围建筑供暖制冷,作为地铁站台之外的系统,地铁采用独立的系统。同样的,大型地下商场也可以采用这种模式,供冷季为地下商场制冷,供热季为地上建筑供热。由于城市地铁、地下商场在夜间时土壤源热泵不使用,在部分地区(如西北地区)可以夜间进行自然通风蓄冷以利于地温恢复。在大型人防工程中,由于地下面积大,有大量空间可用于水平埋管铺设,故可将土壤源热泵水平埋管在人防工程施工过程中直接埋入人防工程底板[11]。

进入 21 世纪以来,世界地下空间建设发展迅猛,尤其我国的人地矛盾日益突出,地下工程更是大规模建设。如果无限制扩大城市面积,将会破坏大量森林,代价太大,因而地下空间的建设在城市的建设中变得越来越重要。"十二五"期间,全国城市在建轨道交通线路约 1 400 km,截至 2015 年年末,全国 26 座城市开通运营城市轨道交通共计 116 条线路,361 km。依托地下工程的建设,土壤源热泵技术的应用将会带来巨大的节能和经济效益。尤其在地铁站台铺设地埋管,装机系统容量大,可减少冷却塔的布置,经济效益巨大。另外,还可通过将地埋管埋入隧道、地下商场等的围护结构中,与其施工建设同步协同进行,避免二次施工,防止地埋管施工使地下工程防水层遭到破坏。我们应该抓住地下空间大开发、建设立体式城市的机遇,在地下工程中应用土壤源热泵系统,发挥地下空间能源应用系统的最大效益。

8.2 地下空间通风空调系统的节能措施

8.2.1 通风系统的变频调节与智能控制

1. 通风系统的变频调节

目前,地下空间通风系统的控制方案主要有[12]:定风量控制、间歇性控制(即开关控制)和变频控制。

以地下车库为例,定风量控制技术,即车库通风系统采用恒定的风量(最大通风量)来维持车库内的通风环境需求。这种技术是目前最普遍采用的技术。它便于管理,运行可靠,基本不需要人员操作控制;但同时存在其自身在能源消耗方面的缺陷,即能耗较大,资源浪费严重。

间歇性控制技术是一种根据不同时段进出地下车库的车辆数的变化或者车库内污染物负荷的高低,来直接确定开启或关闭风机的技术。当车库内汽车进出频繁时,开启风机;当汽车进出较少时,关闭风机。风机的开启和关闭,可由人工或由安装在车库内的 CO 传感器通过自动控制装置来控制。另一种间歇控制则是根据车库内汽车进出频繁程度,切换风机的运行方式,即采用双速挡位的风机。挡位的切换也可由人工或通过 CO 传感器测得数值的高低来控制。这种运行管理方便,投资少,设备简单,具有一定的节能效果。但由于频繁的停启,设备寿命较短,灵活性也不高,尤其当车库内情况发生异常时,CO 浓度很难保证被很好地控制在容许浓度范围内。

变频控制是一种根据污染物传感器测得的污染物浓度来自动控制自身的开启、变速,从而实现通风系统的智能化控制及自动化管理的控制技术。这种方法是根据车库内 CO 浓度来实时控制通风系统。当车库中 CO 浓度发生变化时,需要的排风量随之变化,这时可以通过变频式风机来实现,即通过改变风机中感应电机的转速进而改变风机的风量,以满足所需排风量的要求。采用这种控制方式,车库内 CO 浓度将被很好地控制在容许浓度范围内。它有很多上面两种通风控制方案无法比拟的优点:管理方便,自动化程度高,节能效益巨大,延长设备的使用寿命,具有较高的灵活性和可操作性。

变频调速技术是一种节能控制技术,在自动化控制领域应用较多,比较适用于负荷变化较快的情况。由于地下空间的通风空调系统较为复杂,电机频繁启动情况明显,不仅会对电机本身造成伤害,还会导致能量消耗。地下空间的通风空调系统中,变频调速技术主要是根据空气质量确定风机开启数量,在满足地下车库内部环境控制要求的前提下,尽量减少风机开启台数,从而实现良好的节能效果。在通风空调系统中应用变频调速技术,能够有效改善负荷不确定以及运行工况不确定情况下的控制工作,能够对回风机、排风机、组合式空调机组等设备进行灵活的控制。

变频调速是通过改变电机定子绕组供电的频率来达到调速的目的[13]。常用三相交流异步电动机的结构如图 8-1 所示。定子由铁心及绕组构成,转子绕组做成笼形,俗称鼠笼形电动机。当在定子绕组上接入三相交流电时,在定子与转子之间的空气隙内产生一个旋转磁场,它与转子绕组产生相对运动,使转子绕组产生感应电势,出现感应电流,此电流与旋转磁场相互作用,产生电磁转矩,使电动机转动起来。电机磁场的转速称为同步转速,用 N 表示:

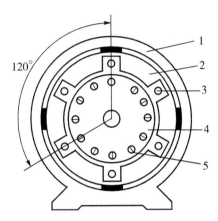

1—机座;2—定子铁心;3—定子绕组;
4—转子铁心;5—转子绕组

图 8-1　三相交流异步电动机结构示意图

$$N = 60\, f_1 / p \tag{8-1}$$

式中　N——电机磁场的转速,r/min;

　　　f_1——三相交流电源频率,一般为 50 Hz;

　　　p——磁极对数。

转子的实际转速 n 比磁场的同步转速 N 要慢一点,所以称为异步电机,这个差别用转差率 s 表示:

$$s = \left(\frac{N-n}{N}\right) \times 100\% \tag{8-2}$$

由式(8-1)、式(8-2)得出转子实际转速 n:

$$n = 60\, f_1 (1-s) / p \tag{8-3}$$

地下车库通风的主要目的是排除和稀释汽车排放的有害物质,主要有 CO,HC 及 NO_x 等[14]。测试表明,在低速状态下,以上污染物发散量的体积比一般为 7:1.5:0.2。对于地下车库来说,汽车出入地下车库的情况往往随时间的不同而变化,其所需通风量也相应不同。根据特征和用途,各种性质的地下车库停车情况也有很大的区别。通常,商务、办公大楼地下车库,上下班时间段内是汽车出入车库的高峰时期,也是汽车污染物排放的高峰时期,此时,为了排除和稀释汽车排放的有害物质,车库需要的通风量就多些;而在其他时间里,需要的通风量会少些。

由流体力学相关理论可知,风机的风量与转速成正比,压头与转速的2次方成正比,轴功率与转速的3次方成正比。改变转速,风机的风量、压头和轴功率也会随之改变。而电机转速与输入频率成正比,改变频率就能改变电机转速,从而达到风机调节的目的。当风机风量为原来的75%时,风机消耗功率仅为原来的42.2%,可节能57.8%。而用阀门调节时,仅节能5%左右。因此,地下车库采用风机变频调节技术,节能效果十分显著。

采用风机变频调节的通风系统风道与单风道单风机系统完全相同,排风机采用高温消防排烟风机,平时排风,火灾时排烟,风机风量按换气次数不小于6次/h选取。图8-2为风机变频调节原理图。在排风机进口前的风道内安装一个CO传感器,测得车库内实时CO浓度后,反馈给中央控制器PCD。通过与设定值的比较,PCD发出指令,指示变频器对风机实行变频调速,改变风机的转速,从而改变风机的风量,使其与实际需要的通风量相匹配。同时,送风机PCD对送风机变频器发出指令,改变送风机的风量,使其始终占排风机风量的80%~85%,以保持车库内有一定的负压。系统的CO浓度设定值对于不同使用性质和用途的地下车库有不同的规律性,需要在运行管理过程中进行观察和调试,才能达到理想的效果。在车库发生火灾烟气被排除后,要及时检查和更换CO传感器,以保证系统能重新正常运行。

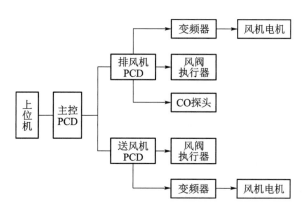

图8-2 风机变频调节原理图

2. 通风系统的智能控制

地下空间通风系统是典型的大滞后系统,具有很强的非线性特征,如果用传统线性控制理论,为获得便于控制设计的数学模型,势必要在模型简化过程中引入很大的误差。因而,国内外科研机构已经将研究重点转向模糊控制、神经网络控制、专家控制等现代控制方法上。

以基于智能控制的公路隧道通风节能系统为例[15-16],公路隧道基本模型可利用模糊控制和神经网络预测技术,对射流风机的启动和停止进行合理控制。控制系统原理图如图8-3所示。

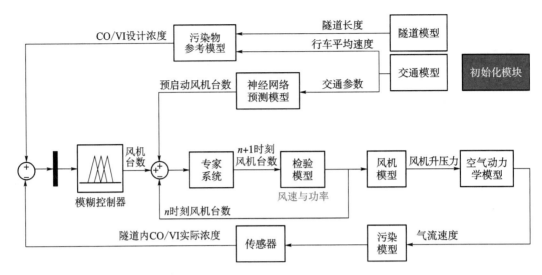

图 8-3　公路隧道通风节能智能控制系统原理图

图 8-3 中的主要模块的功能如下：

1）隧道模型

隧道模型是基于实际的隧道通风系统建立的。其中通风系统的控制边界条件包括隧道的长度、坡度、海拔高度、净空断面积、交通环境以及天气因素等。

2）交通模型

设立交通模型的目的是监测和计算每小时、每天通过隧道的车流量。以车身长度、车速及车间距三个参数来确定该车辆的型号，最终统计成不同车型的占比。这样做的作用有两点：①可以给污染物参考模型提供平均速度参数条件，从而确定隧道内烟雾的设计浓度参照值；②不同车型的占比可以给后续的神经网络预测模型提供输入及测试样本。

3）空气动力学模型

空气动力学模型可以用来得到任一时间间隔内的流速。隧道内的纵向尺寸远远大于横向尺寸，且隧道中的气体流速偏低，压力波动比较小，所以可假定隧道内流体为一维的不可压缩流体，即任一时刻流体速度是一定的。

4）污染模型

隧道在通风的过程中伴随着气体污染物的迁移，迁移形式主要包括以下四种：分子扩散、紊流扩散、对流运动迁移及衰减转化。建立污染模型是为了得到隧道内污染物 CO 及烟雾的含量和分布规律，并假定污染物浓度是沿纵向分布的。

5）模糊控制器模型

模糊控制器模型是智能控制系统的核心环节，其输入量是当前时刻隧道内的 CO 及烟雾的浓度和 CO 浓度及烟雾浓度的改变量，同时基于论域及对应的隶属函数来模糊化，从而建立模糊规则，优化及推理后再逆模糊化，最终得到相应调节风机的数量来实现精确的控制。

6）神经网络预测模型

神经网络预测模型可以较精确地预测隧道内不同时刻的交通量,其工作原理是根据之前的交通模型得到的车流量及车型占比作为模版,使用实际监测到的车况数据来在线优化调整,最终绘制出隧道内不同交通量日变化的流线图,从而对射流风机进行预启动控制。

7）传感器模型

传感器模型主要包括以下几大类:CO浓度传感器、烟雾浓度传感器和车辆检测传感器。其主要作用是在线实时监测隧道内不同参数的改变情况,为前面的模糊控制器模型以及神经网络预测模型提供实时输入量。

8）专家系统

专家系统的工作原理是依照神经网络预测模型得出的预启动风机数量、模糊控制器模型模糊推理出的风机启动数量和第 n 时刻实时开启的风机数量,从而推导出第 $(n+1)$ 时刻需要开启或关闭的风机数量。

9）检验模型

检验模型的目的是基于隧道设计的最大风速及最大电力负荷来检测专家系统提供的即将开启或关闭的射流风机数量是否不超标,从而确定启动的最大射流风机数量。

10）风机模型

风机模型的作用是控制射流风机的运行,在整个智能控制系统中是最关键的一环,隧道内是否能安全稳定通行全依赖它。射流风机的功能是产生升压力,加速隧道内流体的流动,同时随着气体的迁移成功带走污染物以及烟雾。

8.2.2 复合通风在地下空间的发展

复合通风(Hybrid Ventilation)又称为多元通风或混合通风,它是自然通风和机械通风在一天内不同时间或不同季节的有机组合,为室内提供可接受的热环境和空气品质的一种节能型通风系统[17]。复合通风系统可以充分利用各种自然气候因素(如太阳能、风能、土壤、植被、地表水等)营造舒适的室内环境,在起到节能作用的同时,达到改善室内空气品质和热环境的目的[18]。复合通风系统具有智能控制装置,它能根据室外气候变化自动转换其运行模式以达到满足室内热舒适要求和节能目的[19]。

复合通风可分为以下三类[20]:

（1）自然通风与机械通风交互使用

自然通风与机械通风交互使用是基于自然通风和机械通风二者完全独立的系统。其控制策略是切换两个系统或针对不同任务同时运行。该复合通风模式适用于一年四季比较分明的地区。在过渡季进行自然通风,酷热的夏季和寒冷的冬季进行机械通风。该模式设计的关键是如何选择合适的控制参数,实现自然通风模式和机械通风模式之间的切换。

（2）机械风机辅助式自然通风

机械风机辅助式自然通风是在所有气候条件下都以自然通风为主,但在有高通风需求或自然通风驱动力减弱时,可以通过机械风机辅助以提高压差。该模式设计的关键问题是如何使自动控制系统根据自然通风驱动力的强弱来启停机械风机。

(3) 风压和热压辅助式机械通风

在风压和热压辅助式机械通风(即复合通风)方式中,通常在所有气候条件下都以机械通风为主,风压和热压等自然驱动力为辅。复合通风比较适用于可利用室外空气作为天然冷源对地下空间进行降温的场合。复合通风模式设计的关键是如何基于风压和热压的大小变化来控制机械通风系统的运行。

近些年,复合通风在地下空间中逐渐获得应用,不仅可以利用复合通风对隧道、地铁车站等地下空间进行运营通风,也可以利用复合通风进行火灾事故排烟。如图 8-4 所示,Luo 等人以一个典型的地下三层地铁中转换乘站为研究对象[21],通过火力动力学模拟器(FDS),研究比较了自然通风、机械通风和复合通风对地铁车站火灾事故排烟的效果。

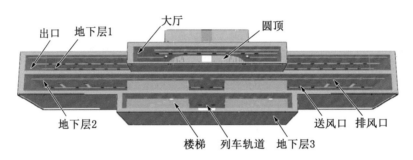

图 8-4　某地铁中转换乘站案例模型

结果表明:首先,当火源在圆顶下时,可充分利用自然通风进行排烟。且随着排风口尺寸的增加,地下层 1 的中部烟气温度显著降低。其次,当采用机械通风时,为有效控制烟气扩散,应在从地下层 1 中排出烟气的同时向地下层 2 和地下层 3 中提供补充的新鲜空气。最后,无论火源是在圆顶下还是在大厅处,当采用复合通风系统时地下车站内 CO 的浓度最低,即该模式最有利于降低火灾对地下车站内人员的潜在危害。

有学者也提出了一种利用纵向和屋顶开放自然通风来控制隧道火灾烟雾的混合排烟模型[22],如图 8-5 所示。在这种混合动力模型中,纵向通气负责驱动下游的热烟。屋顶通风口或轴负责使用烟雾所具有的浮力和由强制纵向通风引起的压力上升排烟。因为排烟效率取决于前面提到的两个因素,因此屋顶通风口和纵向通风的最佳组合是必要的。

该模型包括纵向通风和屋顶排气口排烟的混合排烟策略,用于控制隧道火灾。这种混合策略考虑了火灾的上游侧,缩短了下游侧的烟雾扩散距离。在适当的设计下,烟雾可以通过火灾下游的自然通风口有效排放。与传统纵向通风相比,混合策略给隧道的下游部分提供了更安全的环境。另外,自然通风口也可用于正常通风条件下的污染物排放。

混合排烟模型采用一维分析来指导混合策略的实施。通过分析得出了纵向通风系统所需的压力上升和屋顶通风口几何参数的明确表达式。通过模拟和验证,表明提出的混合策略在

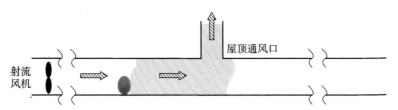

（1）最佳（临界）条件的情况下只使用一个屋顶排气口排烟（所有烟雾进入屋顶通风口）

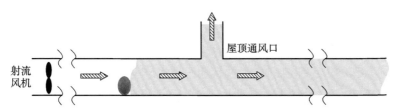

（2）临界条件的情况下只使用一个屋顶排气口排烟（过量的烟雾蔓延至下游）

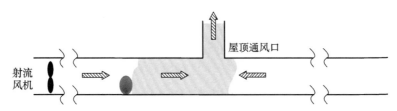

（3）临界条件的情况下只使用一个屋顶排气口排烟（烟和空气来自下游隧道入口进入屋顶通风口）

图 8-5　混合排烟模型示意图（包括纵向通风和屋顶排气）

隧道火灾控制中是有效的。同时，从与以上混合策略相关的简单一维分析中获得的方程有利于工程设计。排气面积显著影响排烟速率，其效果可纳入当前阶段的流量阻抗系数。屋顶通风口底部的流动由强制通风和浮力驱动，因此非常复杂。虽然一维分析被证明是有效的，但是应进一步考虑由这些局部复杂流场引起的流动阻抗系数的变化。

8.2.3　需求控制通风（DCV）在地下空间的发展

1. DCV 工作原理及特点

室内环境与建筑通风息息相关，合理引入新风是保证室内空气品质的重要条件，引入新风不仅可以稀释室内各种污染源所散发的污染物，还可以提供保证人员呼吸所需要的氧气。在空调新风系统的设计中，一般以人均新风量进行计算，但在人流量比较大、人员密度波动频繁的建筑物内部，常规的空调新风量设计往往存在以下问题[23]：

（1）送入室内的新风量不合理。当室内人员较少或者客流量不高时，新风量过大；当室内人员饱和或者过多时，送入的新风量却又较少，造成室内空气质量下降。

（2）新风能耗过大。在人员流动性大、人员密度变化的情况下，固定新风量的送入会造成能源浪费，即不能实时根据室内人员状况合理调节新风量，从而无法减少新风能耗。

为了实现新风节能和满足室内空气品质两方面的要求，需求控制通风（Demand-Controlled Ventilation，DCV）应运而生。DCV是一种实时的，根据室内人流密度变动而采取的新风控制策略，它既保证了室内空气品质，又防止新风的不合理引入，因此相比常规的定风量空调系统有着巨大的节能潜力。

对于DCV的定义，可以理解为：以建筑物中某种污染物浓度（一般为CO_2）作为新风量调节的控制指标，在保证室内空气品质的同时，最大限度地减少新风能耗。传统的DCV控制系统之所以选择CO_2浓度作为控制参数，是因为通常情况下室内人员是CO_2的主要生产源，而且以CO_2浓度作为指标的DCV方案有以下优点[24]：

（1）CO_2反映人体活动状况，可以体现人体散发污染物的程度。在以人为主要污染源的空调区域内，当以CO_2浓度为控制指标时，其余污染物浓度也会相应得以控制。

（2）在空调环境内，CO_2浓度的惰性大、改变慢，以此为指标的DCV控制系统稳定性好、抗干扰能力强。

（3）DCV以CO_2浓度为控制指标，新风量的控制也将渗透引入或者将由于其他原因引入的新风考虑在内，因此节能效果更好。

DCV系统是近年来暖通空调设计方面的一大突破。它通过在建筑物内外安装CO_2传感器，计算出室内外CO_2的浓度差，并将这些信息持续反馈给中央控制系统，用以进行送风控制。这样做的优点是能够实时计算出建筑物内的人流并进行相应的送风操作，为室内的空气质量提供了可靠的保障。与传统的变风量系统相比较，DCV系统不会出现所谓的"过度送风"或"送风不足"的情况。另外，由于DCV系统能够实时探测到建筑物内部的人流，这些信息同样可以用来进行温度及湿度控制，保证建筑物内部有一个舒适的热环境。

2. DCV新风控制方式

DCV系统的任务是通过检测室内污染物浓度的高低来确定新风量的大小，新风控制方式主要有以下几种[25]：

1）风阀跟踪调节

通过安装在新风阀后的风速传感器测出风量，以此对新风阀和回风阀进行调节。设置高、低限温度传感器是为了控制新风经济运行，当低限温度传感器测出的温度高于设定的最小值时，新风量加大；当室外温度太高时，高限温度传感器使新风阀回到最小位置。当房间负荷减小，特别是人员减少时，送入房间的新风量可以随送风量的减少成比例减少。当达到最小新风量时，为了维持最小新风量不再减少，需要保持新、回风混合段中负压不变，因此新风阀将不断开大，而回风阀将不断关小。

2）送、回风机控制

在没有泄漏的情况下，可以认为送、回风机的风量差即为新风量值。因此，通过控制送、回风机的风量也就间接地控制了新风量。对送、回风机的控制可以归纳为以下几种：

（1）送、回风机都用送风道静压进行控制。方法简单，但只有在送、回风机特性和大小相同，运行中的工作情况也大致相同的条件下方可使用。如果送、回风机的特性不同，送、排风量的平衡将被破坏,室内可能出现负压。

(2)用送风风道中出口动压控制回风机。送风机风量由系统静压点控制,回风机风量则根据送风道中流量进行控制。如此可使送、回风机的风量变化互相关联,室内压力易保持正常情况。

(3)动压差法。在送风机出口和回风机入口处均设置流量测点,测出各自的流量,并保持固定的差值。一旦出现超差现象,则调节回风机以维持固定的风量差。

(4)室内压力直接控制法。室内压力是协调送风机及回风机的主要依据,因此,最直接的控制方法就是根据室内静压相对于大气压的变化去控制回风机,送风机仍根据室内负荷变化进行单独控制。这种控制方法的一个难点在于,室内正压相当小,而且一幢建筑里的压力变化范围可能比室内正压还大,这给测压带来了困难。室内外测压点的位置选择很重要,原则是:室内测压点应处于气流稳定、压力均衡的地方;室外测压点则应避开常年主导风向的影响。

3)设置独立的新风机

实现最小新风量控制的一种较为可靠的方法是设置独立的、具有平稳特性曲线的新风机,通过新风入口处的风速传感器调节风阀,维持最小新风量。当采用这种控制方法时,可以不用回风机,或以排风机代之,这样控制起来更容易,也更稳定。这种方法的缺点是需要额外的新风管道,不适用于改建工程。

以上是目前常见的几种新风控制方式。国内外的观点普遍认为控制新风量的目的是为了保证室内空气品质,而不是为了达到某一个数值,因而,只要系统能提供良好的通风,控制误差并不重要。至于运行不稳定现象,不能只看某一时段的运行情况,而要看整个运行期间的平均情况。有实测数据表明,在一个很短的时间内,新风确实变化很大,但是从总体上看,新风量的加权平均值却保持得很好。

下面介绍几种 DCV 系统中常用的风阀控制策略[26]。

(1)三阀联动控制。三阀联动控制是现有系统中应用最广泛的一种控制策略,这种控制策略同时对新风阀、排风阀和回风阀进行控制。当新风阀从一个开度变化到另一个开度时,排风阀以相同的速度向相同方向变化,保持与新风阀开度的一致性。与此同时,回风阀则以相同的速度向相反方向变化。当新风阀和排风阀保持全开时,回风阀则为全关。

(2)两阀联动控制。这种控制策略对排风阀和回风阀进行联动控制,而新风阀则保持全开状态。当系统要求增加新风量时,排风阀开大,而回风阀则以相同的速度关小。这一控制策略主要为了防止由于新风阀的关小而导致的室内负压,使室外空气通过排风管道反向进入室内。

(3)分裂信号控制。这种控制策略依旧使新风阀保持全开状态,关于排风阀和回风阀的控制与两阀联动控制略有不同,当控制信号在 $0\sim0.5$ 时,排风阀控制策略与两阀联动控制相同;当控制信号在 $0.5\sim1$ 时,回风阀控制策略与两阀联动控制相同。

3. DCV 在地下空间的应用

实际上,地下空间内的污染物种类众多,除人员释放的 CO_2 外,还有建筑材料散发的甲醛、VOCs 等气态污染物,由地面进入的颗粒物、微生物以及氡等放射性污染物。仅考虑 CO_2 的影响因素其实并不能全面反映室内环境的污染状况和人员对空气品质的需求。因此,DCV 中引入了一个基本新风量,这个基本新风量就用于处理非人体污染物所必需的新风量,当处理 CO_2 所需的新风量小于处理非人体污染物所必需的新风量时,保持基本新风量通风,这样就保证了室内空气品质。根据这个原理,有学者提出了基于室内空气品质的需求控制通风。用 CO_2 浓度作为与室内人员相关的污染物控制指标,以 TVOC 作为与室内建筑相关的污染物控制指标,新风量为 CO_2 控制新风量和 TVOC 控制新风量的和。基于室内空气品质的需求,在控制通风的同时兼顾了室内人员相关污染物和建筑相关污染物,避免了 CO_2-DCV 只考虑人员相关污染物而造成建筑相关污染物超标的情况[27]。

这里需要指出的是,地下空间非人体污染物众多,有区别于地上建筑空间的室内空气品质特点,要在综合考虑各种污染物对人体影响的基础上建立合理的地下空间控制指标体系,开发出简便、快速的相应检测设备和控制系统。

另外,上述研究中基于室内空气品质的控制策略也有不完善的地方。因为,给定一定的新风,这个新风在稀释室内 CO_2 的同时也在稀释室内的其他污染物,所以没有必要把稀释两种污染物所需的新风量相加,而只需在二者之中择其较大者即可。并且在室内,一般其他污染物的散发量主要与建筑材料、所处地理环境以及建筑物使用功能等有关,而与人员密度的关系相对较小,一天当中排放速率又比较稳定。所以,可以通过比较计算得到一个确定值,从而作为 DCV 的基本通风量,这样就不必对其他污染物进行检测控制。

DCV 是通风环控系统的运行控制方案,而不是一种新型的设计方法。所以,在 DCV 系统设计时只需要考虑相当少的一些因素。DCV 模式应用的设计有五个简单步骤[28]:

(1) 确定应用 DCV 模式是否适合;

(2) 根据建筑行业相关标准的要求估计建筑物内滞留人数,由此计算各个空间所需的设计新风量;

(3) 确定由非人员污染物决定的基本通风量,这是建筑物使用时期的最小通风量;

(4) 根据建筑的使用特点和所拥有的设备决定合适的 DCV 控制策略;

(5) 选择传感器的种类和安装地点。

DCV 在地下空间的应用目前主要在城市隧道、地铁车站、地下商场等。但地下空间内污染物众多,和颗粒物、甲醛、VOCs 等其他地上建筑亦常见的污染物相比,氡在地下建筑污染物中具有更大的代表性,其水平比在地上建筑中高出一个数量级以上。故也可选取氡作为基本新风量的控制参数,以保证足够的新风量来稀释那些非人员造成的污染物。室内氡浓度与基本新风量的关系如式(8-4)所示[29]:

$$z_b = \frac{M_c V}{C_\infty - C_0} \tag{8-4}$$

式中　z_b——基本新风量,m^3/h;

　　M_c——地下房间的析氡率,$B_q/(m^3 \cdot h)$,该值可分为墙体、地板等建材析氡率和底层土壤析氡率两部分;

V——房间体积，m^3；

C_o——室外氡浓度，Bq/m^3；

C_∞——室内氡浓度的上限值，B_q/m^3。

也可以建立地下商场 DCV 系统，关于 CO_2 体积分数控制原理如图 8-6 所示。

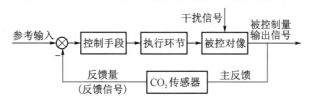

图 8-6　DCV 系统关于 CO_2 体积分数控制原理

8.3　地下空间通风空调系统的改进措施

8.3.1　地下车库

与地面建筑相比，地下车库具有一定的特殊性。地下车库一般处于封闭或半封闭状态，气密性较好，与太阳光线和自然空气基本上处于隔离状态，且停放在其内部的汽车排放出大量对人体有害的废气，因此要保持地下车库良好的空气质量，必须依靠机械通风等手段，人工创造和控制地下车库内的空气卫生环境。地下车库若通风不畅，汽车发动机启动、运行时产生的有害气体将难以及时、有效地排出，如此会影响车库内人员的健康，也容易造成油蒸汽积聚而引起爆炸。从某种意义上讲，地下车库内有无良好的通风，也是预防火灾发生的一个重要条件。当地下车库没有窗井时，必须设置通风换气系统。

1. 通风系统形式及改进措施

目前，一部分地下车库是利用自然通风，这对节约能源和投资都是有利的。但是，地下车库特别是大空间地下车库的自然通风效果往往并不好，这就造成诸多地下车库的室内环境问题。因而，目前大多数地下车库还是建议采取机械通风方式。

现有地下车库的通风换气系统属于混合通风方式，此种方式由于送入室内的新鲜空气不能与车库内含有污染物的空气充分混合，常导致排风的污染物浓度低于工作区的污染物浓度，通风效率比较低，相当于浪费了部分的风机能耗。因此，可采用以下改进措施[30-31]。

1）采用喷流诱导通风系统

诱导式通风是不采用大风道进行机械通风的一种新型通风方式。该系统是利用小口径的高速风管，选配特别设计的喷嘴。此喷嘴为可人工转向调节定位的球型风口，以高速喷出的射流诱导周围大量的空气，使射流边界上的空气不断地被卷入射流，射流的范围和流量随射程的不断增加而增加，射流的速度则随射程的增加而逐渐减小。在有效射程内，由下一台诱导器继续上述循环，实现空气按指定的方向和区域流动，最后由排风机排出室外。该系统利用物理特性诱导空气，故可以节省电能，降低运行成本。采用诱导通风后，车库内气流组织效果好，有害气体滞流的现象就可以减弱甚至可以消除。

由于该系统混合效果较好,故 CO 的最高浓度在排风机吸入口处,可以将 CO 探测器安装在靠近风机吸入口的地方,通过自动控制送、排风机的导流叶片或变频器来改变风量,如此更利于节能。

2）调整射流诱导风机的送风方向

结合南京市某人防地下车库诱导通风系统的实测数据,利用计算流体力学技术对地下车库的气流分布现状做数值模拟和分析,并得出以下结论:对于原本就采用射流诱导通风系统组织地下车库内的通风的建筑,尽量不改变原有通风系统的设置,通过调整射流诱导风机的送风方向,将新风诱导至工作区域,通过减少通风量来降低风机的运行能耗,达到节能效果。

3）排风风机为双速风机

目前,常用的排风风机为双速风机:高速运转的排风量按换气次数 $n=6$ 次/h 选取,低速运转的排风量则为满足非高峰使用时间的需要。

2. 诱导通风系统的控制及改进措施

在地下车库使用诱导通风系统的过程中,也存在不少问题。由于无法了解到汽车尾气发生的具体时间、位置及总量等参数,因此,现有诱导通风系统是凭管理人员的经验对诱导通风系统及主排风风机进行开关控制。

对于地下车库来说,汽车尾气污染物质的发生有其不连续性及尖峰负荷明显等特点,这使得现有诱导通风系统的优势并未被很好地体现出来,主要原因是:诱导通风系统拥有高效的换气方式,如何准确地减少系统的开启时段同时不影响通风效果,使其比传统换气方式更加节省电能,这是管理人员凭经验难以做到的。诱导通风系统具有分布点均匀的特点,可快速稀释较为集中的汽车尾气,不必为部分点排放的污染物而开启全部通风设备,但是现有诱导通风系统尚无法对污染物质的发生进行有效、准确的追踪,无法灵活地自动控制个别风机的开启,所以为了确保通风效果只能采用连续开启的办法。但地下车库中主要处理的污染物质为汽车尾气,虽然汽车尾气发生的局部点的有害物质浓度大于有关部门的允许值,但平均到整个车库空间内有害物质的浓度就很低了。

因此,使用诱导通风系统的连续开启来排放汽车尾气,进行全面的通风换气,显然这会造成很大的能量浪费及机械设备的磨损[32]。

为了准确地减少系统开启时段,同时又不影响通风效果,使诱导通风系统比传统的换气方式更节省电能,一种新型的技术方法应运而生:智能型诱导通风系统。该通风系统通过自动感受污染物浓度、自动开启相应诱导风机、满足关闭条件自行关闭诱导风机等诸多自控方式达到节约能源,有效组织气流的目的。这既满足了地下车库内环境卫生标准的要求,又满足防火规范对排烟的要求。

智能型诱导通风系统的工作原理为:智能型诱导通风风机是通过污染物质感受器及程序控制器自行开关。当任意一台智能型诱导通风风机感测到的污染物质浓度超过设定的该污染物质在地下车库中的最大允许浓度时,智能型诱导通风风机开启并将污染物吹散,使之低于设定的污染物质允许浓度,此时其他位置的智能型诱导通风风机及送排风机并不工作。

然而,当任意一台智能型诱导通风风机感测到的污染物质浓度超过设定值(如80ppm)时,智能型诱导通风风机开启,但一定时间内无法将污染物质浓度降至设定值(如30ppm)以下,说明整个通风换气空间的污染物质浓度已经较高,已无法实现将污染物质继续吹散稀释的作用,此时整个通排风系统开始工作,并于污染物质浓度降至设定值以下后停止工作。

智能型诱导通风系统由于配备了风机、喷口、程序控制器、电磁接触器、变压器、污染物质感受器,使诱导通风风机可根据污染物质感受器感测到的地下车库中的污染物质浓度而自动控制自身的开启,实现诱导通风系统的智能化控制及自动化管理,从而在保持良好通风效果的前提下减少风机开启时段,并且局部点污染物质由局部点诱导通风风机稀释。由于减少了诱导通风风机的开启台数,从而节省了耗电量并延长了设备使用寿命。另外,通过集中控制器,当个别诱导通风风机发生故障时能被及时发现,从而不影响地下车库的通风效果,使诱导通风系统的优势得到充分发挥。

3. 通风量的确定及改进措施

采用换气次数法确定总送风量的方法不可取。换气次数即通风量与房间容积的比值,如地下空间的高度增加,则房间容积增大,空调系统总风量也相应增大,而此时室内空调冷负荷却基本不变(不考虑传热的变化,这一部分负荷影响很小),这显然是不合理的。

对于民用建筑地下车库通风换气量的确定方法是:通常采用换气次数法计算这一通风换气量,即排气量取为不小于6次/h,进气量取为不小于5次/h,这种方法尽管应用起来较为简单方便,但并没有考虑到不同用途民用建筑地下车库的使用特点,以及地下车库不同时间的使用特点。因而,这种方法计算出的通风换气量与实际需求之间往往存在着较大的偏差,故可能造成通风系统投入和使用上的浪费。

可以采用稀释浓度法来避免以上问题,所谓稀释浓度法是指按照将有害物浓度稀释到国家制定的室内卫生标准所需的全面通风换气量来确定[33]。通过实验(表8-1)分析得出:将汽车排出的CO稀释到容许浓度时,NO_x和C_mH_n远低于它们相应的允许浓度。也就是说,只要保证CO浓度排放达标,其他有害物即使有一些分布不均匀,但也有足够的安全倍数保证将其通过排风带走。

表8-1   汽车(日本)发动机的排气组成及容许浓度

成分	测定数	汽油内燃机		稀释140倍时的浓度/ppm	容许浓度/ppm
		平均	范围		
CO×10	59	13 900	30～45 600	100	100
CO_2×10	59	50 000	2 100～120 000	357	5 000
O_2×10	59	12.56	0.8～20.82	—	—
NO_x×10	59	150	0.8～20.82	1.07	25
甲醛×10	59	<2.0	<2.0～25.0	0.014	5
铅×10	—	7	0.3～121.9	0.05	0.15～0.2

8.3.2 地铁

地铁是一个大型狭长的地下空间,除各站出入口和通风口与室外大气有交换以外,可以认为城市地铁基本上是与大气隔绝的。地铁在建成投入运营的初期是冬暖夏凉,但随着地铁客流量和行车密度的增加,加上设备的运转及连续照明,使地下空间产生大量的热量和有害气体,如不采取相应的措施,将导致其环境不断恶化。因此,在城市兴建地铁初期就必须考虑与其相关的因素,设计一个合理的地下环境控制系统,这对保证地铁正常运营,控制洞体温升,为乘客提供适宜的乘车环境是非常重要的。

1. 通风系统形式及改进措施

现有地铁空调系统主要采用全空气系统,它虽然可以满足系统功能要求,但是在技术,特别是经济的合理性上存在极大的问题,尤其当地铁车站为暗挖形式时,矛盾更为突出。

全空气系统的缺点主要表现在:需设置较大的空调通风机房,不仅占用了宝贵的地下空间,也增加了地铁的土建费用。此外,由于全空气系统一般都兼顾排烟工况,为使某房间发生火灾时,系统能由正常的空调通风工况转换为排烟工况,风管的分支设置得比较多,相应设置的电动转换阀门也比较多,造成管道过多地交叉重叠,控制过于烦琐。

因此,地铁空调系统可以采用空气-水系统,此系统易于实现分区、分组控制,可以根据负荷情况灵活调节运行,使运转经济合理。由于用冷冻水代替了冷却后的空气送入使用区,利用了水的蓄冷量比空气大的特点,可以相应地节省冷媒的传输能耗。当然,在使用中要注意风机盘管的冷凝水处理,以及给水和回水的设置为结构防水带来的麻烦。

在广州地铁2号线的通风空调系统设置中,在江南西站这个形式独特的暗挖车站中首次采用了空气-水空调系统进行空气调节,并且经过实践证明该系统的成功。它的基本做法是:将风机盘管布置在车站的非有效利用空间内,空调冷冻水直接送入盘管,新风则通过专用风管送入车站。当通风工况时,新风直接送入车站公共区,而在空调季节新风则通过转换,送入风机盘管与车站回风区的空间,先行混合后再一起进入风机盘管进行冷却处理,而后送入车站公共区,风机盘管的凝结水则被引入行车隧道的排水明沟,并以蒸发冷却的方式降低隧道温度,实现充分利用。

另外,通过对组合式空调机组和风机盘管加新风这两种不同形式的通风空调方案在技术、经济等各方面的分析与比较(表8-2)可以看出,北方城市地铁的通风与空调系统采用空调箱方案的闭式运行方案,是比较合适的。该方案成熟可靠,且利于设备选型、运营管理、节约能耗、控制可靠[34]。

表 8-2　　　　　　　　　　　　　技术经济比较表

大类	比较项目	空调机组	风机盘管加新风
初投资	环控系统设备/万元	1 250	1 000
	供电系统设备/万元	50	80
	土建初投资/万元	0	−260

续 表

大类	比较项目	空调机组	风机盘管加新风
	小计/万元	1 300	820
运行费	空调能耗/(万 kW·h)	146	120
	空调电费/万元	83	62

2. 空调冷却水系统及改进措施

在国内地铁设计中,一般是每个车站单独设置制冷站,并采用螺杆式制冷机组,这大大增加了购买制冷设备及日常管理维护的费用,对此可采用以下改进措施[34]。

1) 集中制冷站

按照空调系统冷源设置的集中程度不同,地铁车站空调水系统有分散供冷、集中供冷两种供冷方式。目前,地铁车站中使用最广泛、技术最成熟的供冷方式是分散供冷。然而,随着集中供冷在开罗、中国香港地铁中的成功应用,集中供冷的概念被引入到广州地铁通风空调系统中。集中供冷的原理如图 8-7 所示。集中供冷是指根据一定的原则将全线地铁车站划分为不同的区域,在每个区域设置一个集中制冷站,通过集中制冷站向该区域内多个地铁车站的空调系统提供低温冷水。相对于分散供冷而言,集中供冷是集中设置冷却塔和制冷设备,能够有效地减少制冷机房数量和占地面积。同时,在集中制冷站内设置大功率离心式冷水机组,与螺杆式冷水机组相比可提高 COP,减少约 13.3% 的冷水机组功率。然而,冷水的远距离输送对保温材料、管道工艺的要求较高,输送能耗也相对较大。

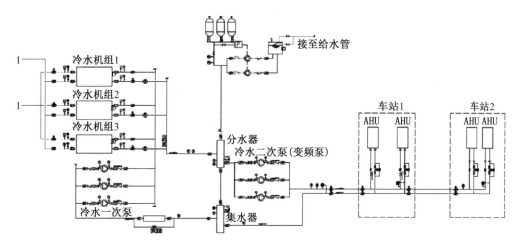

图 8-7　集中供冷原理

2) 冰蓄冷技术

在集中制冷站中采用冰蓄冷集中供冷技术,可以充分利用闲置的电力资源,节约高峰用电量,从而可以节省投资、降低运行费用、改善环境。冰蓄冷技术是利用低谷电力制冰来供应尖峰空调冷负荷。地铁车站空调系统的用电负荷大多集中在白天用电高峰时段,在地铁车站空调系统中考虑采用冰蓄冷技术具有节能意义。

3. 开闭式系统及改进措施

我国现有的地铁或正在设计建设阶段的地铁,有些地区原本可以采用屏蔽门系统但是却采用了开闭式系统,不仅造成了初期投资上的浪费,还增加了运行费用及空调用电量,导致了很大的能源浪费。因此,建议采取以下改进措施[35]。

1) 屏蔽门系统

为提高地铁服务水平、改善乘车环境、保证乘客安全,可以在地铁车站的站台设置屏蔽门。通过在地铁车站的站台候车区与行车轨道之间设置屏蔽门装置,将地铁车站与区间隧道从空间上分隔开来,将车站和区间分隔成两个不同的空气环境区域。

在地铁工程设计中,空调通风系统是采用屏蔽门系统还是开闭式系统,要进行综合考虑。对于能够采用屏蔽门系统的地区应尽量采用此系统,尽管在初期投资上屏蔽门系统增加了排热通风系统,使设备投资额增加,但是其土建投资却大大节省,二者综合最终还是节省费用,并且屏蔽门系统比开闭式系统节省运行费用,空调用电量也减少。屏蔽门系统的冷负荷仅为开闭式系统的22%~28%。

以天津地铁二期工程2号线为例,两种空调通风系统在空调季、非空调季及排热风机三方面的运行费用的比较,详见表8-3。开闭式系统和屏蔽门系统在设备初期投资及对土建造价的影响上的比较结果,详见表8-4。

表8-3　　　　两种空调通风系统运行费用比较表

系统名称	空调季运行费用/元	非空调季运行费用/元	排热风机的运行费用/元	一年运行费用总计/元
开闭式系统	585 144	217 728	—	802 872
屏蔽门系统	314 798	134 266	177 408	626 472

表8-4　　　　两种空调通风系统在土建和设备初期投资上的比较

系统名称	空调通风系统方面		土建方面		总初投资/万元
	设备初期投资/万元	车站长度/m	土建指标/(万元·m⁻¹)	土建造价/万元	
开闭式系统	750	211	50	10 550	11 300
屏蔽门系统	1 179	200	50	10 000	11 179

从上述比较结果可以看出:在一年的运行费用上,屏蔽门系统比开闭式系统节省17.64万元,而且屏蔽门系统空调用电量减少近300 kW,因此,屏蔽门系统具有一定的节能效果。在初期投资上,尽管屏蔽门系统增加了排热通风系统,与开闭式系统相比,设备初投资增加429万元,但屏蔽门系统比开闭式系统节省土建投资550万元。因此,在总初投资上,屏蔽门系统比开闭式系统节省费用121万元。

总之,仅对于空调通风系统而言,以天津地区为例,无论在初期投资上还是在运行费用上,屏蔽门系统较开闭式系统具有一定优势。它不仅满足人们对地铁乘车环境的舒适性和安全性的要求,同时也提升了天津市的国际形象和城市经济发展水平。

2) 开式空气幕系统

有人提出了一种结合了屏蔽门系统和开闭式系统优点的系统形式:开式空气幕系统。该系统的优点在于不仅利用了屏蔽门的优点,减少了列车刹车入侵站台的发热量、列车空调冷凝器入侵站台的发热量、车站与区间的热交换及列车活塞风入侵站台的发热量;同时也避免了屏蔽门潜在的危险性,降低了列车对停靠站台准确性的依赖,从而降低了车辆本身的造价。利用空气幕代替屏蔽门,降低了造价,费用为屏蔽门的 1/4～1/3。该系统最明显的特点在于降低了环控机房的面积及利用空气幕,从而减少了一次投资费用;又因冷负荷低,装机容量小,也减少了二次运行费用。开式空气幕系统在日本东京某地铁车站采用,隔热效果为 22.2%。

城市地铁的通风空调系统形式主要经历了开式、闭式和屏蔽门系统的变迁,三种形式的系统其各自的工作原理和特点如表 8-5 所列。

表 8-5　　　　　　　　地铁车站通风空调系统的三种主要形式

系统形式	系统原理	系统特点	工程案例	备注
开式系统	应用机械或"活塞效应"的方法使地铁内部与外界换气,利用外界空气冷却车站和隧道	无空调设备,初期投资、运行费用较少;多用于当地最热月的月平均温度低于 25℃ 的地铁系统	在国内的应用始于 20 世纪 60 年代,如北京地铁 1 号线	目前很少将开式和闭式系统作为独立的系统使用,一般将二者集成为开/闭式系统;开/闭式系统在空调季闭式运行,在非空调季开式运行
闭式系统	地铁内部与外界空气基本隔断,仅供给满足乘客所需的新风量;车站采用空调系统,区间隧道的冷却借助于活塞效应携带部分车站空调冷风来实现	相对于开式系统而言,闭式系统更能满足地铁车站环控要求;但该系统占用建筑空间较大,运行费用较高	上海地铁 2 号线,广州地铁 1 号线,南京地铁 1、2 号线,北京地铁 4、5、10 号线等	
屏蔽门系统	在车站与隧道之间安装屏蔽门,将其分隔开,车站安装空调系统,隧道设通风系统(机械通风或活塞通风,或二者兼用);若通风系统不能将区间隧道的温度控制在规定值以内,应采用空调或其他有效的降温方法	除了屏蔽门开启时存在的对流换热外,车站不受隧道行车时活塞风的影响	上海地铁除 2 号线外均设置屏蔽门;广州地铁除 1 号线外均设置屏蔽门;成都地铁 1 号线,天津地铁 2、3 号线,深圳地铁一期工程等均设置了屏蔽门	目前国内在建和已建成的大部分轨道交通线路均采用屏蔽门系统

8.3.2　地下商场

地下商场空调属于一般性公共场所舒适性空调,在其空调通风设计中,人员密度、新风量、负荷标准等参数的选取及控制方法的选用是否妥当,直接关系到空调系统的经济性、合理性和适用性。

地下商场空调负荷是确定空调系统送风量和空调设备容量的基本依据。地下商场与普通商场在负荷计算方面既有相同之处又有不同,即冷负荷虽然也是由围护结构、灯光照明、人体散热及散湿以及新风负荷四个部分组成,但各项有其自身特点。以上海浦东某中心广场的地下商场的冷负荷为例计算,围护结构占 4%,灯光照明占 15%,人体散热及散湿占 35%。地下建筑由于土壤的蓄热特性,使得大地具有一定的温度调节能力。相对空气而言,土壤的温度相对稳定,全年温度波动小。在夏季能保持相对稳定的低于地面的温度,冬季保持相对稳定的高于地面的温度。根据测定地下 10 m 深的温度相当于该地区的全年平均气温,在大多数情况下比气温高 1~2℃,且不受季节影响,这对于空调来讲是有利的[36]。

当然,气流组织是影响热舒适性的重要因素,它直接影响到室内的温度场、速度场和污染物的分布。良好的气流组织可以满足人们对舒适环境的要求,同时也是在较高温度下最简便的节能手段[37-38]。

1. 地下商场变风量控制系统

根据地下商业建筑负荷随人员流动变化大的特点,采用变风量控制技术,对空调区域送风和新风进行变风量控制。空调系统流程示意图如图 8-8 所示。

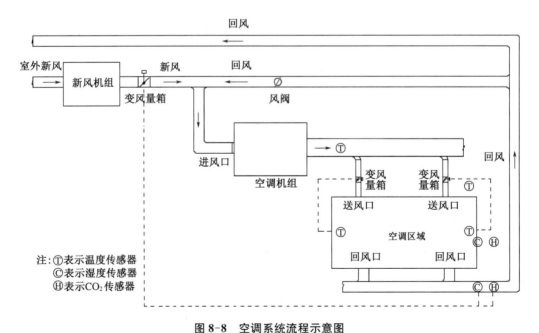

图 8-8　空调系统流程示意图

系统运行时的控制主要分为两部分:一是对空调区域送风的控制;二是对新风的控制。根据送风管道上的温度传感器检测到的送风温度,来控制空调机组的冷冻水回路,实现设定的送风温度;根据空调区域温度传感器的检测结果,来调节送风管道上变风量箱的风阀开度,从而改变送风量。

对新风的控制主要采用 CO_2 传感器来控制,并辅以湿度传感器。室外新风中 CO_2 浓度一般比较稳定,而室内人员的 CO_2 排放量一般也比较稳定,因此当新风量已知,通过检测回风中的 CO_2 浓度可估算出室内的人员数量。根据室内人员数量和每人需要的新风量,也可得出需要的总新风量,通过新风管道上的变风量箱的调节,可使新风量做到按需供应。在实际应用中,为了防止新风变风量箱过于频繁调节,可使用 PID 模糊控制技术,通过设置合适的参数来控制调节频率。

2. 新风量的选取及改进措施

地下商场的空调系统在设计过程中,若设计人员没有考虑在过渡季采用全新风或增大新风比的运行方式,会造成能源的浪费。但是,目前也有很多地下商场存在着换气次数明显不足、新风量供给不够的问题,造成商场内人员普遍有偏热、憋闷、干燥的感觉,通过测试表明 CO_2 浓度偏高,即使开启所有新风机,系统以最大量全新风运行,也不能满足舒适度的要求。

地下商业建筑冬季负荷比地面建筑小得多,其主要负荷来自新风,它的空调过渡季较长,因此空调系统应该考虑使用全新风的可能,以达到节能的目的。

3. 新风量的运行调节及改进措施

在地下商场中,由于地下建筑的封闭性强,若空调系统的排风设计不合理,会造成空调系统运行时室内静压过高,新风补充不进来的情况。这样在过渡季节就无法实现全新风运行,使空调能耗增加,甚至连最小新风要求亦可能无法满足。

由于商场的客流量变化很大,其相应的负荷变化也很显著,因此在空调系统中设置新风调节装置,结合地下商场的排风兼排烟系统,使新风量可以由零变化到 100%,以便在客流量变化时及时调整新风量的供给,以节省能耗。同时,充分利用自然供冷,当供冷期间出现室外空气焓值小于室内空气焓值时,应该采用全新风运行,这不仅可以缩短制冷机的运行时间,减小新风耗能量,同时也可以改善室内环境的空气质量。

由于在地下商场内唯一变化的发热因素就是人,因此可以在总风量不变的情况下,用送风温差作为讯号来自动调节新风阀门和回风阀门的开度,以达到间接控制 CO_2 浓度的目的,同时也节省了空调用能量。当人流量达到高峰时,新风阀全开,回风阀关闭;当人流量减少时,热负荷减少,送风温差减小,发出讯号,自动关小新风阀门,开启回风阀门。

另外,采用全新风通风方式来取代空气调节,既可以改善室内空气的品质,还可以大量节省空调能耗。增设全新风通风系统的技术处理很简单,关闭回风门,全开新风门,利用原系统送风机作为全新风系统的进风机;加大新风进风道断面尺寸,保证新风取风口处的空气清洁;同时将原排风机变为双速控制,低速为空调系统运行状态,高速为全新风通风系统运行状态。

4. 余热、废热利用及改进措施

地下商场即使是在冬季也有大量的余热存在,这是地下商场的特征之一,在南方地区这点尤为显著。现有的地下商场,多数排风没有热回收,直接排向室外空间,造成很大的能源浪费。有些甚至还存在气流短路现象,排风排出后随即进入了新风采风口,既增加能耗也降低了新风品质,对此可采用以下改进措施。

1) 利用冷凝热

为了节能,用冷凝器冷却水为热源用于空调系统二次加热有一定的可行性。

2) 排风热回收

地下商业建筑由于要引入大量的室外新鲜空气,相应的排风量就较大。空调负荷中新风负荷占很大的比例,因此合理地回收排风能量是很有力的节能措施。可以采用热回收器,冬季将室内排风与室外新风换热之后再排走,有效利用排风中的热量将新风预热,节省再热能耗。在有条件的情况下,应考虑设置全热交换器,夏季回收冷量,冬季回收热量,以减少能量消耗。

5. 空气处理方式及改进措施

目前,普遍采用一次回风定风量系统另加独立的排风系统。其优点是:维护保养方便;过渡季节可以利用全新风消除室内余热余湿;减少冷水机组的运行时间;可以对新风、回风进行粗效、中效两级空气过滤处理,使室内空气达到卫生标准;气流组织合理,噪声易于控制。然而,在人员密度较高的地下商业建筑中,采用一次回风定风量系统,存在着室内相对湿度不易保证的问题。这是因为地下商业建筑夏季热湿比较小,室外空气经过空调器的降温降湿处理后,如果相对湿度控制在 80% 以下,送风温度就必须提高,才能满足湿度控制的要求。因此,可采用以下改进措施:

1) 低温送风

随着国内地下商场、地下商业街的发展,这些场所空调用电负荷的迅速增加给城市供电电网施加了巨大的压力,特别是峰谷期的用电不均衡现象更为突出。在此背景下,能有效均衡用电峰谷的冰蓄冷技术在我国逐渐发展起来。

由于单纯的冰蓄冷空调工程的初期投资费用较常规空调工程高出许多,而采用冰蓄冷结合低温送风技术则能使初期投资费用得以大大降低,甚至可能低于常规空调工程。在送风温差较大的情况下,送风量减少,低温送风系统室内的气流运动也可以达到常规送风系统的水平。

因此,在地下商业建筑中采用冰蓄冷加低温送风的空调系统已经成为被业内人士越来越关注的一种节能形式。

2) 综合式系统形式

对于大型地下商场以及类似的地下公共建筑如娱乐场所、餐厅等,为了使技术的经济性更加合理,可以采用互补集中式与半集中式空调系统优势的综合式系统形式,不仅可以使空调机房与主风管占用的建筑面积适中,且完全可以按建筑实际情况合理选择。另外,还减少了冷水机组等水系统的设备的运行时数,既用新风节省了能源,又延长了设备使用寿命。同时还增加了空调系统使用的可靠性和灵活性,在负荷较小时可单独使用空调器或风机盘管,冷水机组也可在部分负荷下运行。

3) 充分利用废热

在人员密度较高的地下商业建筑中,存在着室内相对湿度不宜保证的缺点。因此,可以采用二次回风系统,利用二次回风提高送风温度,或者利用冷水机组冷凝器的冷却水来加热送风以提高送风温度,降低送风温差。这两种方法均可以在不增加电加热或以蒸汽、热水为介质的加热设备的基础上,达到降低室内相对湿度的目的。不仅可以有效利用冷却水的余热,而且能降低冷却塔的负荷,是一个有效的节能措施(由于二次回风系统较复杂且控制要求烦琐,因此一般较少采用)。

参考文献

[1] 刁乃仁,方肇洪. 地理管地源热泵技术 [M]. 北京:高等教育出版社,2006.

[2] 董丽娟. 土壤源多联机系统运行特性实验研究 [D]. 上海:同济大学,2012.

[3] 李元旦,张旭. 土壤源热泵的国内外研究和应用现状及展望 [J]. 制冷空调与电力机械,2002,23(1):4-7.

[4] 杨卫波,董华. 土壤源热泵系统国内外研究状况及其发展前景 [J]. 建筑热能通风空调,2003,22(3):52-55.

[5] SANNER B, KARYTSAS C, MENDRINOS D, et al. Current status of ground source heat pumps and underground thermal energy storage in Europe[J]. Geothermics, 2003, 32(4-6): 579-588.

[6] 王兴东. 地源热泵技术的应用及发展研究 [J]. 甘肃科技,2008,24(5):144-146.

[7] 张旭. 太阳能-土壤源热泵及其相关基础理论研究 [R]. 上海:同济大学,1999.

[8] 张旭,高晓兵. 华东地区土壤及土沙混合物导热系数的实验研究 [J]. 暖通空调,2004,34(5):83-89.

[9] 李元旦,张旭,周亚素,等. 土壤源热泵冬季启动工况启动特性的实验研究 [J]. 暖通空调,2001,31(1):17-20.

[10] 周亚素. 土壤热源热泵动态特性与能耗分析研究 [D]. 上海:同济大学,2001.

[11] 茅靳丰,潘登,耿世彬,等. 地源热泵在地下工程的应用研究与展望 [J]. 地下空间与工程学报,2015,11(S1):252-256.

[12] 顾登峰. 地下车库通风系统数值模拟与变频控制研究 [D]. 长沙:湖南大学,2007.

[13] 傅源方. 通风机安全经济运行工况控制系统研究 [D]. 青岛:山东科技大学,2003.

[14] 郑强. 地下车库通风变频调节的原理与应用 [J]. 建筑设计管理,2010(6):53-54.

[15] 朱德康. 基于智能控制的隧道通风节能系统的研究 [D]. 长沙:湖南大学,2007.

[16] CHEN P H, LAI J H, LIN C T. Application of fuzzy control to a road tunnel ventilation system [J]. Fuzzy Sets and Systems, 1998, 100(1-3): 9-28.

[17] HEISELBERG P. Principles of Hybrid Ventilation. IEA ECBCS-Annex 35 Final Report [R]. Denmark: Aalborg University, 2002.

[18] HEISELBERG P, TJELFLAAT P O. Design procedure for hybrid ventilation [R]. Denmark: Aalborg University, 1999.

[19] WOUTERS P, HEIJMANS N, DELMOTTE C, et al. Classification of hybrid ventilation concepts [C]// Proceedings of the 1st Hybrid Ventilation Forum. Australia: Sydney, 1999: 53-75.

[20] RAJINDER J. Control strategies for hybrid ventilation in new and retrofitted office and education

buildings [R]. United Kingdom：2006.

[21] LUO N，LI A，GAO R，et al. Performance of smoke elimination and confinement with modified hybrid ventilation for subway station [J]. Tunnelling and Underground Space Technology，2014，43：140-147.

[22] MAO S，YANG D. One-dimensional analysis for optimizing smoke venting in tunnels by combining roof vents and longitudinal ventilation [J]. Applied Thermal Engineering，2016，108：1288-1297.

[23] 程浩. 基于人员适应性的需求控制通风措施研究 [D]. 重庆：重庆大学，2012.

[24] YU C K，LIN Z，CHOW T T. CO_2 Concentration in atypical Hong Kong classroom [C]// Proceedings of the 4th International Conference on Indoor Air Quality，Ventilation & Energy Conservation in Buildings. Hong Kong，2001：329-338.

[25] 钱以明，杨书明. VAV 系统中新风量的控制 [J]. 暖通空调，1999，29(3)：39-41.

[26] NASSIF N，MOUJAES S. A new operating strategy for economizer dampers of VAV system [J]. Energy and Buildings，2008，40(3)：289-299.

[27] 邓小池. 城市地下空间需求控制通风模式的模拟仿真研究 [D]. 哈尔滨：哈尔滨工业大学，2008.

[28] A Healthier，More Energy Efficient Approach to Demand Control Ventilation [R]. Flow Tech，2006.

[29] 刘京，邓小池. 需求控制通风技术在地下商场的节能研究 [J]. 哈尔滨工业大学学报，2010，42(11)：1783-1787.

[30] 王海军，王明娟. 喷流诱导系统在地下车库通风气流组织方面的应用 [J]. 工程建设与设计，2003(9)：33-34.

[31] 蔡浩，朱培根，谭洪卫，等. 地下车库诱导通风系统的数值模拟与优化 [J]. 流体机械，2004，32(12)：27-29.

[32] 王勇. 地下汽车库的智能型诱导通风系统 [J]. 贵州工业大学学报(自然科学版)，2005，34(5)：97-98.

[33] STANKUNAS A，BARTLETT P，TOWER K. Contaminant level control in parking garages [J]. ASHRAE Transactions，1989(3)：584-605.

[34] 杨智华，那艳玲. 北方城市地铁通风空调系统方案分析 [J]. 制冷与空调，2005(1)：41-43.

[35] 巩云. 地下铁道环控制式选取之我见 [J]. 四川制冷，1996(4)：9-12.

[36] DANIEL I H. Low Temperature Airthermal comfortand indoor air quality [J]. ASHRAE Journal，1992(5)：34-39.

[37] FOUNTAIN M E，ARENS E A. Air movement and thermal comfort [J]. ASHRAE Journal，1993(8)：26-30.

[38] 李娟. 城市地下空间暖通空调用能相关问题的研究 [D]. 哈尔滨：哈尔滨工业大学，2009.

附　　录

附录 A 有罩设备和用具显热散热冷负荷系数

连续使用小时数/h	开始使用后的小时数/h							
	1	2	3	4	5	6	7	8
2	0.27	0.40	0.25	0.18	0.14	0.11	0.09	0.08
4	0.28	0.41	0.51	0.59	0.39	0.30	0.24	0.19
6	0.29	0.42	0.52	0.59	0.65	0.70	0.48	0.37
8	0.31	0.44	0.54	0.61	0.66	0.71	0.75	0.78
10	0.33	0.46	0.55	0.62	0.68	0.72	0.76	0.79
12	0.36	0.49	0.58	0.64	0.69	0.74	0.77	0.80
14	0.40	0.52	0.61	0.67	0.72	0.76	0.79	0.82
16	0.45	0.57	0.65	0.70	0.75	0.78	0.81	0.84
18	0.52	0.63	0.70	0.75	0.79	0.82	0.84	0.86

连续使用小时数/h	开始使用后的小时数/h							
	9	10	11	12	13	14	15	16
2	0.07	0.06	0.05	0.04	0.04	0.03	0.03	0.03
4	0.16	0.14	0.12	0.10	0.09	0.08	0.07	0.06
6	0.30	0.25	0.21	0.18	0.16	0.14	0.12	0.11
8	0.55	0.43	0.35	0.30	0.25	0.22	0.19	0.16
10	0.81	0.84	0.60	0.48	0.39	0.33	0.28	0.24
12	0.82	0.85	0.87	0.88	0.64	0.51	0.42	0.36
14	0.84	0.86	0.88	0.89	0.91	0.92	0.67	0.54
16	0.86	0.87	0.89	0.90	0.92	0.93	0.94	0.94
18	0.88	0.89	0.91	0.92	0.93	0.94	0.95	0.95

连续使用小时数/h	开始使用后的小时数/h							
	17	18	19	20	21	22	23	24
2	0.02	0.02	0.02	0.02	0.01	0.01	0.01	0.01
4	0.05	0.05	0.04	0.04	0.03	0.03	0.02	0.02
6	0.09	0.08	0.07	0.06	0.05	0.05	0.04	0.04
8	0.14	0.13	0.11	0.10	0.08	0.07	0.06	0.06
10	0.21	0.18	0.16	0.14	0.12	0.11	0.09	0.08
12	0.31	0.26	0.23	0.20	0.18	0.15	0.13	0.12
14	0.45	0.38	0.32	0.28	0.24	0.21	0.19	0.16
16	0.69	0.56	0.46	0.39	0.34	0.29	0.25	0.22
18	0.96	0.96	0.71	0.58	0.48	0.41	0.35	0.30

附录 B　无罩设备和用具显热散热冷负荷系数

连续使用 小时数/h	开始使用后的小时数/h							
	1	2	3	4	5	6	7	8
2	0.56	0.64	0.15	0.11	0.08	0.07	0.06	0.05
4	0.57	0.65	0.71	0.75	0.23	0.18	0.14	0.12
6	0.57	0.65	0.71	0.76	0.79	0.82	0.29	0.22
8	0.58	0.66	0.72	0.76	0.80	0.82	0.85	0.87
10	0.60	0.68	0.73	0.77	0.81	0.83	0.85	0.87
12	0.62	0.69	0.75	0.79	0.82	0.84	0.86	0.88
14	0.64	0.71	0.76	0.80	0.83	0.85	0.87	0.89
16	0.67	0.74	0.79	0.82	0.85	0.87	0.89	0.90
18	0.71	0.78	0.82	0.85	0.87	0.89	0.90	0.92

连续使用 小时数/h	开始使用后的小时数/h							
	9	10	11	12	13	14	15	16
2	0.04	0.04	0.03	0.03	0.02	0.02	0.02	0.02
4	0.10	0.08	0.07	0.06	0.05	0.05	0.04	0.04
6	0.18	0.15	0.13	0.11	0.10	0.08	0.07	0.06
8	0.33	0.26	0.21	0.18	0.15	0.13	0.11	0.10
10	0.89	0.90	0.36	0.29	0.24	0.20	0.17	0.15
12	0.89	0.91	0.92	0.93	0.38	0.31	0.25	0.21
14	0.90	0.92	0.93	0.93	0.94	0.95	0.40	0.32
16	0.91	0.92	0.93	0.94	0.95	0.96	0.96	0.97
18	0.93	0.94	0.94	0.95	0.96	0.96	0.97	0.97

连续使用 小时数/h	开始使用后的小时数/h							
	17	18	19	20	21	22	23	24
2	0.01	0.01	0.01	0.01	0.01	0.01	0.01	0.01
4	0.03	0.03	0.02	0.02	0.02	0.02	0.01	0.01
6	0.06	0.05	0.04	0.04	0.03	0.03	0.03	0.02
8	0.09	0.08	0.07	0.06	0.05	0.04	0.04	0.03
10	0.13	0.11	0.10	0.08	0.07	0.07	0.06	0.05
12	0.18	0.16	0.14	0.12	0.11	0.09	0.08	0.07
14	0.27	0.23	0.19	0.17	0.15	0.13	0.11	0.10
16	0.42	0.34	0.28	0.24	0.20	0.18	0.15	0.13
18	0.97	0.98	0.43	0.35	0.29	0.24	0.21	0.18

附录 C　照明设备散热的冷负荷系数

灯具类型	空调设备运行时数/h	开灯时数/h	开灯后的小时数/h											
			0	1	2	3	4	5	6	7	8	9	10	11
明装荧光灯	24	13	0.37	0.67	0.71	0.74	0.76	0.79	0.81	0.83	0.84	0.86	0.87	0.89
	24	10	0.37	0.67	0.71	0.74	0.76	0.79	0.81	0.83	0.84	0.86	0.87	0.29
	24	8	0.37	0.67	0.71	0.74	0.76	0.79	0.81	0.83	0.84	0.29	0.26	0.23
	16	13	0.60	0.87	0.90	0.91	0.91	0.93	0.93	0.94	0.94	0.95	0.95	0.96
	16	10	0.60	0.82	0.83	0.84	0.84	0.84	0.85	0.85	0.86	0.88	0.90	0.32
	16	8	0.51	0.79	0.82	0.84	0.85	0.87	0.88	0.89	0.90	0.29	0.26	0.23
	12	10	0.63	0.90	0.91	0.93	0.93	0.94	0.95	0.95	0.95	0.96	0.96	0.37
暗装荧光灯或明装白炽灯	24	10	0.34	0.55	0.61	0.65	0.68	0.71	0.74	0.77	0.79	0.81	0.83	0.39
	16	10	0.58	0.75	0.79	0.80	0.80	0.81	0.82	0.83	0.84	0.86	0.87	0.39
	12	10	0.69	0.86	0.89	0.90	0.91	0.91	0.92	0.93	0.94	0.95	0.95	0.50

灯具类型	空调设备运行时数/h	开灯时数/h	开灯后的小时数/h											
			12	13	14	15	16	17	18	19	20	21	22	23
明装荧光灯	24	13	0.90	0.92	0.29	0.26	0.23	0.20	0.19	0.17	0.15	0.14	0.12	0.11
	24	10	0.26	0.23	0.20	0.19	0.17	0.15	0.14	0.12	0.11	0.10	0.09	0.08
	24	8	0.20	0.19	0.17	0.15	0.14	0.12	0.11	0.10	0.09	0.07	0.07	0.06
	16	13	0.96	0.97	0.29	0.26								
	16	10	0.28	0.25	0.23	0.19								
	16	8	0.20	0.19	0.17	0.15								
	12	10												
暗装荧光灯或明装白炽灯	24	10	0.35	0.31	0.28	0.25	0.23	0.20	0.18	0.16	0.15	0.14	0.12	0.11
	16	10	0.35	0.31	0.28	0.25								
	12	10												

附录 D　人体显热散热的冷负荷系数

在室内的总小时数/h	每人进入室内后的小时数/h											
	1	2	3	4	5	6	7	8	9	10	11	12
2	0.49	0.58	0.17	0.13	0.10	0.08	0.07	0.06	0.05	0.04	0.04	0.03
4	0.49	0.59	0.66	0.71	0.27	0.21	0.16	0.14	0.11	0.10	0.08	0.07
6	0.50	0.60	0.67	0.72	0.76	0.79	0.34	0.26	0.21	0.18	0.15	0.13
8	0.51	0.61	0.67	0.72	0.76	0.80	0.82	0.84	0.38	0.30	0.25	0.21
10	0.53	0.62	0.69	0.74	0.77	0.80	0.83	0.85	0.87	0.89	0.42	0.34
12	0.55	0.64	0.70	0.75	0.79	0.81	0.84	0.86	0.88	0.89	0.91	0.92
14	0.58	0.66	0.72	0.77	0.80	0.83	0.85	0.87	0.89	0.90	0.91	0.92
16	0.62	0.70	0.75	0.79	0.82	0.85	0.87	0.88	0.90	0.91	0.92	0.93
18	0.66	0.74	0.79	0.82	0.85	0.87	0.89	0.90	0.92	0.93	0.94	0.94

在室内的总小时数/h	每人进入室内后的小时数/h											
	13	14	15	16	17	18	19	20	21	22	23	24
2	0.03	0.02	0.02	0.02	0.02	0.01	0.01	0.01	0.01	0.01	0.01	0.01
4	0.06	0.06	0.05	0.04	0.04	0.03	0.03	0.03	0.02	0.02	0.02	0.01
6	0.11	0.10	0.08	0.07	0.06	0.06	0.05	0.04	0.04	0.03	0.03	0.03
8	0.18	0.15	0.13	0.12	0.10	0.09	0.08	0.07	0.06	0.05	0.05	0.04
10	0.28	0.23	0.20	0.17	0.15	0.13	0.11	0.10	0.09	0.08	0.07	0.06
12	0.45	0.36	0.30	0.25	0.21	0.19	0.16	0.14	0.12	0.11	0.09	0.08
14	0.93	0.94	0.47	0.38	0.31	0.26	0.23	0.20	0.17	0.15	0.13	0.11
16	0.94	0.95	0.95	0.96	0.49	0.39	0.33	0.28	0.24	0.20	0.18	0.16
18	0.95	0.96	0.96	0.97	0.97	0.97	0.50	0.40	0.33	0.28	0.24	0.21

附录 E 不同条件下成年男子散热、散湿量

动强度	热湿量	温度/℃														
		16	17	18	19	20	21	22	23	24	25	26	27	28	29	30
静坐	显热/W	99	93	90	87	84	81	78	74	71	67	63	58	53	48	43
	潜热/W	17	20	22	23	26	27	30	34	37	41	45	50	55	60	65
	全热/W	116	113	112	110	110	108	108	108	108	108	108	108	108	108	108
	散湿量/$(g \cdot h^{-1})$	26	30	33	35	38	40	45	50	56	61	68	75	82	90	97
极轻劳动	显热/W	108	105	100	97	90	85	79	75	70	65	61	57	51	45	41
	潜热/W	34	36	40	43	47	51	56	59	64	69	73	77	83	89	93
	全热/W	142	141	140	140	137	136	135	134	134	134	134	134	134	134	134
	散湿量/$(g \cdot h^{-1})$	50	54	59	64	69	76	83	89	96	102	109	115	123	132	139
轻劳动	显热/W	117	112	106	99	93	87	81	76	70	64	58	51	47	40	35
	潜热/W	71	74	79	84	90	94	100	106	112	117	123	130	135	142	147
	全热/W	188	186	185	183	183	181	181	182	182	181	181	181	182	182	182
	散湿量/$(g \cdot h^{-1})$	105	110	118	126	134	140	150	158	167	175	184	194	203	212	220
中等劳动	显热/W	150	142	134	126	117	112	104	97	88	83	74	67	61	52	45
	潜热/W	86	94	102	110	118	123	131	138	147	152	161	168	174	183	190
	全热/W	236	236	236	236	235	235	235	235	235	235	235	235	235	235	235
	散湿量/$(g \cdot h^{-1})$	128	141	153	165	175	184	196	207	219	227	240	250	260	273	283
重劳动	显热/W	192	186	180	174	169	163	157	151	145	140	134	128	122	116	110
	潜热/W	215	221	227	233	238	244	250	256	262	267	273	279	285	291	297
	全热/W	407	407	407	407	407	407	407	407	407	407	407	407	407	407	407
	散湿量/$(g \cdot h^{-1})$	321	330	339	347	356	365	373	382	391	400	408	417	425	434	443

索 引

INDEX